本书系2019年度教育部人文社会科学研究青年基金项目
"宋代衙署建筑空间与社会秩序研究"（项目批准号：19YJC770001）成果

宋代州县衙署
建筑空间与社会秩序

陈凌 著

中国建筑工业出版社

图书在版编目（CIP）数据

宋代州县衙署建筑空间与社会秩序／陈凌著. —北京：中国建筑工业出版社，2022.6
ISBN 978-7-112-27385-0

Ⅰ.①宋… Ⅱ.①陈… Ⅲ.①政府办公建筑—建筑设计—研究—中国—宋代 Ⅳ.①TU243.1

中国版本图书馆CIP数据核字（2022）第086775号

责任编辑：郑淮兵　王晓迪
书籍设计：锋尚设计
责任校对：王　烨

宋代州县衙署建筑空间与社会秩序
陈　凌　著
＊
中国建筑工业出版社出版、发行（北京海淀三里河路9号）
各地新华书店、建筑书店经销
北京锋尚制版有限公司制版
北京市密东印刷有限公司印刷
＊
开本：787毫米×1092毫米　1/16　印张：13½　字数：241千字
2022年6月第一版　　2022年6月第一次印刷
定价：**58.00**元
ISBN 978-7-112-27385-0
　（39585）

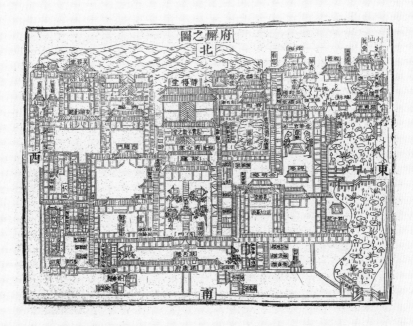

南宋建康府廨图

来源：周应合. 景定建康志·府廨之图 [M] //宋元方志丛刊（第2册）. 北京：
中华书局，1990：1379.

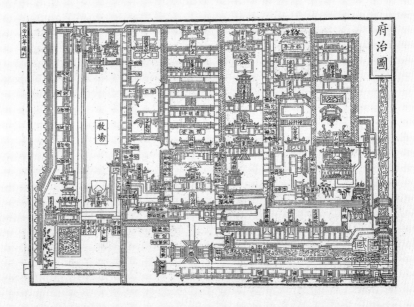

南宋临安府治图

来源：潜说友. 咸淳临安志·府治图 [M] //宋元方志丛刊（第4册）. 北京：
中华书局，1990：3514.

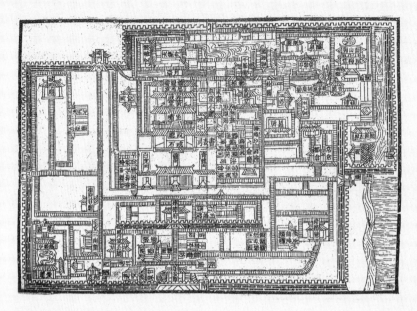

南宋建德府（严州）子城图

来源：陈公亮. 淳熙严州图经·子城图［M］//宋元方志丛刊（第5册）. 北京：中华书局，1990：4281.

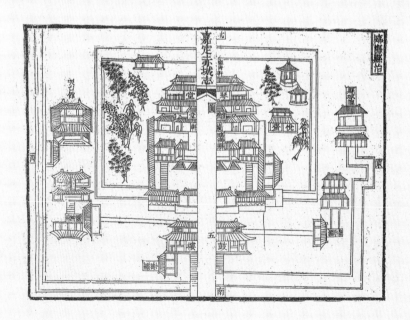

南宋临海县治图

来源：陈耆卿. 嘉定赤城志·临安县治图［M］//宋元方志丛刊（第7册）. 北京：中华书局，1990：7283.

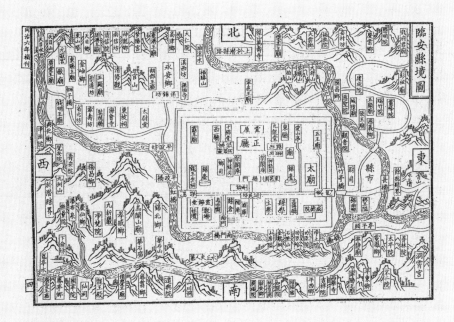

南宋临安县境图

来源: 潜说友. 咸淳临安志·临安县境图 [M] //宋元方志丛刊 (第4册). 北京: 中华书局, 1990: 3515.

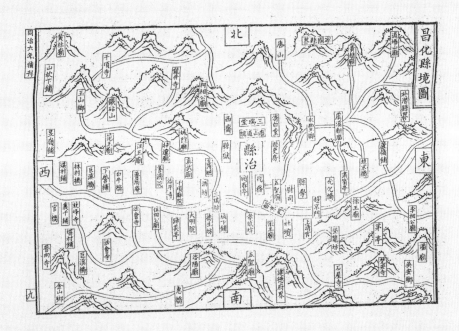

南宋昌化县境图

来源: 潜说友. 咸淳临安志·昌化县境图 [M] //宋元方志丛刊 (第4册). 北京: 中华书局, 1990: 3518.

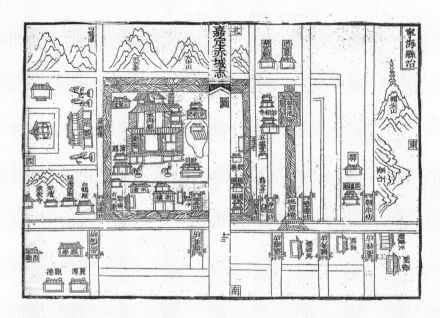

南宋宁海县治图

来源：陈耆卿. 嘉定赤城志·宁海县治图［M］//宋元方志丛刊（第7册）. 北京：
中华书局，1990：7286.

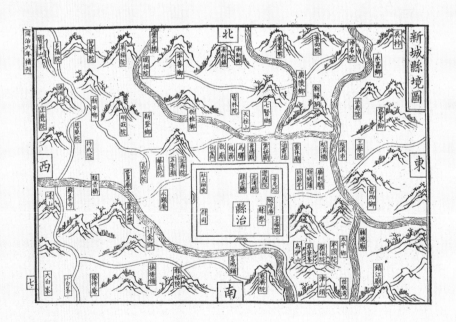

南宋新城县境图

来源：潜说友. 咸淳临安志·新城县境图［M］//宋元方志丛刊（第4册）. 北京：
中华书局，1990：3517.

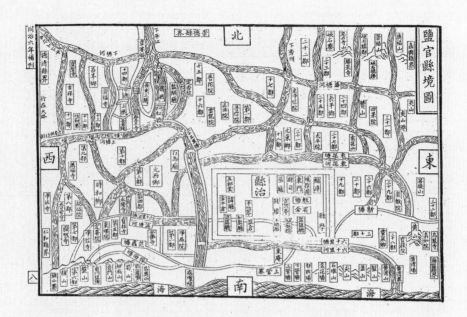

南宋盐官县境图

来源：潜说友. 咸淳临安志·盐官县境图［M］//宋元方志丛刊（第4册）. 北京：中华书局，1990：3517.

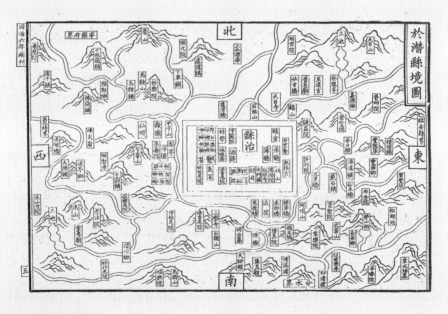

南宋於潜县境图

来源：潜说友. 咸淳临安志·於潜县境图［M］//宋元方志丛刊（第4册）. 北京：中华书局，1990：3516.

目 录

绪 论

第一节
空间与建筑空间

（一）空间

中国古代早有空间概念。关于"空"，《老子》河上公章句载："言虚空者乃可用盛受万物……道者，空也。"①唐代柳宗元的《天论》曰："若所谓无形者，非空乎？空者，形之希微者也"②，指出"空"并非无形，只是非固体之形。无形的空依靠有形的事物而起作用，依赖具体的事物呈现具体的形状。元代思想家邓牧在《伯牙琴·超然观记》中云："且天地大矣，其在虚空中不过一粟耳……虚空，木也，天地、犹果也。虚空、国也，天地、犹人也。一木所生，必非一果；一国所生，必非一人。谓天地之外无复天地焉，岂通论耶？"③他认为人、树木、天地都只是宇宙一部分，整个宇宙空间是有限空间的总和，宇宙空间的有限和无限相互依存、相互转化。王夫之云："凡虚空皆气也，聚则显，显则人谓之有；散则隐，隐则人谓之无。"④他将"空"看作气。由上所述，古人对"空"的解释虽有所差别，但无外乎大、虚、气这几种释义。"间"主要是指有一定范围可以放置物质的空隙、空当，也有隔开、不连续之意，如"间接""间断"。因而，"空"表示形之稀微，像气一样；"间"表示形之可藏，有一定范围的"空隙"。至现代，"空间"与"时间"一起，被解释为构成运动着的物质存在的两种基本形式。

> 空间指物质存在的广延性，时间指物质运动过程的持续性和顺序性。空间和时间具有客观性，同运动着的物质不可分割。没有脱离物质运动的空间和时间，也没有不在空间和时间中运动的物质……空间和时间是无限和有限的统一。就宇宙而言，空间无边无际，时间无始无终；而对各个具体事物来说，则是有限的。⑤

---

① 河上公. 老子［M］. 刘思禾，点校. 上海：上海古籍出版社，2013：24.
② 柳宗元. 柳宗元集·卷16·天论［M］. 北京：中华书局，1979：448.
③ 邓牧. 伯牙琴［M］. 北京：中华书局，1959：23.
④ 王夫之. 张子正蒙注·卷1·太和篇［M］. 北京：中华书局，1975：9.
⑤ 夏征农，等. 辞海［M］. 上海：上海辞书出版社，1999：2162.

在西方，对"空间"的认识也是在不断变化的。公元前约500年，古希腊哲学家帕麦尼代斯认为空间是不可想象的，因而不存在。[①]公元前300年，数学家欧几里得提出空间理论，是指"一个特别的度量空间，将距离以及相关的概念（长度和角度）转换成任意数维的坐标系"[②]。亚里士多德则提出了"场所"的概念，认为一切场所之和就是空间。到了近代，国外对"空间"的研究更为深刻，从20世纪六七十年代始，对"空间"的本体论及社会性的探讨有了新的角度，引发了一系列空间与社会、政治、经济、建筑、文化等结合的新命题和领域。法国社会学家亨利·勒菲弗在《空间与政治》[③]一书中提出了"空间是政治性"的论断，他将精神空间与社会和物质的关联域进行了整合。哈贝马斯提出的"公共领域"，即介于国家和社会之间的公共空间，是"一个关于信息与观点交流的网络，或是交往行动中产生的社会空间"。[④]米歇尔·福柯则认为空间是权力运作的基础，"空间是权力、知识等话语转换成权力关系的关键"[⑤]。曼纽尔·卡斯特提出空间不是社会的拷贝，空间就是社会。扬·盖尔著《交往与空间》[⑥]，探讨了公共空间与社会交往活动的关系，从人及其活动对物质环境的要求来研究与评价城市和居住区中的公共空间质量。美国社会学家马克·戈特迪纳在《城市空间的社会生产》[⑦]中提出了社会空间理论，指出社会要素决定了人们与空间的关系，一切社会活动都是在特定空间中发生的，空间以一种特有的方式影响人们的行为和互动。布莱恩·劳森的《空间的语言》[⑧]一书主要探讨空间与人际关系，结合社会学与心理学重新定义了空间的价值，解析了人类的空间行为。比尔·希利尔在《空间是机器》[⑨]以及其与朱利安尼·汉森合著的《空间的社会逻辑》[⑩]中，开拓了空间研究在建筑学和城市规划中的新领域，并开创了空间句法理论，不仅将空间本身作为研究的切入点，而且从空间角度对建筑、社会、经济、文化等多个

---

① 舒尔兹. 存在·空间·建筑 [M]. 尹培桐，译. 北京：中国建筑工业出版社，1990：2.
② 卢炘. 中国美术馆学概论 [M]. 上海：上海书画出版社，2008：172.
③ 勒菲弗. 空间与政治 [M]. 李春，译. 上海：上海人民出版社，2008.
④ 哈贝马斯. 公共领域的结构转型 [M]. 曹卫东，等，译. 上海：学林出版社，1999：2.
⑤ 克莱普顿，埃尔顿. 空间知识与权力：福柯与地理学 [M]. 莫伟民，周轩宇，译. 北京：商务印书馆，2021.
⑥ 盖尔. 交往与空间 [M]. 何人可，译. 北京：中国建筑工业出版社，2002.
⑦ 戈特迪纳. 城市空间的社会生产 [M]. 任晖，译. 南京：江苏凤凰教育出版社，2014.
⑧ 劳森. 空间的语言 [M]. 杨青娟，等，译. 北京：中国建筑工业出版社，2003.
⑨ 希利尔. 空间是机器：建筑组构理论 [M]. 杨滔，张佶，王晓京，译. 北京：中国建筑工业出版社，2008：5.
⑩ 希利尔，汉森. 空间的社会逻辑 [M]. 北京：中国建筑工业出版社，2019.

领域进行全新思考。近年来，国内的学者将"空间"与哲学、社会学、历史学、建筑学、文化学等诸多角度结合，取得了丰硕的研究成果。对"空间"的认知不再限于将其视为物理意义上的容器或载体，而是将其视为一个多维度的概念，"它既是经济的、政治的，也是符号学的，它具有一种双重的特征，不仅是社会关系的产物，也是社会关系的生产者。"[①]可见，"空间"并不仅仅是一种存在的形式，它的意义在于其承载的功能和产生的影响。

（二）建筑空间

19世纪中叶，德国建筑师森帕率先将"空间"一词引入建筑界，他强调实体围合是建筑空间的物质属性，是建筑产生的原动力。19世纪末，德国建筑理论家奥古斯特·施马索夫强调空间是人知觉感受的结果，是主体由内部向外的投射。20世纪初，阿道夫·路斯认为建筑空间是建筑内部的封闭空间。包豪斯的纳吉等强调空间的连续性、流动性，当人在空间中运动时，空间也发生了变化，建筑空间是历史的产物。埃尔伯因提出了"空间性"，他将空间看作人与外部世界之间的东西，人对空间进行感知，空间便具有了"空间性"。吉迪翁、赛维都是从空间的角度去研究历史。意大利有机建筑学派理论家赛维发展了空间的历史观，提出空间是建筑的主角，建筑空间是建筑的本质和评价标准。20世纪中叶，在符号学、现象学的影响下，海德格尔提出了"存在空间"，梅洛·庞蒂提出了"知觉空间"，空间感知成为建构空间的重要维度，空间的本体和现象的二元区分逐渐被消除。诺伯格·舒尔茨提出"场所是最具有清晰特性的空间"[②]，认为空间是构成场所的重要元素，将空间的物质性和精神性结合起来。赫尔曼·赫兹伯格则进一步提出："空间和场所的关系是'能力'与'表现'。空间和场所是相互依存的，并在其中相互认识，使对方作为一种现象存在。"[③]回顾以上研究可以发现，当空间观念进入建筑界以后，建筑空间实体围合等物质属性以及精神属性的"空间性"，一直是研究的中心，从二元区分到相互交织，在发展中逐渐丰富，并一直影响着现当代的建筑空间认识和理论发展。

建筑空间不仅是建筑的形式、内容，更是建筑的本质。人为了满足"住"这

① 戈特迪纳. 城市空间的社会生产 [M]. 任晖，译. 南京：江苏凤凰教育出版社，2014：10.
② 舒尔茨. 场所精神：迈向建筑现象学 [M]. 施植民，译. 台北：田同城市文化事业有限公司，1995：6.
③ 赫兹伯格. 建筑学教程2：空间与建筑师 [M]. 天津：天津大学出版社，2003：25.

种生活需要，改变自然物的形态，用物质实体构成空间环境。回顾中国古代对建筑空间的认知和应用，发现空间早已被视为建筑的本质。老子在《道德经》中论述："埏埴以为器，当其无，有器之用。凿户牖以为室，当其无，有室之用。故有之以为利，无之以为用。"[①]老子所说的有与无，不是指宇宙本体道的"有"与"无"，而是指现象界的"有"与"无"。对于建筑而言，"有"是指建筑的实体，"无"则是指建筑的空间。建筑物门窗以及四壁所形成"无"——空间，才是建筑真正具有实用价值的部分。近现代中国学者在定义建筑空间时，同样强调其物质属性与精神意涵。张家骥提出"建筑的内容，就是人的生活方式。为了满足各种生活活动过程的需要，用物质实体构成的空间环境，包括空间的组合方式和构成的形式——建筑内部的空间形式和外部形体，就是建筑的'形式'"[②]。王立全认为建筑空间是"用墙面、地面、顶棚等建筑要素乃至建筑物与建筑物限定的空间"[③]。李国豪指出："建筑空间被认为是建筑的最基本内容，建筑的使用价值和艺术价值借由建筑空间来实现。创造完美的建筑空间和创造完美的建筑形式一样，对于建筑设计至为重要。"[④]人类依据自身的生活方式和风俗习惯来建造建筑，决定建筑的风格、规模、建制、布局等，从而营造出符合自己生活习惯和方式的建筑空间。建筑空间也在一定程度上保存了人们生活的真实性，反映了人们的生活方式、态度、审美、习俗等。

就中国古代建筑而言，在传统文化、礼制精神等的影响下，一方面，追求空间的实用功能，正如李泽厚在《美的历程》中所言：

> 中国建筑最大限度地利用了木结构的可能和特点，一开始就不是以单一的独立个别建筑为目标，而是以空间规模巨大、平面铺开、相互连接和配合的群体建筑为特征的。它重视的是各个建筑物之间的平面整体的有机安排。[⑤]

通过整体空间设计，建筑与"天人合一"的自然意境相融合，采用对称、前堂后寝、中轴线等布局手法，划分出一个个独立又实用的空间——院落层层、长廊幽

① 老子. 道德经 [M]. 王弼，注. 楼宇烈，校释. 北京：中华书局，2011：29.
② 张家骥. 中国建筑论 [M]. 太原：山西人民出版社，2004：16.
③ 王立全. 走向有机空间：从传统岭南庭园到现代建筑空间 [M]. 北京：中国建筑工业出版社，2004：15.
④ 李国豪. 中国土木建筑百科辞典. 建筑 [M]. 北京：中国建筑工业出版社，2006：163.
⑤ 李泽厚. 美的历程 [M]. 北京：生活·读书·新知三联书店，2014：64.

幽、亭台矗立、池榭环绕、园圃繁盛，建筑既庄重严肃又不失灵动的气韵。

另一方面，中国古代建筑也非常重视空间的象征意义，以"礼"为指导，以建筑体现居住者的身份、地位、背景、交际情况等。王鲁民在《中国古典建筑文化探源》①中指出，"礼"是中国古代建筑的重要组成部分。中国古人建立了一整套建筑等级制度，对建筑的位置、大小、形态、色彩、装饰、材料、加工，乃至地位特殊者才能使用的象征性构件等都进行了系统的控制。正如《荀子·大略》云："王者必居天下之中，礼也。"②王者居处建造在城的中心，象征王者尊贵。古代依照级别等差，面积规模递减。"王城方九里，大都城盖方三里，小都城盖方一里有半，家邑城盖方一里。古者民宅不过五亩，大都三里之城，以营百室，余地尚多，无不容之患也。"③建筑的色彩和装饰等也象征着身份等级，如皇家建筑专用红砖黄瓦，显示尊贵地位和豪华气派。计成在《园冶》中甚至提到了声音象征，"萧寺可以卜邻，梵音到耳"④。房屋建造在寺庙附近，听风吹古寺金铎，声声佛音，悠远清净。"礼"的要求不仅使建筑区分了长幼、尊卑、亲疏的空间，而且规范和约束了在建筑空间中活动的人，使其体会到自己在社会秩序中的角色，并随时随地保持这种身份下的心理状态。平面展开、错综交织的古代建筑实体及其空间已使精神的、象征的文化意涵水乳交融，深入骨髓。因此，研究古代建筑空间，不仅可以了解古代建筑的实用功能和设计意境，更能通过其所映射的社会背景、生活方式、文化习俗等，探寻其背后的政治意涵和文化象征，这就为人们透过建筑认识历史发展提供了新的视角和思路。

第二节
宋代州县衙署建筑空间与地方政治

在中国古代等级森严的封建社会中，统治机构无疑是制度体系的核心要素之一，从中央到地方，各级官署构成了从上至下密集的统治网络。对地方而言，自秦始以郡县制取代分封制后，县一直为地方基层的行政区域建制。西汉末至魏

---

① 王鲁民. 中国古典建筑文化探源 [M]. 上海：同济大学出版社，1997.
② 荀子. 荀子·卷19·大略篇 [M]. 北京：中华书局，1985：567.
③ 孙诒让. 周礼正义·卷19·地官 [M]. 北京：中华书局，1987：738.
④ 计成. 园冶注释·卷1·园说 [M]. 陈植，注释. 北京：中国建筑工业出版社，1981：52.

晋时，郡上有州，唐代州（郡）县上有道。"东晋以降，州郡大小相等，则合为一级，或以郡号，或以州名。至于府，惟建都之地称之。"[1]不管是秦汉州县二级地方建制，还是唐代的道、州（郡）、县三级地方建制，其官僚机构都由中央派出，代国家实现对地方的全面统驭。地方官僚的行政处所即地方衙署，又称为地方官府、府治、府廨、治所、公署、公廨、衙署、衙门等。作为地方的政治核心和权力中心，往往庄严肃穆地伫立在城市的重要位置，维护着地方秩序。

宋代吸取唐末五代弊政的历史教训，加强了中央集权下的专制统治制度，中央对地方的控制远超前代，呈现了"上下相维，轻重相制，如身之使臂，臂之使指。民自徒罪以上，吏自罚金以上，皆出于天子。藩方守臣，统制列城，付以数千里之地，十万之师，单车之使，尺纸之诏，朝召而夕至，则为匹夫"[2]的统治效果。在宋代，地方实行的是路、州、县三级行政体制，路级官府是朝廷派驻的监察机构，州一级行政区包括府、州、军、监。州、县两级行政组织在全国形成交错纵横的网点状布局，为国家履行治理地方的职能，保障上令下达、下情上达。所以说，宋代地方衙署不仅是地方行政制度运行的核心，也是宋代中央管理地方、控制地方、维护地方稳定的有力的纽带和工具，其政治内涵和权力属性影响着整个地方乃至国家的稳定和发展。

因而，对宋代等级授职制下的地方官吏的政务运作、刑狱诉讼、休闲活动等的"场域"，即宋代地方衙署建筑下不同职能空间进行考察，对细致展示宋代地方政治"制度"以及"制度"背后的官民关系和地方秩序有所裨益。但要将研究引向深入，需要把握两个方面：一方面是衙署建筑的历史、空间形态及功能，另一方面是宋代的地方政治制度。

（一）衙署建筑历史、空间形态及功能

一是以现存史料结合考古发现为研究基础。宋代的地方衙署全貌现今已不复存在，但州、县衙署建筑的规模、建制等，可从宋代地方刻石、考古发现及相关文献资料中的附图、文字中了解。现存宋代刻石的两幅地方城市图，一幅为南宋绍定二年（1229年）刻于碑石上的《平江图》，即苏州城图，现存于苏州文庙，该图详细地绘制了南宋苏州城街巷区；一幅为南宋咸淳八年（1272年）镌刻在桂

① 吕思勉. 中国制度史 [M]. 上海：上海教育出版社，2002：546.
② 范祖禹. 太史范公文集·卷22·转对条上四事状 [M] //宋集珍本丛刊（第24册）. 北京：线装书局，2004：276.

林鹦鹉山南崖壁上的《静江府城池图》，即桂林城图，可见静江府城规模及建设情况。

近年来，宋代衙署遗址的考古发现可提供一定的参考。河南洛阳北宋衙署庭院遗址，有殿亭、廊庑、道路、花榭、水池以及明暗水道数条①，可为研究宋代衙署内的园林布局提供重要参考。重庆渝中区老鼓楼衙署遗址包括宋代夯土包砖式高台建筑、明代院落基址及宋元至明清时期的道路、水井、灰坑等，可为研究南宋时四川制置司及重庆衙署治所提供相关参考。在杭州南宋临安府府治遗址发现了一组"以厅堂为中心，前有庭院、后有天井、周围有厢房和回廊环绕的封闭式建筑群"②。在南京南宋建康府府治考古遗址发现了3米宽的砖铺大路，路中间另有排水设施。砖路北侧有高约8米的砖墙，于其旁另有古井。在山西省运城市新绛县的绛州衙署遗址考古发现一座元代风格的州署大堂和明清时期修建的二堂建筑，院落中轴线上有宋代衙署建筑遗迹，证明宋元明清时期衙署是延续的结构布局，遗址有"大堂院落、西侧的附属院落和大堂院落前区域"。③

在相关文献方面，主要以正史、笔记、方志、典籍、官箴、类书、文集等为主。其中，宋代方志中《淳熙严州图经》卷1《子城图》、《景定建康志》卷5《府廨之图》、《嘉定赤城志》《罗城图》、《咸淳临安志》卷16《府治图》等图中所绘制的宋代府、州官署图，可作为宋代州县衙署建筑形制的重要参考。《宋会要辑稿》、《名公书判清明集》、《州县提纲》、《昼帘绪论》等涉及了宋代地方官吏处理日常政务尤其是刑名方面的制度章程，这些法律条文、案牍判词、莅民之方等，是研究宋代地方州县衙署中行政、狱讼的重要史料。在古代建筑思想方面，《周礼·考工记》中有对都城建筑如何选址、设计、规划等的具体规定，充分体现了"礼"对古代建筑的意义。《汉书·艺文志》中的《宫宅地形》，从形式和地势的角度评价城市规划和宫室。宋代的《营造法式》在总结前代传统经验成果的基础上，详细论述了建筑工程技术和规范。这些都可为理解宋代衙署建筑理念有一定的参考。此外，《宋史》、《文献通考》、《元丰九域志》、舆地记、文集、诗文选、笔记小说及元明清时期相关的转述和评论等也都是研究宋代地方衙署研究空间的资料。由于古代衙署建筑中多有园林，研究中国古代士大夫们形

---

① 中国科学院考古研究所洛阳唐城队. 洛阳宋代衙署庭园遗址发掘简报 [J]. 考古，1996（6）: 1-5.

② 杭州市文物考古所. 临安城遗址考古发掘报告：南宋临安府治与府学遗址 [M]. 北京：文物出版社，2013.

③ 杨及耘，王金平. 考古发掘确定山西绛州衙署遗址年代和布局 [N]. 中国文物报，2014-05-23（08）.

成的造园思想和理论，有助于理解衙署园林的设计理念和布局审美等。计成的《园冶》①立足于江南的造园实践，分别就造园的指导思想、园址选择（相地和立基）、建筑布局（屋宇、门窗、栏杆、墙垣的构造和形式）、铺地、掇山、选石、借景等都做了系统的阐述，并附有大量的图。李渔的《闲情偶寄》②体现了士大夫"顺从物性、取法自然"的园林建筑设计审美。文震亨的《长物志》在室庐、花木、水石、禽鱼四卷中，论述了私家园林的规划设计艺术和园林美学，包括叠山、理水、建筑、植物造景等。

二是以衙署建筑尤其是宋代衙署建筑的学术研究为前提。近代以来，中国古代建筑史方面的研究成果丰硕、内容广博，涉及衙署历史及宋代衙署建筑的规划、思想、美学等方面。20世纪30年代中国营造学社时期，刘敦桢在《大壮室笔记》中"两汉官署"③部分梳理了汉代官署的称谓、形制等。他在《中国古代建筑史》的"宋、辽、金时期的建筑"一章中，提出宋代社会变动对宋代建筑产生了影响，对北宋东京、平江城市建筑进行概述，结合"宋平江府图碑"分析平江府署衙的位置、规划、建制。梁思成的《中国建筑史》对衙署建筑有所提及，但并未单独归类进行叙述。傅熹年在《试论唐至明代官式建筑发展的脉络及其与地方传统的关系》《中国古代建筑十论》中提到宋代衙署厅堂模式主要采用的是"工"字厅。刘叙杰、傅熹年、郭黛姮、潘谷西、孙大章主编的《中国古代建筑》④的第三卷论述了宋、辽、金、西夏建筑，认为这一时期的建筑进一步规范化、模数化。香港建筑师李允鉌在《华夏意匠》一书中，从建筑设计的角度分析中国古代建筑的特征，阐述和评论了宋代建筑的设计理念和建筑模式等。傅熹年在《中国大百科全书》之《建筑·园林·城市规划》"衙署"词条中，结合历史文献和实际遗存，对古代衙署的定义、位置及平面格局进行了简要的论述。他的《中国古代城市规划建筑群布局及建筑设计方法研究》⑤对宋代城市规划、建筑群布局、建筑设计方法有所论述。萧默主编的《中国建筑艺术史》在"衙署"一节中，从建筑艺术的角度对衙署的布局和建筑形制做了宏观的阐述，指出"衙署大致上似乎宫殿的缩小或宅第的放大……一般都比较简

① 计成. 园冶注释［M］. 陈植，注释. 北京：中国建筑工业出版社，1981.
② 李渔. 闲情偶寄［M］. 北京：中华书局，2014.
③ 刘敦桢. 刘敦桢文集1：大壮室笔记［M］. 北京：中国建筑工业出版社，1982：136.
④ 刘敦桢. 中国古代建筑史［M］. 北京：中国建筑工业出版社，1984：183.
⑤ 傅熹年. 中国古代城市规划建筑群布局及建筑设计方法研究［M］. 北京：中国建筑工业出版社，2001.

朴，没有过多装饰"。①

　　近年来，关于衙署建筑源流、衙署园林、明清时期衙署等的研究增多。姚柯楠在《衙门建筑源流及规制考略》②和《论中国古代衙署建筑的文化意蕴》③中探讨了"衙门"这一称谓的起源，以及衙署建筑所透露的封建统治权威、礼教制度、伦理意识、民族特征、地域文化特征等。曹国媛、曾克明的《中国古代衙署建筑中权力的空间运作》在米歇尔·福柯提出的权力空间概念的基础上，以衙署建筑探讨"权力"影响下的空间"运作"。还有一些学者根据大量明清地方志文献、城池官廨图，结合考古遗存等，对明清时期的建筑规制进行了详细的研究。李德华的《明代山东地区城市中衙署建筑的平面与规制探析》④一文以明代山东城市为例，结合地方志，对不同等级的衙署进行了分析，探索其平面格局和建筑规制。李志荣在《元明清华北华中地方衙署建筑的个案研究》⑤中主要通过实地调研，结合金石、地方志材料总结华中、华北8座元明清衙署建筑的形制及院落布局。还有一些著述主要围绕古代衙署中的园林建筑展开，分析其布局、形制及功能。谷云黎在《南宁古城园林与城池建设的关系》⑥中分析了南宁古城的公共园林和衙署园林在古代城池建设中的作用——主要与安全防灾有关。王金平、张海英在《地方衙署花园布局特征初探》⑦中分析了山西霍州衙署花园及绛守居园池的布局与形制，并将衙署园林与其他形式的园林做了比较。以上著述虽然与本书研究不直接相关，但因其涉及衙署建筑的源流、文化内涵、园林布局，以及明清时期地方衙署的形制等，可以提供有益的参考。

　　目前，学术界对宋代衙署建筑的研究，多为个案研究或是侧重于建造技术与工程管理等方面。袁琳所著的《宋代城市形态和官署建筑制度研究》一书主要对宋代行政和职官制度的演进、地方官署机构的设置、官署营建制度等予以梳理和探讨。对宋代地方衙署修缮制度、经费、效果等方面的研究也取得了一定的成果。牛来颖在《唐宋州县公廨及营修诸问题》⑧一文中参照天圣令，结合相关史

① 萧默. 中国建筑艺术史［M］. 北京：文物出版社，1999.
② 姚柯楠. 衙门建筑源流及规制考略［J］. 中原文物，2005（3）：84-86.
③ 姚柯楠. 论中国古代衙署建筑的文化意蕴［J］. 古建园林技术，2004（2）：40-45.
④ 李德华. 明代山东地区城市中衙署建筑的平面与规制探析［M］//王贵祥. 中国建筑史论汇刊. 北京：清华大学出版社，2009：230-249.
⑤ 李志荣. 元明清华北华中地方衙署建筑的个案研究［D］. 北京：北京大学，2004.
⑥ 谷云黎. 南宁古城园林与城池建设的关系［J］. 中国园林，2012（4）：85-87.
⑦ 王金平，张海英. 地方衙署花园布局特征初探［C］//全球视野下的中国建筑遗产：第四届中国建筑史学国际研讨会论文集. 上海：同济大学出版社，2007：262-265.
⑧ 牛来颖. 唐宋州县公廨及营修诸问题［M］//唐研究. 北京：北京大学出版社，2008：345-364.

料，论述唐宋州县公廨修缮的法令和一些上报程序，并论述了唐宋一些州、县衙署的布局和建制。江天健在《宋代地方官廨的修建》①一文中探讨了宋代地方官廨经常处于残破难以维修的状态及其发生的原因。张映莹的《宋代营造类工官制度》②、乔迅翔的《宋代建筑营造技术基础研究》③多侧重于从建造角度论述宋代的营造机构、营造官吏、营造的工和料、工程管理、营造工序，并探究宋代营造技术及相关问题，为丰富对宋代建筑的认识提供了帮助，但很少论及宋代建筑与当时的社会背景、政治、文化、人物活动的相互影响。

包伟民在《宋代城市研究》④中对宋代城市的规模、类型与特征做详细的论述，探讨了宋代地方官署所在的子城建制与功能。刘未的《南宋临安城复原研究》⑤、邹洁琳等的《〈咸淳临安志〉"府治总图"建筑平面布局复原研究》、徐吉军的《南宋都城临安》⑥等著述结合临安府治图、地方志及考古发现，对临安府治建筑群的基址、主要机构设置及其建筑功能、布局等做了详细的探讨。唐俊杰、杜正贤的《南宋临安城考古》、杜瑜的《从宋〈平江图〉看平江府城的规模和布局》⑦、耿曙生的《从石刻〈平江图〉看宋代苏州城市的规划设计》⑧等都涉及对南宋平江府子城内衙署建筑形制及布局等方面的论述。张驭寰的《南宋静江府城防建筑》⑨、傅熹年的《〈静江府修筑城池图〉简述》⑩、苏洪济等的《〈静江府城图〉与宋代桂林城》⑪等略有涉及南宋静江府衙署建筑，以及军事设施的位置、规模、功能等。张梦遥在《南宋时期江浙地区府州治所建筑规制研究》⑫中对南宋时期严州（建德府）、常州、台州三个府州治所的历史沿革、位置、占地规模和平面格局做了细致的研究，但对其政治功能和文化意涵较少论及。以上著述，尤其是一些个案考察，丰富了宋代衙署建筑研究，但对宋代州县衙署建筑的历史渊源、法度准则、礼制象征、空间内涵等的系

① 江天健. 宋代地方官廨的修建［C］//转变与定型：宋代社会文化史学术研讨会论文集. 台北：台湾大学历史系，2000：309-356.

② 张映莹. 宋代营造类工官制度［J］. 华中建筑，2001（3）：89.

③ 乔迅翔. 宋代建筑营造技术基础研究［D］. 南京：东南大学，2005.

④ 包伟民. 宋代城市研究［M］. 北京：中华书局，2014.

⑤ 刘未. 南宋临安城复原研究［D］. 北京：北京大学，2011.

⑥ 徐吉军. 南宋都城临安［M］. 杭州：杭州出版社，2008.

⑦ 杜瑜. 从宋代《平江图》看平江府城的规模和布局［J］. 自然科学史研究，1989（1）：90-96.

⑧ 耿曙生. 从石刻《平江图》看宋代苏州城市的规划设计［J］. 城市规划，1992（1）：51-53.

⑨ 张驭寰. 南宋静江府城防建筑［M］//古建筑勘查与探究. 南京：江苏古籍出版社，1988：14.

⑩ 傅熹年.《静江府修筑城池图》简析［C］//傅熹年建筑史论文集. 北京：文物出版社，1998：314-325.

⑪ 苏洪齐，何英德.《静江府城图》与宋代桂林城［J］. 自然科学史研究，1993（3）：277-286.

⑫ 张梦遥. 南宋时期江浙地区府州治所建筑规制研究［D］. 北京：北京大学，2014.

统性阐释还相对较少，不利于全面客观理解宋代衙署建筑的空间形态和功能。

（二）宋代地方政治史

考察宋代州县衙署空间形态和布局，描绘宋代地方衙署不同功能"空间"下人物的"活动"轨迹，研究其对地方政治运作曲线的影响，离不开对宋代地方政治制度的探讨。宋代地方政治制度一直是宋史研究中的重要课题，史学界已经取得了诸多成就，涉及地方行政组织、职官选任、地方财政、地方教育、地方司法、地方教化等诸多方面。何忠礼的《宋代政治史》①探讨了宋代政治发展演变的格局，对宋代地方州县的军权、财权、司法权在不同时期的增减情况有详细的说明。朱瑞熙在《中国政治制度史·宋代卷》②中系统介绍了地方行政组织的机构沿革、编制、职权范围等，总结了宋代地方长官在行政、军事等方面的职能。龚延明的《宋代官制辞典》③为研究宋代地方行政组织和官制提供了索引和帮助。近年来，越来越多的学者关注地方政治制度的运作"过程"，邓小南在《走向"活"的制度史——以宋代官僚政治制度史研究为例的点滴思考》一文中谈道："官僚政治制度不是静止的政府形态与组织法，制度的形成及运行本身是一个动态的历史过程，有'运作'、有'过程'才有'制度'，不处于运作过程之中也就无所谓'制度'。"④宋代地方州县行政体制的具体运作⑤及效果等还需进一步探究。对于中央与地方行政、司法等的制度"运作"，余蔚的《宋代地方行政制度研究》⑥概括了地方行政组织的设置及其执行行政任务的内容与过程，对宋代地方行政组织的内部运作方式和权力分配结构也进行了说明。贾芳芳在《宋代地方政治研究》⑦中对宋代的三级地方政权结构、地方官府日常政务的运行模式，以及政务运行中涉及的官场内部的各种关系进行了考述。苗书梅在《宋代官员选任和管理制度》⑧中论述了宋代地方官员选任、任期及频易之弊。林煌达在《北宋

① 何忠礼. 宋代政治史 [M]. 杭州：浙江大学出版社，2007.
② 朱瑞熙. 中国政治制度通史·宋代卷 [M]. 北京：人民出版社，1996.
③ 龚延明. 宋代官制辞典 [M]. 北京：中华书局，1997.
④ 邓小南. 走向"活"的制度史：以宋代官僚政治制度史研究为例的点滴思考 [M] // 包伟民. 宋代制度史研究百年（1900—2000）. 北京：商务印书馆，2004：13.
⑤ 苗书梅. 宋代地方政治制度史研究述评 [M] // 包伟民. 宋代制度史研究百年（1900—2000）. 北京：商务印书馆，2004：133-164.
⑥ 余蔚. 宋代地方行政制度研究 [D]. 上海：复旦大学，2004.
⑦ 贾芳芳. 宋代地方政治研究 [M]. 北京：人民出版社，2017.
⑧ 苗书梅. 宋代官员选任和管理制度 [M]. 开封：河南大学出版社，1996.

州衙散曹官之探析》①中认为，宋代州衙设置散朝官，是宋廷对士人特恩任官、官员贬降以及流外出职之用。苗书梅在《宋代知州及其职能》②《宋代州级属官体制初探》③《宋代州级公吏制度研究》④中分别探讨了宋代知州、州级行政属官、州级公吏的设置与职能，以及对地方行政运作的影响。

宋代地方司法制度、狱讼程序、胥吏作用等诸多方面也有详细的解析。王云海的《宋代司法制度》⑤、郭东旭的《宋代法制研究》⑥、戴建国的《宋代法制初探》⑦等著作，对宋代地方司法机构、程序、制度等进行了详尽叙述。刘馨珺的《明镜高悬南宋县衙的狱讼》⑧一书主要论述了南宋县衙的狱讼程序、狱讼与官民的生活，认为南宋的县官们在案牍累形之际，仍然坚持许多狱讼之"理"，努力改善地方衙门的行政状况，以平息纷争，致力于安定百姓的生活与秩序。马泓波在《略论宋代司法检验中存在的问题及原因》⑨一文中认为宋代的司法检验制度在前代的基础上有了进一步的发展和完善，但是在实际执行时仍存在一些问题，例如官不敬业、吏徇私舞弊、百姓弄虚作假。张正印在《宋代狱讼胥吏研究》⑩一书中对宋代胥吏的群体特征及州县狱讼参与和影响情况有深度阐释。郑迎光、贾文龙在《宋代州级司法属官体系探析》⑪一文中论述了宋代州级属官的职位沿革、系统分工与办公衙署设置，以及行政流程与司法程序。就地方司法制度来讲，已有深入研究。但从宋代地方衙署空间视角探究宋代州县衙署司法机构位置、运行程序、官民沟通等方面的系统研究还可以深入。

对于中央与地方的互动关系、权力运作、信息传递等方面，黄宽重在《从中央与地方关系互动看宋代基层社会演变》中指出"县衙所在的地区是官府行使公权力和统治力的基点，是民众和官府交涉、交流的场所，也是中央政治力与地方社会力接触的界面"⑫。以中央与地方关系的互动为视角，以县为基点，考察了北

---

① 林煌达. 北宋州衙散曹官之探析［C］// 邓小南宋史研究论文集. 昆明：云南大学出版社，2008：111-131.

② 苗书梅. 宋代知州及其职能［J］. 史学月刊，1998（6）：43-47.

③ 苗书梅. 宋代州级属官体制初探［J］. 中国史研究，2002（3）：111-126.

④ 苗书梅. 宋代州级公吏制度研究［J］. 河南大学学报（社会科学版），2004，46（6）：101-108.

⑤ 王云海. 宋代司法制度［M］. 开封：河南大学出版社，1992.

⑥ 郭东旭. 宋代法制研究［M］. 保定：河北大学出版社，1997.

⑦ 戴建国. 宋代法制初探［M］. 哈尔滨：黑龙江人民出版社，2000.

⑧ 刘馨珺. 明镜高悬南宋县衙的狱讼［M］. 北京：北京大学出版社，2007.

⑨ 马泓波. 略论宋代司法检验中存在的问题及原因［J］. 西北大学学报（哲学社会科学版），2008，38（4）：46-50.

⑩ 张正印. 宋代狱讼胥吏研究［M］. 北京：中国政法大学出版社，2012.

⑪ 郑迎光，贾文龙. 宋代州级司法属官体系探析［J］. 中州学刊，2007（3）：185-187.

⑫ 黄宽重. 从中央与地方关系互动看宋代基层社会演变［J］. 历史研究，2005（4）：105.

宋至南宋基层社会的演变。包伟民在《宋代地方财政史研究》^①中通过考察地方政府执行国家财政政策的实际情形，探讨了宋代中央与地方在财政问题上的不同立场与相互制约关系。余蔚在《宋代的财政督理型准政区及其行政组织》^②中分析了以发运使等为长官的准行政组织的财政职能及其对地方行政事务的参与，认为由于它们的权力扩张受中央政府的抑制，而最终未能成为正式的行政组织。何玉红在《"便宜行事"与中央集权：以南宋川陕宣抚处置司的运行为中心》^③中考察了川陕宣抚处置司"便宜"之权授予、运作、废除的过程，探讨了南宋中央集权体制下中央与地方之间权力互动的演变轨迹。王曾瑜、贾芳芳在《宋代地方与中央之关系问题研究》中提出，虽然宋代各级地方官员的任命权掌握在中央手中，但出于社会因素、个人原因等对政令的推行"既有唯命是从，也有奉行不虔芟至欺瞒"^④。包伟民、傅俊在《宋代"乡原体例"与地方官府运作》^⑤中提到从"官方"的角度来看，被纳入法令条文的"乡原体例"成为地方官府运作法则的一部分，体现了赵宋政权与民间社会的相互调适。在宋代政务信息传递和沟通相关研究方面，邓小南主编的《政绩考察与信息渠道：以宋代为重心》^⑥一书总结了中央地方搜集、传递、处理信息的情况，并探究了中央对地方官员政绩考察等方面。这些研究方法和结论，对考察宋代地方衙署建筑空间下官吏的活动轨迹、政务运行、行政效率、政治秩序等有很大的启发。

还有一些学者将空间理论引入宋代政治、社会研究。他们以社会空间、政治空间、城市空间等视角探讨政治运行、君臣关系、地方治理等。平田茂树、远藤隆俊、冈元司主编的《宋代社会的空间与交流》^⑦一书探讨了信息交流和社会、文化及学术关系如何在城市"政治空间"场域里呈现。久保田和男的《宋代开封研究》^⑧一书探讨了北宋东京城市空间的神圣、世俗功能对市民生活的影响，对宋代衙署建筑空间研究而言是种很好的启发。王刚《宋代政治中的幕次：作为政治空间的

① 包伟民. 宋代地方财政史研究［M］. 北京：中国人民大学出版社，2011.
② 余蔚. 宋代的财政督理型准政区及其行政组织［J］. 中国历史地理论丛，2005，20（3）：39-49.
③ 何玉红. "便宜行事"与中央集权：以南宋川陕宣抚处置司的运行为中心［J］. 四川大学学报（哲学社会科学版），2007，（4）：27-37.
④ 王曾瑜，贾芳芳. 宋代地方与中央之关系问题研究［J］. 西北大学学报，2008，38（5）：96-101.
⑤ 包伟民，傅俊. 宋代"乡原体例"与地方官府运作［J］. 浙江大学学报（人文社会科学版），2008（3）：98-106.
⑥ 邓小南. 政绩考察与信息渠道：以宋为重心［M］. 北京：北京大学出版社，2008.
⑦ 平田茂树，远藤隆俊，冈元司. 宋代社会的空间与交流［M］. 开封：河南大学出版社，2008.
⑧ 久保田和男. 宋代开封研究［M］. 郭万平，译. 上海：上海古籍出版社，2010.

探讨》①一文探讨了幕次的配给分合与尊卑次序中体现的政治秩序及其政治意义。《礼仪空间与地方统治：以宋代地方官出迎诏敕为中心》②指出宋代地方官在出迎诏敕"场"中，承载着诸多仪式规范，受到地方官员的竭力维护，以此确立其统治的合法性。

　　宋代地方政治无论是研究角度、方法还是内容，都有很大的创新和进展。但地方衙署如何影响地方政治运作及社会秩序，实际上还未受到多少关注。宋代衙署建筑作为地方秩序法度的象征，其空间形态和功能，如何影响地方"权力"的运作，值得深入研究。

第三节
宋代地方行政区划与州县衙署建筑

　　宋代地方行政区划主要分路、州（府、军、监）、县三级。路一级设有转运司（漕司）、提点刑狱司（宪司）、提举常平司（仓司）、安抚司（帅司）四个机构。四个机构分割一路事权，互不统率，互相牵制，分别对中央负责。其中，转运司掌一路财赋，长官有转运使、副使、判官等。提点刑狱司掌察一路狱讼曲直，宋真宗景德四年（1007年）始置，其后又兼治劝农、茶盐等事，长官为提点刑狱公事。提举常平司掌一路常平、义仓、赈济、盐仓收支、农田水利之政，并举刺地方官吏。安抚司掌一路兵民之政，往往以知州兼安抚使。宋代路以下的行政区划为州（府、军、监）、县，直属于朝廷。北宋宣和四年（1122年），"京府四，府三十，州二百五十四，监六十三，县一千二百三十四"③，是宋代疆域"极盛之时"。北宋从"建隆初讫治平末，一百四年，州郡沿革无大增损"。南宋时，据长江以南，"中原、陕右尽入于金，东画长淮，西割商、秦之半，以散关为界，其所存者两浙、两淮、江东西、湖南北、西蜀、福建、广东、广西十五路而已"。④钱大昕的《十驾斋养新录》亦载："宋初有荆湖南、北路，南渡以后，

① 王刚. 宋代政治中的幕次：作为政治空间的探讨 [J]. 学术研究，2014（5）：116-123.
② 郑庆寰，包伟民. 礼仪空间与地方统治：以宋代地方官出迎诏敕为中心 [J]. 浙江社会科学，2012（6）：144-154.
③ 脱脱. 宋史·卷85·地理志一 [M]. 北京：中华书局，1977：2095.
④ 脱脱. 宋史·卷85·地理志一 [M]. 北京：中华书局，1977：2096.

中原尽失,唯京西路之襄阳府、随州、枣阳、光化、信阳军尚为宋土,故有京湖路之称,盖合京西、湖北为一路也"①,所辖州县也大大减少。路以下的地方行政机构是州、县。州为地方建制的主体,州一级又有府、军、监,办公机构为州(府、军、监)衙署。宋代府分京府、非京府。京府多是较为重要的陪都,非京府多是故都、军事要镇。京府和非京府的行政机构有所不同。京府由于特殊的政治地位和军事地位,衙署规模更大,建制齐备。宋代的州级按照户口数等级分为雄、望、紧、上、中、中下、下七等,又有都督州、节度州、观察州、防御州、团练州、军事州(刺史州)之分。各州领县十余至不领,有些州领有寨、堡、城、关。宋代的节度州衙署大门上多挂军额名,如福州衙署大门上挂有威武军匾额,平江府衙署大门上挂有平江军匾额,严州子城南门上挂有遂安军匾额。宋代县级长官称知县或县令,总一县民政,办公机构为县衙。

宋代的州(府、军、监)、县作为维护地方稳定的行政区划,直属中央。州(府、军、监)、县的长官知州(知府、知军、知监)、知县有固定的办事机构,这些机构的存在直接影响地方政治的运行。宋代的州级还设有通判及幕职官、诸曹官等属官,其办公机构也设在衙署。因此,研究州县级衙署有利于从时间、空间上把握宋代地方行政运作与地方治理情况。而宋代各路诸转运司、提点刑狱司、提举常平司、安抚司的办公机构或设在州(府)衙内,或设在其附近,如《咸淳临安志》卷五十二载临安府转运司:"两浙转运司,旧在双门北,为南北两衙。"②《淳熙三山志》卷七载福州提点刑狱司:"公宇在府西南,有上下衙。"③《景定建康志》卷二十四载南宋高宗绍兴三年(1133年),原建康府衙作为行宫,在转运司衙署基础上改建新府治,"凡留守、知府事、制置使、安抚使、宣抚使、兵马都督,皆治于此"④。但诸路安抚使、转运使、提点刑狱使、提举常平使等常在诸州巡察,其办公地点也时常变动。"或端坐本司,或故留诸郡……并一年之内,遍巡辖下州军。"⑤加之诸司废立不定,其办公处所也经常改易。如宋代福州衙署中诸司变动情况:

① 钱大昕. 十驾斋养新录·卷8·京湖[M]. 上海:上海书店出版社,1983:183.
② 潜说友. 咸淳临安志·卷52·官寺一[M]//宋元方志丛刊(第4册). 北京:中华书局,1990:3824.
③ 梁克家. 淳熙三山志·卷7·公廨类一[M]//宋元方志丛刊(第8册). 北京:中华书局,1990:7846.
④ 周应合. 景定建康志·卷24·官守志一[M]//宋元方志丛刊(第2册). 北京:中华书局,1990:1708.
⑤ 梁克家. 淳熙三山志·卷7·公廨类一[M]//宋元方志丛刊(第8册). 北京:中华书局,1990:7845.

西南公宇东为运判司，西为转运司……熙宁，既筑子城，并二司为
一。并通判官、转运司为一更其门东向。时提刑司、同提刑司，实在其
北。……政和间，始并转运司为提刑司属官厅、吏舍、省马院、架阁库
等。而迁转运行司于府东迎仙馆。①

　　鉴于宋代路一级长官办公机构的设立不固定、不稳定，有些又设在州（府）
级衙署中。本书就不再对其单列研究。

　　综上所述，本书主要以宋代州（府、军、监）县的衙署建筑为研究中心，以
州县级衙署建筑空间构成及其所体现的制度准则、文化内涵、政教意义、礼制精
神、休闲功能等为研究范围，具体内容主要包括衙署建筑空间形成与布局意涵，
宋代州县衙署营缮理念与实际，宋代州县衙署建筑政务空间下的行政运作、司法
程序、仓储管理、承宣政令等，休闲空间下的情感共鸣、群体交流等，礼仪空间
下的权力表达、文化认同等。

---

① 梁克家. 淳熙三山志·卷7·公廨类一［M］//宋元方志丛刊（第8册）. 北京：中华书局，1990：
7845.

第一章

宋代地方衙署建筑概述

衙署是中国古代官吏办理公务的处所，是古代一种特有的建筑类型。自秦朝以郡县制取代分封制始，地方衙署是作为中央的派出机构、中央统驭地方的权力象征而存在的。地方衙署在称谓、规模、建制上也逐渐形成了一定的范式，在营建与修缮方面，受不同历史时期行政区划演变、政治制度和营建制度的影响。具体而言，对古代地方衙署称谓演变溯源，即是对其历史沿革的探析。衙署的规模和建制的形成可追溯至汉代，汉代地方衙署建筑奠定了后世地方衙署形制的基础，但在不同的历史时期，地方衙署建筑又有发展和变化。本章通过梳理古代地方衙署历史沿革和建筑发展情况，整体直观地展现了宋代州县衙署的规模和形制。并结合宋代行政制度、地方职官制度、唐宋时期地方衙署沿革等，展现宋代州县衙署建筑等级、分布、规制的差异。此外，归纳宋代州县衙署营缮实践及效果，有助于揭示官署营建法令张弛、地方财政、官员态度等对宋代不同时期、地区、等级的州县衙署规制的影响。

第一节
古代地方衙署建筑的历史沿革

一、古代地方衙署的称谓

古代地方衙署是各地行政长官代表中央行使行政职权的机关所在，其称谓有很多。《周礼注疏》中有"以八灋治官府"的记载。郑玄注"百官所居曰府，弊断也"[①]。衙署最初称为"官府"，但府、寺等也代指官署。如《左传·隐公七年》载："初，戎朝于周，发币于公卿，凡伯弗宾。"杜预注："朝而发币于公卿，诸公府卿寺。"孔颖达疏："自汉以来，三公所居谓之府，九卿所居谓之寺。"[②]《汉书·元帝纪》载："地大震于陇西郡，毁落太上庙殿壁木饰，坏败豲道县城郭官寺及民室屋，压杀人众，山崩地裂，水泉涌出。"颜师古注："凡府庭所在皆谓之寺。"[③]刘敦桢在《大壮室笔记·两汉官署》中进一步总结："古者军旅出征，依帐幕为官署，故将军所止曰幕府。若廷尉、内史、京兆尹、郡守所居，亦皆称

---

① 郑玄，贾公彦. 周礼注疏［M］//十三经注疏. 北京：北京大学出版社，1999：26.
② 杜预，孔颖达. 春秋左传正义·卷3［M］//十三经注疏. 北京：北京大学出版社，1999：106.
③ 班固. 汉书·卷75·翼奉传［M］. 北京：中华书局，1962：3171.

府。县治则称寺。"①汉末魏晋时，"牙门"开始代指地方官署。"牙"最早是指以象牙为饰的大旗，代表天子气势，有"古者天子出，建大牙"②，其后，将军营前也竖立牙旗，以彰显威仪，营门即称为"牙门"。如"牙旗者，将军之旌，故必竖牙旗于门。是以史传成作牙门字"③。又如《后汉书》载袁绍"遂到瓒营，拔其牙门"④。"牙门"从代指军旅营门开始演变为官署称谓，并逐渐讹为"衙门"。唐代李百药在《北齐书·宋世良传》中称宋世良为河清太守时政清人和，"每日衙门虚寂，无复诉讼者"⑤，其中"衙门"即指官府。唐代封演考辨："近俗尚武，是以通呼公府为公牙，府门为牙门。字称讹变，转而为衙也。"⑥宋代周密在《齐东野语》中亦详细考证了"牙门"的渊源，指出牙门从最初指代位高权重的身份和烘托威慑气势的装饰，演变为地方官署的标识。"牙门"后因音误称为"衙门"，并影响后世。

诗曰："王之爪牙。"故军将皆建旗于前，曰"大牙"；凡部曲受约束，禀进退，悉趋其下。近世重武，通谓刺史治所曰牙。缘是从卒为牙中兵，武吏为牙前将。俚语误转为衙。⑦

清代赵翼在《陔余丛考》中辨析"衙"音与"牙"相同，追溯魏晋时，"牙门"开始讹称为"衙门"：

《群经音辨》曰：衙音迓，于是始有迓音，然犹未作平声也。及如淳注《汉书》"衙县"音衙为牙，于是始有牙之音。如淳系魏时人，则读衙为牙，当起于魏、晋，而讹牙门为衙门，亦即始于是时耳。⑧

宋代地方州郡官署也延续"衙"的称谓，《宋史·舆服志》：

① 刘敦桢. 刘敦桢文集1 [M]. 北京：中国建筑工业出版社，1982：137.
② 脱脱. 宋史·卷148·仪卫志六 [M]. 北京：中华书局，1977：3464.
③ 李匡乂. 资暇集. 卷中 [M] //丛书集成初编本. 北京：中华书局，1985：11.
④ 范晔. 后汉书·卷74·袁绍传 [M]. 北京：中华书局，1965：2380.
⑤ 李百药. 北齐书·卷46·宋世良传 [M]. 北京：中华书局，1972：639.
⑥ 封演. 封氏闻见记校注·卷5·公牙 [M]. 北京：中华书局，2005：39.
⑦ 周密. 齐东野语·卷10·牙 [M]. 北京：中华书局，1983：188.
⑧ 赵翼. 陔余丛考·卷29·衙门 [M]. 栾保群，吕宗力，校点. 石家庄：河北人民出版社，1990：339.

宰相以下治事之所曰省、曰台、曰部、曰寺、曰监、曰院，在外监司、州郡曰衙。在外称衙而在内之公卿、大夫、士不称者，按唐制，天子所居曰衙，故臣下不得称。后在外藩镇亦僭曰衙，遂为臣下通称。①

不过，宋代对地方州级官署还有很多其他代称，如公署、公宇、府治、府衙等。如吴自牧《梦粱录》卷十载："临安府治在流福坊桥右。"②《梦粱录》卷一载："临安府进春牛于禁庭，立春前一日，以镇鼓锣吹妓乐迎春牛往府衙前迎春馆内。"③陆游《入蜀记》卷六："宫今为州仓，而州治在宫西北。"④《开封府志》载："自昔出治于明堂，而百官听政亦各有其地，此公署所由设也。"⑤由于地方衙署是办公居住一体化，因此，又被称为廨署、府廨、廨宇、公廨、州廨、郡廨等。如《大德南海志》卷十载："设官分职以来，各有厅事，所以出政令而决讼狱也。自唐至宋，皆专宫署事。故所至廨宇，因以居焉。其临民涖事者，止厅事而已。"⑥宋代孔平仲《孔氏谈苑》卷一载："僎（皇甫僎）径入州廨，具靴袍，秉笏立庭下。"⑦周密《齐东野语·赵伯美》中云："治事有公宇，退食有公廨。"⑧

宋代县衙也称为县司、邑廨、县廨，《宋大诏令集》卷一百六十载："今后应乡间盗贼斗讼公事，仍旧却属县司，委令、尉勾当。"⑨《宋诗纪事》卷九十六载："德兴邑廨石刻诗二首。"⑩《赤城集》载临海县衙"县令名氏悉载，遭乾道癸巳灾，与县廨俱尽不存"⑪。

① 脱脱. 宋史·卷154·舆服志六 [M]. 北京：中华书局，1977：3600.
② 吴自牧. 梦粱录·卷10·府治 [M]. 北京：中华书局，1985：81.
③ 吴自牧. 梦粱录·卷1·立春 [M]. 北京：中华书局，1985：2.
④ 陆游. 入蜀记·卷6 [M]. 北京：中华书局，1985：58.
⑤ 孙富山，郭书学. (康熙) 开封府志整理本·卷10·公署 [M]. 北京：北京燕山出版社，2009：151.
⑥ 陈大震，吕桂孙. 大德南海志·卷10·廨宇 [M] // 宋元方志丛刊 (第8册). 北京：中华书局，1990：8450.
⑦ 孔平仲. 孔氏谈苑·卷1 [M]. 影印文渊阁四库全书本. 上海：上海古籍出版社，2012：132.
⑧ 周密. 齐东野语·卷6·赵伯美 [M]. 北京：中华书局，1983：88.
⑨ 司义祖. 宋大诏令集·卷160 [M]. 北京：中华书局，1962：604.
⑩ 厉鹗. 宋诗纪事·卷96 [M]. 上海：上海古籍出版社，1983：2315.
⑪ 彭仲刚. 临海县厅壁记 [M] // 林表民，辑. 徐三见，点校. 赤城集·卷3. 北京：中国文史出版社，2007：39.

二、古代地方衙署建筑沿革

中国衙署建筑基本建制在汉代已形成，唐宋时期进一步发展，明清时成为定式。刘敦桢在《大壮室笔记·两汉官署》中描述汉代地方郡县的官署形制：

> 外为听事，内置官舍，一如古前堂后寝之状，体制或有繁简，区布之法固无异也。其县寺前夹植桓表二，后世二桓之间架木为门曰桓门，宋避钦宗讳，改曰仪门。门外有更衣所，又有建鼓，一名植鼓，所以召集号令为开闭之时，官寺发诏书，及驿传有军书急变亦鸣之，自两府外，皆具此制。门有塾，虽邮亭亦然。门内有庭，次为听事，治事之所也。郡府之听事，以黄涂之，曰黄堂，证以丞相府黄阁，知两汉官寺之色尚黄，与后世稍异。然姬周之世，黄之为色，且次于苍，自两汉迄于六朝，以黄为官署之色，遂启后代帝皇专用之渐，亦色彩嬗变之一证也。听事内或编署治迹，或图形壁上，注其清浊进退，以昭炯戒，而法制禁令，亦往往勒之乡亭，足征政教兼施，有足多者。县寺之听事则曰廷，以传舍推之，凡听事皆有东西厢，而堂与东西厢且无区隔，略似今五间之厅，中央三间为堂，左右二间为厢，其间无墙壁之设，视当时宫殿宅第稍异其制，岂其变体欤。其侧有便坐，亚于听事，接见宾客及掾吏治事之所也。听事之后有垣，其门曰阁。阁内为舍，若第宅之后堂，凡京兆府，郡府，县寺，亭，传舍，皆如是。[①]

此外，结合1972年内蒙古和林格尔汉墓中发现的壁画土军城府舍图、离石城府舍图、宁城图，进一步可见汉代郡县衙署建筑群的基本特征。"汉代地方城市中的官吏府舍为城市最重要的部分，外围多用垣墙包绕，形成了城内的另一个小城，即所谓'子城'"[②]，汉代开始出现围绕地方官署建的"子城"，起防御和凸显地方官署政治重要性和权威的作用，这也是"子城"[③]雏形。汉代地方官署形态并不是完全方正的，建筑规模视其等第而定。衙署大门外又建有桓表，即华表，

---

① 刘敦桢. 刘敦桢文集 [M]. 北京：中国建筑工业出版社，1982：138.

② 徐苹芳. 马王堆三号汉墓出土的帛画"城邑图"及其有关问题 [C] // 中国城市考古学论集. 上海：上海古籍出版社，2015：31.

③ 成一农. 古代城市研究方法新探 [M]. 北京：社会科学文献出版社，2009：106. 该书提出子城产生于汉代，在军事上有重大意义。魏晋南北朝大量出现并发展，唐代逐步普及，而宋代则开始衰弱并消失，一些城市的子城被拆毁或废弃，宋代城市使用的子城多是从唐代延续下来的。

"以壮观瞻"，是为桓门，刘敦桢考证桓门也就是宋代的"仪门"。这表明汉代衙署已经有重门之仪。衙署门旁的附加建筑为"塾"，为更衣所。衙署门外有建鼓等，起警示、号令、报时等作用，应是唐宋时期衙署鼓角楼的原型。衙署大门内有类似于墙屏、照壁的罘罳，晋代崔豹《古今注·都邑》载："罘罳，屏之遗像也。塾，门外之舍也。臣来朝君，至门外当就舍，更详熟所应对之事也。"[1]罘罳既能起到遮挡的作用，又能使来者有稍作停留思考的空间。罘罳与宋代衙署的戒石碑（亭）、明清衙署中的照壁有一定的渊源。罘罳后，就是衙署长官听事的正堂，郡府的正堂称为"黄堂"，县衙的正堂称为"廷"。听事厅堂的墙壁上绘有衙署治迹的典故、图像、政令等，以提醒激励地方官为政要义。正堂两侧有左右厢，为僚属办公之处及接见宾客之地。正堂之后有地方长官专用的"舍"，是长官独坐自省的小院落，里面有庭、斋舍等。这种布局与后世衙署"前堂后寝"的建制是一致的。在上列和林格尔汉墓官署诸图中，还可见衙署内有兵营、仓库、庖厨、马厩、监狱等。

汉代地方官署建筑形制对后世衙署建筑影响深远。虽然汉代地方官署中还未有"中轴线"和对称的布局，院落较少，但其建筑和布局模式已兼具实用和威严。在唐宋时期，地方衙署建筑进一步发展，宋代史能之在《咸淳毗陵志》中载常州衙署建制是沿袭唐代的，"州治在内子城，唐末郡属淮南，杨氏权刺史唐彦随经始于景福元年建谯楼、仪门、正厅、西厅、廊庑、堂宇、甲仗军资等库余六百楹"[2]。唐代常州衙署恢宏大气，已建有完善的仪门、谯楼、厅堂、诸库、亭轩、池台、楼阁等建筑，宋代因袭而建，更坏复葺。顾炎武在《日知录》卷十二《馆舍》中写道："予见天下州之为唐旧治者，其城郭必皆宽广，街道必皆正直；廨舍之为唐旧创者，其基址必皆弘敞。宋以下所置，时弥近者制弥陋。"[3]总之，唐宋时，地方衙署建筑进一步发展，逐渐形成了"子城"原则、中轴线排列、前堂后寝布局、重门复道的格局，并一直沿袭至明清。

---

① 张华，等. 博物志（外七种）[M]. 王根林，等，校点. 上海：上海古籍出版社，2012：123.
② 史能之. 咸淳毗陵志·卷5·官寺一 [M] //宋元方志丛刊（第3册）. 北京：中华书局，1990：2995.
③ 顾炎武. 日知录·卷12·馆舍 [M]. 黄汝成，集释. 上海：上海古籍出版社，2014：281.

宋代州县衙署建筑的规制及差异

一、宋代州县衙署建筑规制

1.宋代州县衙署建筑规模

宋代州郡城市沿袭唐代的"内外重城"形态,分为子城和外城(罗城),州郡衙署都建在子城中,普通百姓生活在外城中。子城外有壕沟,沟中有水,必须通过架在河沟上的桥梁行走到达外城。这样既和外城相隔,又和外城保持联系;既能树立子城在城中的特殊地位,更能做好战争防御。如临安府衙署外河沟称为流福沟,上有州桥。州桥连接府衙和外城,又称悔来桥,"盖因到讼庭者,到此心已悔也,故以此名呼之"①。庆元府因城中民居跨濠造浮棚,直抵城址,阻塞水道,妨碍舟楫,淳祐三年(1243年)春,知府陈垲"给钱酒付造,棚人听自除拆,环城遂有路可通"②。子城往往呈四方形,符合《周礼》中对都城的要求。如平江子城为长方形,临安子城近似于长方形,严州子城略呈正方形等。

虽然宋代地方州县衙署建筑目前早已不存,但通过考古发现、文献资料,及对子城面积的考察,可以略窥知其貌。宋代州级衙署占地超过百亩,府衙规模更大。关于南宋临安府衙署的规模,唐俊杰、杜正贤在《南宋临安城考古》中结合南宋临安城(今杭州)遗址进行考古发掘,认为临安府衙署总面积超过百亩。③袁琳在《南宋江南地区府州治所的规模和布局之初探:以〈宋元方志丛刊〉中方志地图为研究对象》④中将临安府衙署面积估算为300亩,但这个面积包括转运司和部分府学。林正秋在《南宋临安府府署和知府》中认为,到南宋末年,临安府衙署面积扩大,西面包括今荷花池头至西城边,东面临西河至凌家桥,南到今流福沟的宣化桥,北以州学相邻,方圆三四里。⑤关于北宋江宁府(今南京)的衙

---

① 吴自牧.梦粱录·卷7·小西河桥道[M].北京:中华书局,1985:54.

② 胡榘.宝庆四明志·卷3·叙郡下[M]//宋元方志丛刊(第5册).北京:中华书局,1990:5023.

③ 唐俊杰,杜正贤.南宋临安城考古[M].杭州:杭州出版社,2008:80.

④ 袁琳.南宋江南地区府州治所的规模和布局之初探:以《宋元方志丛刊》中方志地图为研究对象[C]//科学发展观下的中国人居住环境:2009年全国博士生学术论坛论文集.北京:中国建筑工业出版社,2009:324-328.

⑤ 林正秋.南宋临安府府署和知府[M]//南宋京城杭州.杭州:浙江人民出版社,1997:60.

署面积，宋仁宗庆历八年（1048年），江宁府遭火灾焚毁，皇祐元年（1049年），江宁府衙署重修，新建房屋"七百楹"①，是江宁府衙署的基本规模。南宋时，原江宁府衙署作为行宫，另选址新建建康府衙署。袁琳、王贵祥在《南宋建康府府廨建筑复原研究及基址规模探讨》一文中考证南宋建康府衙署面积为91655平方米，约160亩。②

平江府衙署在平江府（今苏州）子城中，平江府子城的兴建可追溯至吴王建阖闾城时。子城为长方形平面，城墙四周有泄水沟（代城濠）。杜瑜在《从宋<平江图>看平江府城的规模和布局》中结合碑刻《平江图》，考证江宁城东西长约4450米，东西城宽3400米，城周约15700米，合31里左右。并提出"平江府城中的子城大约相当于今苏州城内十梓街至前梗子巷，锦帆路至公园路的范围。子城南北距离550～600米，东西距离约400米，子城周长约2000米，只合四里"③，以此推断，平江府衙署的面积不超过360亩。关于宋代庆元府（今宁波）衙署的规模，林士民在《三江变迁：宁波城市发展史话》中结合考古，考证宋代曾在唐代明州城的基础上进行过至少三次大规模的维修，至南宋理宗时，明州罗城周回约2500丈，计18里左右；子城周回为420丈，约3里④。

宋代一些州衙因袭唐代，或因政治、军事地位重要，城池较大，衙署的规模较大，甚至与府衙规模不相上下。如常州、严州、台州、罗城"周回二十七里三十七步，高一丈"⑤。常州内有子城，子城"周回七里三十步，高二丈八尺，厚二丈"⑥。州署在子城中。《咸淳毗陵志》卷五《州治》载，宋代常州衙署在南唐时就有六百楹⑦，也就是有一百多间屋子，宋代增葺后，则更大些。严州外城原周回十九里，宣和三年（1121年）平定方腊后，知州周格重建外城，略成正方形，周回十二里二步。子城"周回三里，南即遂安军门，东、西门在授官厅之两

① 张方平. 江宁府重修府署记［M］//曾枣庄，刘琳. 全宋文. 卷817（第38册）. 上海：上海辞书出版社，2006：151.
② 袁琳，王贵祥. 南宋建康府府廨建筑复原研究及基址规模探讨［C］//中国建筑史论汇刊. 北京：清华大学出版社，2009：285-304. 根据"明应天府城图""清江宁省地图""南京民国地图"得出府衙面积大约为140～160亩.
③ 杜瑜. 从宋《平江图》看平江府城的规模和布局［J］. 自然科学史研究，1989（1）：92.
④ 林士民. 三江变迁：宁波城市发展史话［M］. 宁波：宁波出版社，2002：82-83.
⑤ 史能之. 咸淳毗陵志·卷3·地理三［M］//宋元方志丛刊（第3册）. 北京：中华书局，1990：1982.
⑥ 史能之. 咸淳毗陵志·卷3·地理三［M］//宋元方志丛刊（第3册）. 北京：中华书局，1990：1982.
⑦ 史能之. 咸淳毗陵志·卷5·官寺一［M］//宋元方志丛刊（第3册）. 北京：中华书局，1990：2995.

厢，北门在州宅西偏"①。台州外城"周回一十八里"②，城有七门，各冠以楼，其子城周回四里。

有些州郡外城和子城面积相对略小，其子城内衙署的规模也稍逊于他州。如汀州（今福建长汀）的外城，为唐大历四年（769年）刺史陈剑所营建，北宋治平三年（1066年），知州刘均对其增修，"周五里二百五十四步，基三丈，面广三之一，高一丈八尺。浚三濠，深一丈五尺，引南拔溪水东流以绕之"。汀州子城于宋治平年间修缮，"周一里二百九十一步，高一丈一尺，为敌楼二百一十一间"③。宣和年间，知州潘辟重建双门，"架谯楼于其上"④。秀州（今浙江嘉兴）子城建于三国吴黄龙三年（231年），至清代，一直是衙署所在地，衙署所在子城，周长二里十步，约百亩。

宋代的县大多没有子城，县级衙署的规模远不及州级衙署。如宋代县衙中较大的华亭县，其县衙所在子城周回一百六十丈，也就不到一里。其他的县衙则更小，如福州长溪县衙署，"广四十步，袤一百一十步"⑤。

2．宋代州县衙署的基本建制

宋代的地方衙署建筑，除继承了唐代旧治的恢宏气势，又有新的变化和发展，追求美观和实用价值的统一，讲究庭院、堂厢、寝室井然有序，这既有对前代地方衙署建筑规制的继承，又受到宋代社会背景和礼制文化等的影响。宋代州级衙建筑规制有一定的规律。一般而言，最外为子城南门；其次为谯门（谯楼）、仪门（戟门），从子城南门起有一条贯穿南北的主中轴线，城门、谯门、仪门、戒石碑（亭）、设厅、听事堂、宅堂等府衙主体建筑均在这条主中轴线上，规模较大。谯门外左右分列着宣诏亭、颁春亭、手诏亭、宣诏亭等，仪门外有左、右司理院，通判厅等。进入仪门，立有戒石亭，亭中立有戒石，戒石后为设厅，设厅两侧有便厅、僚属办公厅、吏房及诸库房等，是衙署日常议事、阅公

① 陈公亮．淳熙严州图经·卷1·城社［M］//宋元方志丛刊（第5册）．北京：中华书局，1990：4287．

② 陈耆卿．嘉定赤城志·卷2·地理门二［M］//宋元方志丛刊（第7册）．北京：中华书局，1990：7290．

③ 胡太初，赵与沐．临汀志［M］//解缙．永乐大典（第4册）·卷7892．北京：中华书局，1986：3618．

④ 胡太初，赵与沐．临汀志［M］//解缙．永乐大典（第4册）·卷7892．北京：中华书局，1986：3641．

⑤ 梁克家．淳熙三山志·卷9·公廨类三［M］//宋元方志丛刊（第8册）．北京：中华书局，1990：7868．

文案牍、延纳接待之所，以及仓储、收纳钱赋、财物之地。这些建筑规模比衙署主体建筑略小。州级衙署的后宅部分，主要是长官公退休沐之处，和宴请宾客的区域。园圃中引水凿池、盛植花木，休闲娱乐的厅堂楼榭错落分布在池水林木中，将整个内宅营造出如同山水画般的意境。此外，衙署中多使用穿堂廊屋从中间把主厅堂穿连起来，提高建筑的使用效率。衙署内主路两侧和东西廊屋之间还设有绿树、小亭等绿化设施等。

宋代县级衙署建制与州级衙署类似，谯门（鼓楼）、县门、厅事、听事堂、宅堂在一条南北中轴线上依次排开。谯门前有手诏诸亭，厅事两侧有廊庑，多为便厅、库帑、吏舍、宾次、狱犴等。此外，主簿厅、县丞厅、县尉厅设置不定，与职官废立相关。县衙后宅是县令等公余游息之所，有亭台、楼榭、园圃等建制，规模不定。

宋代的地方州县衙署建筑虽未像明、清时的署衙一样形成固定的范式，但仍遵循一定的标准。一是宋代州县衙署内部基本上是围绕一个中心空间和中轴线而构成的建筑群，其中，衙署府门、仪门、设厅、宅堂等主体建筑都在这条主中轴线上，而廊屋、府库、稍小的厅堂等其他建筑都在主轴线四周展开。这种布局是宋代州县衙署建筑空间比较基本的组织形式。不过，值得注意的是，宋代地方衙署内建筑布局还未形成以中轴线为统领的对称排列形制。大多宋代州县衙署除了主轴线上的建筑整齐排列外，其两侧的建筑布局均较为自由。二是宋代地方衙署建筑沿袭前代衙署建筑"前堂后寝"的模式，区分了政务和宴休两个相对独立的空间。三是宋代州县衙署内的治事厅堂及主宅堂，基本上都遵循坐北朝南的原则。根据景定《景定建康志》的《府廨之图》①，可以看出建康府衙署内部建筑的大致情况，其内部建筑的朝向多是坐北朝南；根据《咸淳临安志》的《府治图》②，可以看出南宋临安府衙内主建筑的朝向都是坐北朝南；根据《严州图经》的《子城图》③，可以看出严州州衙内主体建筑的朝向都是坐北朝南；根据《嘉定赤城志》的《临海县治图》④，可以看出临海县衙内的建筑朝向都是坐北朝南。这是因为古代以北为阴，南为阳，山北水南为阴，山南水北为阳；加之又有"南面

① 周应合．景定建康志·卷5·府廨之图［M］//宋元方志丛刊（第2册）．北京：中华书局，1990：1379.
② 潜说友．咸淳临安志·卷16·府治图［M］//宋元方志丛刊（第4册）．北京：中华书局，1990：3514.
③ 陈公亮．淳熙严州图经［M］//宋元方志丛刊（第5册）．北京：中华书局，1990：4281.
④ 陈耆卿．嘉定赤城志［M］//宋元方志丛刊（第7册）．北京：中华书局，1990：7282.

为尊"的礼制文化。《易经》云："圣人南面而听天下，向明而治。"①故建筑"坐北朝南"被古人视为阴阳相合、顺应天道，利于安宁宅院、兴旺人丁。宋代地方州县官员重视建筑的朝向，甚至将其与衙署内行政运行是否顺利挂钩，如汀州州衙内的录事厅，原"在子城内谯楼之西。旧门东向，久不利。嘉熙间，录事上官迁易南向，历任始安"②。

二、宋代州县衙署建筑的差异及其成因

宋代州县级衙署的建筑规制，主要由行政建制级别而定，但军事、地理风貌、自然灾损等因素等也会使地方官改变州县衙署建筑的规制，甚至同一衙署的建筑在不同时期也会有不同面貌。

（一）政治因素

中国古代封建社会重视等级秩序，地方各级衙署建制也视其等第而定。宋代的京府，多是较为重要的陪都。非京府多是故都、军事要镇。各府由于特殊的政治地位和军事地位，其衙署规模宏大，建制更为全面。宋代的州之间亦有等差，都督州、节度州、观察州等衙署规制相对较高。宋代的县作为地方最基层的行政建制，县级官员除县令外，县丞、县尉、主簿等职设置不定，远不如府、州衙署中属官、吏员那么多，县衙内各治事厅堂、府库、宴息建筑的数量、规模都远逊于州级衙署。宋代因袭前代衙署，建筑如僭越"礼制"，则会被拆除或改建。如益州衙署原是前蜀王建、后蜀孟知祥时所扩建，远超过地方官署的规制。北宋平定益州后，将后蜀孟知祥治所"改朝西门为衙西门，去三门为一门，平僭伪之迹，合州郡之制，允谓得中矣。"③江宁府在南唐时，曾由李昇"大筑城府，僭用王制"④，宋代统一江南后，对南唐宫室"彻其伪庭，度留表署"，撤除江宁府中僭越的建筑，将其作为江宁府的衙署。宋太宗太平兴国四年（979年）平北汉后，

---

① 王弼，孔颖达.周易正义·卷9·说卦［M］//十三经注疏.北京：北京大学出版社，2000：327.
② 胡太初，赵与沐.临汀志［M］//解缙.永乐大典（第4册）.北京：中华书局，1986：3641.
③ 张咏.张乖崖集·卷8·益州重修公署记［M］.张其凡，整理.北京：中华书局，2000：79.
④ 张方平.江宁府重修府署记［M］//曾枣庄，刘琳.全宋文·卷817（第38册）.上海：上海辞书出版社，2006：150.

改太原府为并州，毁其城，将州治移榆次县。太平兴国七年（982年），又徙并州衙署至阳曲县之唐明镇，不复其原有规制。杭州府衙曾是吴越王钱镠治所，双门以木铜金铁制，用于守备，宋仁宗至和元年（1054年），杭州知府孙沔认为此有违礼制，对府衙易而改作。成都府衙原是后蜀孟昶所居，降于宋后，因建筑多僭侈，也有改建，拆除了谯门。宋仁宗庆历初年，蒋堂知成都府，在府门外五十步修建了铜壶阁，其后历任知府都不断进行维护。宋孝宗淳熙二年（1175年），范成大知成都府时，又将其修缮一新，可谓"山立翚飞，嶪然摩天"[1]。还有一些州县衙署，在宋初地方行政建制初设时，规制不备，其后陆续修缮完备。如北宋初，河南府因袭唐代百司署舍，建制不备，在真宗、仁宗时陆续修缮。南康军南康县初设时，"廨宇未备，治事多僦民居"[2]，宋仁宗景祐初开始创建，宋高宗绍兴年间毁于战乱，知县赵谨主持重修，其后孝宗、理宗时，又有增建及修缮。

（二）灾损重建

宋代地方衙署大多因袭前代官署，但木质建构在长期使用过程中因水、火、风灾及战争侵袭，时常受到损毁，在不断的修缮中，其规制也发生了变化。如北宋江宁府衙署由原南唐宫室改建而成，宋仁宗庆历八年（1048年），江宁府治因遭大火，其内大部分建筑被焚，唯存玉烛殿。皇祐元年（1049年），领江宁知府事张奎重新修建府衙，"考室七百楹。台门崔嵬，前达通逵，以表命令，彰仪范；公堂隆深，中敞广庭，以颁诏条，听民成；崇榭壮雄，东辟坦场，以训军乘，严戎备。分曹布局，旧邦鼎新"[3]。江宁府衙署重修集合了大量的人力、物力和财力，增建七百间房屋，气势更宏伟。莲城县衙在光宗绍熙五年（1194年）受风灾重创，第二年，县令韩永德主持重修了敕书楼等衙署建筑。

宋代战争频繁，尤其是北宋初期、两宋之交、南宋初期和南宋末期这四个时期，州县衙署最易受到战火的毁坏。战后，州县长令往往要主持修缮和重建，这个过程会给衙署建筑带来不同程度的改变。如平江府在北宋末期因战乱尽毁，衙署内部建筑年久失修，大厅之前，戟门之后，廊庑库陋；元丰六年（1083

① 陆游. 渭南文集·卷18·铜壶阁记［M］//陆游集（第5册）. 北京：中华书局，1976：2139.
② 刘节.（嘉靖）南安府志·卷15·建置志［M］//天一阁藏明代方志选刊续编. 上海：上海书店，1990.
③ 张方平. 江宁府重修府署记［M］//曾枣庄，刘琳. 全宋文·卷817（第38册）. 上海：上海辞书出版社，2006：151.

年），重修后，"覆以重屋，二楼对立，楼各八楹……又修戟门，荐之高于旧三尺。……栋宇相副，轮焉奂焉，不陋不奢"①，壮丽规模超过之前。又如严州衙署"旧制屋宇甚备，经方腊之乱，荡然无遗"②，宣和三年（1121年），知州周格重建后，"仅足公宇而已，燕游之地，往往芜废。故前志所载，自千峰榭、高风堂、潇洒楼之外，余皆名存实无"③，其后历代知州主持不断增建和修缮，才"甫称诸侯之居"。又如台州衙署在原唐代的基础上修缮而成，最早建在大固山上，曾在唐大历中移建到"州城西北大固山下"④，宋初沿用，后历经宋代数任知州陆续增葺修缮，到淳熙年间，衙署的内部建筑才逐渐完善；但在南宋末德祐二年（1276年），衙署又因战乱遭毁坏。再如汀州衙署，南宋绍兴十四年（1145年），由郡守陈公定国创设厅、镇山堂、仪门、两庑、甲仗、架阁诸库，并由继任者不断补葺，方较为完善。但绍定年间福建爆发农民起义，造成汀州城以及宁化、清流、莲城等县遭到破坏，汀州衙署也在战争之下"疮痍甫瘳"，直至知州李华主持将州衙内外，从州门到宅堂重新修葺，才"规创一新，轮奂壮伟"⑤。

（三）自然地貌

古代建城营宅多考量自然地貌，这源于古人在社会实践经验中积累的实用型学问和技术，即在建筑的选址和营造过程中尽量避开自然环境中的不利因素。宋代地方衙署选址、搬迁或重建也常受地理环境或自然风貌影响，进而影响其建筑的形制。如台州衙署在大固山下，受"负山为郡"的地理限制，衙署建制略异于他处，其中衙、鼓二楼，不正蠹于前，而旁峙于左。有些州县官吏认为衙署地理位置不佳、交通不便等，会考虑搬迁。如汀州上杭县衙署原在钟寮场，僻在山隅，不通商旅，宋孝宗乾道四年（1168年）迁至上杭场旧基，道路通畅，百姓便于输纳，商旅也便于往来。又如润州（江苏镇江），其府衙原本依山而建，地势较高，处理政务不便，北宋仁宗至和二年（1055年），知州张升下令重建，徽宗

---

① 朱长文.吴郡图经续记·卷上·州宅下［M］//宋元方志丛刊（第1册）.北京：中华书局，1990：646.

② 陈公亮.淳熙严州图经·卷1·廨舍［M］//宋元方志丛刊（第5册）.北京：中华书局，1990：4289.

③ 郑瑶.景定严州续志·卷1·郡志［M］//宋元方志丛刊（第5册）.北京：中华书局，1990：4355.

④ 陈耆卿.嘉定赤城志·卷5·公廨门二［M］//宋元方志丛刊（第7册）.北京：中华书局，1990：7316.

⑤ 胡太初，赵与沐.临汀志［M］//解缙.永乐大典（第4册）·卷7892.北京：中华书局，1986：3641.

宣和三年（1121年），知州虞奕扩建。

以上可见，宋代地方州县衙署建筑规制在继承前代衙署的基础上，在宋代地方行政建制层级、地理风貌、自然上既遵循一定规律，又具有各自的特点。

第三节
宋代州县衙署建筑的营造理念与实践

一、宋代州县衙署建筑营造政令与规章

（一）宋代州县衙署建筑营建政令的张弛

宋代不同时期的官署营造政策各有不同。北宋前期，百废待兴，鼓励地方官署营建完善。宋太祖乾德六年（968年）诏令：

> 郡县之政，三年有成；官次所居，一日必葺。如闻诸道藩镇郡邑府廨、仓库等，凡有损处，多不缮修，因循岁时，渐至颓圮。及傭工而庀役，必倍费以劳民。自今节度、观察、防御、团练使、刺史、知州、通判等罢任日，具官舍有无破损及增修文帐，以次交付，仍委前后政各件析以闻。其幕职州县官候得替日，据曾葺及创造屋宇，对书新旧官历子，方许给付解由。损坏不完补者殿一选。如能设法不扰人整葺，或创造舍宇，与减一选，无选可减者取裁。[①]

开宝二年（969年）诏：

> 一日必葺，昔贤之能事。如闻诸道藩镇、郡邑公宇及仓库，凡有隳坏，弗即缮修，因循岁时，以至颓毁，及傭工充役，则倍增劳费。自今节度、观察、防御、团练使、刺史、知州、通判等罢任，其治所廨舍，有无隳坏及所增修，著以为籍，迭相符授。幕职州县官受代，则对书于

---

① 徐松. 宋会要辑稿·方域4之11［M］. 北京：中华书局，1957：7376.

考课之历。损坏不全者，殿一选，修葺、建置而不烦民者，加一选。^①

不仅督促各地地方官吏及时修缮残损衙署，还将修葺、建置官廨纳入考课。至宋真宗时，随着政权稳定、社会发展，土木兴修增多，难免科差扰民。景德元年（1104年）正月诏令官廨修缮需上奏批准："诸路转运司及州县官员、使臣，多是广修廨宇，非理扰民。自今不得擅有科率，劳役百姓。如须至修葺，奏裁。"以此加强了对土木营建的监管，避免官廨修造频繁。至景德二年（1005年）亦延续了相关土木工程的限令："今后应有旧管廨宇、院宅舍、寺观、班院等，乞创添间例及欲随意更改，并权住修，如特奉朝旨，即得修造。"^②

然而，宋真宗大中祥符年间（1008—1016年），因推崇道教，大肆兴建玉清宫、会灵观、崇福宫等奢华的宫观建筑，玉清宫历时十四年方成，宫廷宏大瑰丽，所用均为上等木材，楹柱全以金饰。崇福宫"离宫殿阁，无不奢靡"。上行下效，地方廨宇的修建限制实际上也放松下来。大中祥符六年（1013年），宋真宗对王钦若云：

> 访闻河北州军城池廨宇，颇多摧圮，皆云赦文条约，不敢兴葺。今虽承平无事，然武备不可废也，宜谕令及时缮修，但无改作尔。^③

同月下诏：

> 如闻州府公宇亦多损坏，以赦文所禁，不敢兴葺。自今有摧，但无改作，听依旧制修完。^④

宋英宗初，仍是奢华之风兴盛，"好兴土木之功，遂广有经度，虽不至损坏之处，亦毁拆重修，务以壮丽互相夸胜"^⑤。"大内中几及九百余间，以至皇城诸门、并四边行廊及南熏门之类，皆非朝夕之所急，无不重修者。役人极众，费

---

① 洪迈．容斋随笔．四笔·卷12·当官营缮［M］．孔凡礼，点校．北京：中华书局，2005：775.
② 徐松．宋会要辑稿·方域4之12［M］．北京：中华书局，1957：7376.
③ 李焘．续资治通鉴长编·卷81·真宗大中祥符六年乙未条［M］．北京：中华书局，1992：1837.
④ 徐松．宋会要辑稿·方域4之12［M］．北京：中华书局，1957：7376.
⑤ 李焘．续资治通鉴长编·卷204·英宗治平二年二月辛丑条［M］．北京：中华书局，1992：4945.

财不少。……以好治宫室流闻四方"①。为此，多有去奢从俭的谏言，如司马光在《上英宗论禁中修造》中言，因大兴土木，占使匠人、物料，以至在京仓库等都未能及时修葺。"所有诸处监修之官，自是本职，更不与减年磨勘及转官酬奖，以塞泰侈之原"②。治平三年（1066年），土木工程的大肆兴建受到一定的限制，其中也包括对地方官廨兴修的限制，有诏令："诸路州军库务、营房、楼房橹等，缮治如旧外，其廨宇、亭榭之类，权住修造二年。违者从违制科罪。"③宋哲宗时，也有类似限令颁布，元符三年（1100年），工部状曰："无为军乞修廨舍，并河北、京东路转运司、齐州状，并乞修官员廨舍等事。尚书省检会近降朝旨，灾伤路分除城壁、刑狱、仓库、军营、房廊、桥道外，所有诸般亭馆、官员廨舍之类，并令权住二年修造。"④不过，这些只是规范地方官署的营建程度、范围等，主要是对宴息游乐建筑兴修的限制，并不是完全禁止。一则刑狱、仓库等往往不在禁令当中，另则也需视各地官署建筑的实际情况而定，当官署受损严重时，通过上报审批等相应的规章程序，还是可以修缮完善。如宋哲宗元符三年所颁布的停修廨舍禁令颁布后，诸路州军申请，"称官员廨舍内有破损，不堪居住，一例权住二年，不唯转更损坏材植，兼虑官员无处居住"⑤。诏令表示若委实损坏，可在不改易增建和搔扰民户的前提下，仰转运司因旧修缮补葺。

南宋初，在经历北宋末年的战乱、迁移后，政权初定，国家对土木工程的态度较为慎重，一方面没有足够的物力和精力进行兴建；另一方面也是为了与民休养生息，维护社会稳定。宋高宗绍兴二年（1132年）修建康行宫时诏令，如州治修盖，以避免土木之侈，伤财害民。

宋高宗绍兴五年（1135年）修建资善堂时，曰："粗令整葺可也，朕常以营造为戒，居处不敢求安。"⑥

绍兴二十六年（1156年），宋高宗仍主张营造慎重、装饰节俭："往日宫殿幕帘皆文绣，朕令并不用，土木被文绣，非帝王美事。"⑦虽然国家主张简省营造工程，但因战乱被损毁的地方官署，却急需修缮复原。因此，南宋初，并未绝对禁

---

① 黄淮，杨士奇. 历代名臣奏议·卷316·营缮［M］. 上海：上海古籍出版社，1989：4086.
② 李焘. 续资治通鉴长编·卷204·英宗治平二年二月辛丑条［M］. 北京：中华书局，1992：4945.
③ 徐松. 宋会要辑稿·方域4之13［M］. 北京：中华书局，1957：7377.
④ 徐松. 宋会要辑稿·方域4之14［M］. 北京：中华书局，1957：7377.
⑤ 徐松. 宋会要辑稿·方域4之15［M］. 北京：中华书局，1957：7378.
⑥ 李心传. 建炎以来系年要录·卷90·绍兴五年六月癸卯条［M］. 上海：上海古籍出版社，1992：271.
⑦ 李心传. 建炎以来系年要录·卷172·绍兴二十六年丁未条［M］. 上海：上海古籍出版社，1992：396.

止营建地方衙署，允许修造紧要治事之所。建炎四年（1130年）诏：

> 残破州县廨宇，除紧要治事处许随宜修盖，应闲慢修造并住。①

绍兴二年（1132年）正月二十九日，临安知府宋辉言："昨得旨将府学改充府治，方造厅屋并廊屋三两间，而本府日有引问勘鞫公事，合置当直司签厅，使院诸案未有屋宇。"②州治有刑狱司分，被诏令特许修盖。宋高宗绍兴二十六年（1156年）诏令：

> 州县遇有修造所需物料，或以和买为名，取之百姓，其官司未必一一支还价钱。土木之工，费用为多，以此扰民，深恐未便。乞委监司常切约束州县，无致搔扰。或有违戾，按劾以闻。③

再次强调工程建造必须以不扰民伤财为前提，体现了南宋初急需社会稳定和安定民心。

南宋孝宗时，政权稳定，对土木兴工限制有所放松，对于遭到损坏的地方官署等，允许各地不扰民地随事修葺衙署。南宋孝宗隆兴二年（1164年）诏令：

> 楚、滁、濠、庐、光州、盱眙、光化军管内，并扬、成、西和、襄阳、德安府、信阳、高邮军，应官舍、刑狱曾经兵火烧毁去处，许行修盖整葺外，其余并未得兴工。候及一年，逐旋申取朝廷旨挥，不得擅起夫搔扰。④

自此，直到南宋末年，朝廷的地方营造政策都较为放松，各地廨宇修建也较为频繁。

宋代不同时期地方营造政令的张弛有别，与宋代地方官署营建工程耗费大量人力、难免扰民相关。宋代国家营造政令都有强调避免扰民，这也是地方州（府、军、监）县长令主持官署营建时必须注意的问题。正如王炎午在《修吉安府厅》中云：

---

① 徐松．宋会要辑稿·方域4之17［M］．北京：中华书局，1957：7379.
② 徐松．宋会要辑稿·方域4之17［M］．北京：中华书局，1957：7379.
③ 徐松．宋会要辑稿·方域4之19［M］．北京：中华书局，1957：7380.
④ 徐松．宋会要辑稿·方域4之19［M］．北京：中华书局，1957：7380.

修公廨常事也，不记可，公廨修而民不知，不记不可；修公廨以民不知而记，所以警后之修公廨而扰民者。[1]

此外，地方官署营建和修缮所需的费用往往较高，不免引发负面效应，也是宋代时有地方营造限令的原因之一。如《江宁府重新府署记》载江宁府署重修花费近万缗。[2]神宗元丰中，重修太原府署花费"而糜镪一千三百六十八万余"[3]；《临海县重建县治记》载临海县衙重建时"予乃畀钱三十万"[4]；溧水县鼓楼"楼之屋五，崇五十有二尺，广加二十有八，深减二十有二，缭以余屋，而风雨不侵；翼以两庑，而登降有地。经始于岁之首，讫工于九月既望。费以钱计，八百万有奇"[5]。

宋代有些地方官衙是因袭前代而来，原本规模较大，使用日久，维修工程则更大。如杭州府署原本是吴越钱镠时兴建，"连楼复阁"面积过大，但宋代改为临安府署后维持了原规模，在经历风雨腐蚀损坏后，修缮工程也相对急迫，苏轼在《乞赐度牒修廨署状》中计算，维修官舍、城门、楼橹、仓库等二十七处需要修缮的地方，需要花费四万余贯。于是"乞支赐度牒二百道，及且权依旧数支公使钱五百贯"[6]。工程的巨额开销则寄希望于卖度牒钱及公使钱。鄂州升军后修缮时称"自郡治及诸官署，经始之际，率随宜营葺。继是或稍稍增广，亦仅取具体，不陋不侈。盖江防重寄，财力单匮，土木亦非所急"[7]。宋代地方官吏在营建衙署时也难免会挪用公款、贪污腐败。如元丰七年（1084年），广南西路转运判官许彦弹劾本路提举常平刘谊在桂州建廨舍，花费官钱万缗，转运使张颉等未觉察此事。[8]转运使张颉、陈倩，副使苗时中、马默、朱初平、吴潜，判官朱彦博、谢仲规各被判罚铜二十斤。真德秀在《奏乞将知太平州当涂县谢汤中罢斥主簿王长民镌降状》中曾奏报太平州当涂县知县谢汤中疏于管理，一切诿之佐官主簿王长民，使其无所忌惮，侵移诡冒，原本"修造廨宇，亦科县吏出钱，吏无从

---

① 王炎午. 修吉安府厅［M］// 李修生，等. 全元文. 南京：江苏古籍出版社，1999：355.

② 佚名.（宝祐）寿昌乘·官寺［M］//宋元方志丛刊（第8册）. 北京：中华书局，1990：6393.

③ 高汝行. 嘉靖太原县志·卷五［M］. 天一阁藏明代方志选刊. 上海：上海古籍书店，1981：15.

④ 尤袤. 梁溪遗稿［M］. 宋集珍本丛刊. 北京：线装书局，2004.

⑤ 刘宰. 漫塘文集［M］. 影印文渊阁四库全书本，上海：上海古籍出版社，1987.

⑥ 苏轼. 苏轼文集·卷29·乞赐度牒修廨宇状［M］. 北京：中华书局，1986：843.

⑦ 佚名.（宝祐）寿昌乘. 官寺［M］//宋元方志丛刊（第8册）. 北京：中华书局，1990：6393.

⑧ 徐松. 宋会要辑稿·方域4之14［M］. 北京：中华书局，1957：7377.

出"①，遂挪用了地方桩管钱充当私钱交纳营费。但兴建工程是否是贪腐源头，宋代士大夫也有不同的看法，洪迈在《容斋随笔》中言：

> 太祖创业方十年，而圣意下逮，克勤小物，一至予此！后之当官者不复留意。以兴仆植僵为务，则暗于事体，不好称人之善者，往往翻指为妄作名色，盗隐官钱，至于使之束手讳避，忽视倾陋，逮于不可奈何而后已。殊不思贪墨之吏，欲为奸者，无施不可，何必假于营造一节乎？

指出贪墨的官吏想要侵吞官钱、搜刮财物，可以利用职务之便，有多种办法、多种渠道，并非是营缮工程滋生贪腐，关键在于官吏是否廉洁。

虽然宋代地方衙署的营造工程不免存在科差扰民、擅权贪腐等现实问题，这也是宋代不同时期营建政令有所张弛的主要原因。但为保障州（府、军、监）县衙的正常运行，在上报朝廷批准的前提下，土木兴建仍可以进行，这其实就为地方衙署的营建和修缮提供了比较大的弹性空间。

（二）宋代州县衙署的营造规章

宋代设修造司，管营造修造工程事项。京城设提点修造司，专管营造监督，督促京城营缮及京畿县屯兵营舍修葺之事。《宋史·职官志》中载临安府："领县九，分士、户、仪、兵、刑、工六案……修造司，各治其事。"②地方也有修造司，管理监督地方营造事务。

宋代国家对官方营造工程的用料、时限、管理、权责等都有相关的规定，形成了相应的监察和纠责制度。如《天圣令·营缮令》中有："如自新创造、功役大者，皆具奏听旨。"③《宋会要辑稿》载："凡有兴作，皆须用功尽料。仍令随处志其修葺年月、使臣工匠姓名，委省司覆验。他时颓毁，较岁月未久者，劾罪以闻。"④对于地方衙署的申报审批、规划定图、制定预算、监管职责，也有相应的

① 真德秀. 西山先生真文忠公集·卷12·奏乞将知太平州当涂县谢汤中罢斥主簿王长民镌降状［M］//《四部丛刊》影印明正德刊本. 1929：2b.
② 脱脱. 宋史·卷166·职官志六［M］. 北京：中华书局，1977：3944.
③ 天一阁博物馆，中国社会科学院历史研究所. 天一阁藏明抄本天圣令校证［M］. 北京：中华书局，2006：422.
④ 徐松. 宋会要辑稿·方域4之12［M］. 北京：中华书局，1957：7376.

规章和程序。宋代的官方营造和修缮工程，必须要先进行建筑设计绘图，按图营造。宋真宗大中祥符二年（1009年）诏令：

> 自今八作司凡有营造，并先定地图，然后兴工，不得随时改革。若有不便改作者，皆须奏裁。先是，遣使修吴国长公主院，使人互执所见，屡有改易，劳费颇甚。帝闻之，令劾罪而条约之。[①]

其中八作司，是宋代的将作监，分东西二司，掌京城内外修缮事务。可见，宋代的营造工程有一定的程序，在营造施工中不能随时更改变动原定的设计计划，有改动必须上报朝廷，以保证工程顺利完成。对于工程建筑的绘图设计，国家与地方有所不同。对皇家建筑而言，作为国家决策者的帝王往往会参与绘图设计，像宋太宗太平兴国年间修崇文院，"其栋宇之制皆亲所规画"[②]。不仅是京城营造需要绘图设计，上报批准后才能施工，地方的营造工程也是如此，地方衙署在营建、修缮之前，要先经过考察绘图。如德州重修鼓角楼时，"乃伻而图，上下协从。长度员程，无虑役要"[③]。这就决定了宋代州县级衙署的营建在相应的等级、制度、礼法、财政规范之下，提前做工程预算、厘定标准等，这能在一定程度上防止随意增减建筑而造成浪费。如宋神宗时令"将作监"编纂统一标准的《营造法式》来规定建造规模、建筑材料和工时定额等。"功"就是工匠、役夫的工时；"料"即建筑用料，是营造的加工对象。宋代《营造法式》对功的规定为"功分三等，第为精粗之差；役辨四时，用度长短之晷"[④]。"功"包括工匠的技术水平、熟练程度；季节变化造成的时间长短的差别；木材质地的软硬，构件制作的难易程度；以及运输距离的远近。

《营造法式》对官府廊屋营造中用的枓、蜀柱、斗拱等的材料等确定了用功定额，内容虽然复杂，但对于官衙建筑的功限管理是必需的。《营造法式》中也同样规定了对料的消耗额度，在《诸作料例一》《诸作料例二》《诸作用钉料例》中有所体现。宋代重视功料，与经济钱财相关联。宋代衙署的营造修缮工程先预算，再复核，完工后差官对其丈尺功料进行点检，这对评估营造工程可否进行、

① 徐松. 宋会要辑稿·职官30之7 [M]. 北京：中华书局，1957：2995.
② 李焘. 续资治通鉴长编·卷19·太平兴国三年正月辛亥 [M]. 北京：中华书局，1992：422.
③ 宋祁. 山东德州重修鼓角楼记 [M] //曾枣庄，刘琳. 全宋文·卷518（第24册）. 上海：上海辞书出版社，2006：371.
④ 李诫. 营造法式注释 [M] //梁思成. 梁思成全集（第七卷）. 北京：中国建筑工业出版社，2001：3.

估算建筑需要花费的金额、节省用功用料、工程的管理与核算有重要的意义。如益州重修衙署时，先筹集建造材料，"有竹二十万本，椽两万条、瓦四十万、砖楚百万之数"等，终使益州衙署营建中"无所缺乏"。宋代对建筑上彩画作的颜色和长度也有相应的规定：丹粉赤白，廊屋、散舍、诸营，厅堂及鼓楼、华架之类，一百六十尺；殿宇、楼阁，减数四分之一；亭子、厅堂、门楼及皇城内屋，则各减八分之一①。

二、宋代州县衙署建筑的营建实际与原因

（一）宋代州县衙署的营建实际

宋代虽然不同时期土木营建政令松弛不定，但实际上州县级衙署营建却较为频繁，可谓"廨宇亭榭，无有不足。每遇新官临政，必有改作，土木之功，处处皆是"②。以至于"屋无不营之日，亭无不筑之时"③。宋代地方衙署的营建情况可以从现存地方志，尤其是宋元方志中窥知一二。以下以宋代临安府衙、建康府衙、平江府衙（苏州）、建德府衙（严州）、庆元府衙、台州衙署、福州衙署、汀州衙署的实际营缮情况为例。

临安府（今杭州），春秋时，先后为吴、越国境。秦置会稽郡，东汉顺帝以后属吴郡，南朝陈祯明元年（587年），为钱唐郡。隋平陈后，废郡改为钱塘县，合四县置杭州。唐代，置杭州郡，后改为余杭郡，治所在钱唐。五代十国时，吴越国以杭州为都城。北宋时，杭州属两浙路。淳化五年（994年），改为宁海军节度。大观元年（1107年）升为帅府。④南宋定都临安后，升为临安府。宋代临安府原府衙在凤凰山之右，是在唐代州衙基础上建成的。南宋时，作为行宫，府衙则迁到"清波门北，净因寺故基"⑤。从《咸淳临安志》《淳祐临安志》等的记载，可见宋代临安府衙曾经过数任长官主持的营建与修缮，其中以淳祐年间赵与

---

① 李诚．营造法式注释［M］//梁思成．梁思成全集（第七卷）．北京：中国建筑工业出版社，2001：343．
② 黄淮，杨士奇．历代名臣奏议·卷220·兵制［M］．上海：上海古籍出版社，1989：2893．
③ 程琰．洺水集·卷7·於潜县重建县衙记［M］．影印文渊阁四库全书本．上海：上海古籍出版社，1987．
④ 脱脱．宋史·卷88·地理志四［M］．北京：中华书局，1977：2174．
⑤ 潜说友．咸淳临安志·卷52·官寺一［M］//宋元方志丛刊（第4册）．北京：中华书局，1990：3816．

篙和咸淳年间潜说友主持的增建和修缮的规模较大、工程较多。宋代临安府衙署具体营建情况如下：

衙署	营建时间	主持者	营建内容
临安府	庆历三年（1043年）	知府蒋堂	建南园巽亭
	庆历中		建望月亭
	庆历七年（1047年）	知府元绛	建参云亭、驻目亭
	至和三年（1056年）	知府张沔	建燕思阁，在阅礼堂旧址上建中和堂
	嘉祐二年（1057年）	知府梅挚	建有美堂
	治平中	知府沈文通	建曲水亭
	治平三年（1066年）	知府蔡襄	建清暑堂
	元丰中	知府张诜	建碧波亭
	元祐中	知府蒲宗孟	改燕思堂为石林轩
	政和元年（1111年）	知府张阁	在巽亭旧址上建云涛观
	绍兴十六年（1146年）	安抚使张澄	吏隐堂（隆兴元年改名为讲易堂）
	嘉定年间（1208—1224年）	安抚使袁韶	承化堂
	嘉定六年（1213年）	安抚使赵时侃	再建中和堂与旧七闲堂后之东偏
	绍定五年（1232年）	安抚使余天锡	建恕堂，重建讲易堂
	淳祐年间（1241—1252年）	安抚使赵与篙	建松桧堂、竹山阁、爱民堂等
	景定三年（1262年）	安抚使魏克愚	建景苏堂，移竹山阁于讲易堂东南
	景定五年（1264年）	安抚使刘良贵	建听雨轩
	咸淳二年（1266年）	安抚使洪焘	重建简乐堂
	咸淳五年—七年（1269—1271年）	安抚使潜说友	建香远楼，修葺松桧堂，重建见廉堂，增高听雨轩，迁七闲堂于讲易堂后

建康府（南京），五代十国时期，南唐在金陵建都，改金陵府为江宁府。北宋时期，天禧二年（1018年）复升为江宁府。南宋建炎三年（1129年）复改江宁府为建康府。北宋时期，建康府衙署位于子城内。南宋绍兴三年（1133年），府

治迁移至子城前公署区的转运司衙内，此外，江东安抚司、沿江制置司、淮西总领司、江东转运司、江淮提领所、江淮都督府、御前马步军、行宫留守司等也在此。原子城内的府治旧址被改为行宫。由《景定建康志》可见南宋时建康府衙署的具体营建情况，如下：

衙署	营建时间	主持者	营建内容
建康府	绍兴十一年（1141年）	知府叶梦得	建芙蓉堂
	绍兴十二年（1142年）		建清心堂
	绍兴十五年（1145年）	知府晁谦之	建玉麟堂
	绍熙元年（1191年）	知府章森	建誓清堂
	淳祐七年（1247年）	知府赵葵	改建誓清堂为指授堂
	淳祐十年（1250年）	知府吴渊	建锦绣堂、镇青堂
	宝祐五年（1257年）	知府马光祖	建忠实不欺之堂、静得堂、寻春桥、画舫、仁本堂等
	景定元年（1260年）		重修芙蓉堂、筹胜堂、君子堂

平江府（今苏州），北宋政和三年（1113年），升为府[①]。由《吴郡志》中的文献资料和现存苏州文庙的石刻"平江图"可以看出平江府衙署的大致情况。平江城有子城和外城。平江子城位于平江中部略偏东南，长方形平面，平江府衙在子城中。子城城墙四周有泄水沟（代城濠），建于唐僖宗乾符二年（875年）。子城城门《吴郡志》载："小城周十里，门之名皆伍子胥所制。"[②]平江府衙署主要在南宋高宗绍兴年间经数任知府主持兴建复原，其中以绍兴十四年（1144年）知府王映主持兴建建筑最多。宋代平江府衙署的具体营建情况如下：

① 脱脱．宋史·卷21·徽宗本纪三［M］．北京：中华书局，1977：391．
② 范成大．吴郡志·卷3·城郭［M］//宋元方志丛刊（第1册）．北京：中华书局，1990：708．

衙署	营建时间	主持者	营建内容
平江府	庆历八年（1048年）	知府梅挚	建介庵
	绍兴九年（1139年）	通判白彦惇建	建通判东厅
	绍兴十四年（1144年）	知府王映	建颁春亭、宣诏亭，重建观风楼、齐云楼、四照亭
	绍兴二十一年（1151年）	知府徐琛	建观德堂
	绍兴二十七年（1157年）	知府蒋璨	建坐啸斋
	绍兴三十一年（1161年）	知府洪遵	建秀野亭
	乾道四年（1168年）	知府姚宪	建东、西二井亭
	淳熙十一年（1184年）	通判魏仲恭	修葺西施洞

严州（今浙江建德），唐武德四年（621年），改遂安郡为睦州，又于桐庐县别置严州。严州辖桐庐、建德、分水三县。严州之名始。武德七年废严州，桐庐复入睦州。宋徽宗宣和元年（1119年），升睦州为建德军节度。宣和三年（1121年），方腊起义被镇压，改睦州为严州，属两浙路，治建德，辖建德、寿昌、桐庐、分水、青溪、遂安六县。由《严州图经》《景定严州续志》可见建德府（严州）衙署在宋代的营建情况。北宋末，建德府（严州）衙署经方腊之战被焚毁。宋徽宗宣和三年（1121年），知州周格重建，南宋时期数任知州也都主持过衙署建筑的兴建和修缮。宋代建德府（严州）衙署具体营建情况如下：

衙署	营建时间	主持者	营建内容
建德府（严州）	景祐中	知州范仲淹	建冷风台（原址建有千峰榭，经方腊之乱后毁，重建后改名冷风台）
	宣和三年（1121年）	知州周格	重建衙署，“仅足公宇而已。燕游之地，往往芜废。故前志所载，自千峰榭、高风堂、潇洒楼之外，余皆名存实无。”
	绍兴八年（1138年）	知州董芬	建甘棠楼、高风堂
	淳祐十一年（1251年）	通判吴溥	建通判厅锦绣堂

衙署	营建时间	主持者	营建内容
建德府（严州）	嘉定六年（1213年）	通判谢采伯	建通判厅南薰堂
	淳祐五年（1245年）	知州赵孟传	在北园旧址改建读书堂
	宝祐元年（1253年）	通判杨敬之	重建添差通判厅秀亭
	开庆元年（1259年）	知州谢奕中	以仪门外东新定驿（军资库）改建行衙

　　庆元府（今浙江宁波），唐开元二十六年（738年）置明州，以境内四明山为名。五代时吴越国钱镠置望海军，宋建隆二年（961年）称明州奉国军。宋宁宗庆元元年（1195年），明州升为庆元府。由《宝庆四明志》《开庆四明续志》等可见，庆元府衙署在宝庆二年至三年（1226—1227年）由太守胡榘、淳祐五年至六年（1245—1246年）由知府颜颐仲、嘉定七年（1214年）由摄太守程覃主持过较大规模的营建和修缮，不断完善衙署诸门、库房、职事厅堂，以及供宴息的亭堂楼台等。宋代庆元府（明州）衙署具体情况如下：

衙署	营建时间	主持者	营建内容
庆元府	淳化二年（991年）	知州陈充	建九经堂
	元祐五年（1090年）	知州李闶	增修九经堂
	政和六年（1116年）	知州周邦彦	在旧基上建鄞山堂
	建炎年间（1127—1130年）	知州张汝州	建治事厅
	绍兴四年（1134年）	知州郭仲荀	建进思堂
	绍兴十二年（1142年）	知州梁汝嘉	建友山亭
	绍兴十三年（1143年）	知州莫将	建逸老堂（久而圮）

衙署	营建时间	主持者	营建内容
庆元府	绍兴十八年（1148年）	知州徐琛	重修九经堂
	绍兴二十年（1150年）	知州曹泳	建平易堂、百花台
	绍兴二十三年（1153年）	知州韩琥	建熙春亭
	隆兴元年（1163年）	知州赵子潚	建清心堂、甬东道院
	乾道元年（1165年）	知州赵伯圭	重建射亭
	乾道四年（1168年）	知州张津	重建众乐堂
	淳熙元年（1174年）	魏王赵恺	建清暑堂、涵虚馆
	淳熙七年（1180年）	知州范成大	重修九经堂
	庆元年间（1195—1200年）	知府郑兴裔	重修奉国军门
	嘉定七年（1214年）	摄太守程覃	重修奉国军门、传筋亭、春风堂、双瑞楼、芙蓉堂、明秀楼（宝庆二年圮于风）、夹芳亭
	嘉定十六年（1223年）	知府章良朋	建更恭亭
	宝庆二年（1226年）	知府胡榘	重建圮于大风的设厅、仁斋，新建镇海楼
	宝庆三年（1227年）		修缮衙署内的颁春亭、晓示亭、仪门、甲仗库、军资库、公使库、茶酒亭、步廊、逸老堂（改名为隐德堂）等
	嘉熙三年（1239年）	知府赵以夫	重建圮于风的庆元府门 重建圮于风的奉国军门
	淳祐元年（1241年）	知府余天锡	重修锦堂、清暑堂、公生明

衙署	营建时间	主持者	营建内容
庆元府	淳祐五年（1245年）	知府兼沿海制置副使颜颐仲	扩修治事厅
	淳祐六年（1246年）		移横舟于平易堂后，改建进思堂，重建平易堂、治事厅、梅庄、九经堂
	宝祐四年至六年（1256—1258年）	知府吴潜	修缮老香堂、苍云堂、四明窗、生明轩、占春亭、逸老堂等
		船场官赵与陛	修缮西子城门楼

台州（今浙江台州），始于唐武德四年（621年），以境内有天台山而得名，台州之名自此始。五代时为吴越钱氏所据，宋太平兴国三年（978年）纳入版图。台州衙署原建在大固山上，唐大历年间以后，迁到大固山下[①]。宋代台州衙署曾经过多次兴建和修缮，包括各职事厅与宴息的亭台楼阁等建筑。其中以淳熙年间知州尤袤时期兴建较多。宋代台州衙署的具体营建情况如下：

衙署	营建时间	主持者	营建内容
台州	庆历八年（1048年）	知州元绛	建双岩堂等
	治平四年（1067年）	知州葛闳	建集宝斋
	宣和元年（1119年）	知州赵资道	建宣诏亭
	绍兴十八年（1148年）	知州宗颖	建手诏亭，与衙楼相对
		司户参军滕膺	建司户厅
	淳熙三年—四年（1176—1177年）	知州尤袤	建霞起堂、匡峰（舒啸亭）、清平阁、乐山堂、节爱堂、天台馆（行衙）
	淳熙五年（1178年）	通判管锐	重建通判厅
	淳熙七年（1180年）	知州沈揆	重建衙署仪门

---

① 陈耆卿. 嘉定赤城志·卷5·公廨门二［M］//宋元方志丛刊（第7册）. 北京：中华书局，1990：7316.

衙署	营建时间	主持者	营建内容
台州	淳熙九年（1182年）	司法参军朱孝伦	重建司法厅
	淳熙十年（1183年）	知州史弥正	建熙春馆
	庆元元年（1195年）	知州周晔	重建君子堂
	开禧元年（1205年）	知州钱文子	建梅台
	嘉定四年（1211年）	知州黄䇙	重建解缨亭
	嘉定七年（1214年）	司理参军吴焯	重建司理厅
	嘉定十二年（1219年）	知州喻珪	重建霞起堂
	嘉定十六年（1223年）	知州齐硕	重修双岩堂

福州（今福建福州），唐开元十三年（725年），闽州改为福州，福州之名肇始。开平三年（909年），王审知建立闽国，定都福州。开运四年（947年）吴越占领福州。五代时，福州城池将乌山、于山、屏山圈入城内，从此福州又得名"三山"。太平兴国三年（978年），北宋吞并吴越，将福州纳入版图。福州衙署"自陈至唐，三百余年间，创立营筑，往往易庳陋为高广，更坏复葺，亡所纪载。唯衙门唐上元军门，元和所建，天王堂，咸通所造，尚有遗迹"[①]。到了宋代，衙署则仅剩威武军门、大都督门（衙门）和一些旧址，其内部建筑也经数任知州主持修建完善，其中在天圣九年至十年（1031—1032年）知州郑载、嘉祐八年（1063年）知州元绛、宣和五年至七年（1123—1125年）知州俞向的主持下所兴建规模较大，建筑较多。宋代福州衙署的具体营建情况如下：

① 梁克家. 淳熙三山志·卷7·公廨类一［M］//宋元方志丛刊（第8册）. 北京：中华书局，1990：7839.

衙署	营建时间	主持者	营建内容
福州	天圣五年（1027年）	知州章频	建都厅
	天圣九年（1031年）	知州郑载	建大新衙门，重建大厅
	天圣十年（1032年）		建大厅东门，于中庭东西；建御阁和书阁
	景祐四年（1037年）	知州范亢	建小厅（熙宁中改名为清和堂）、便坐（三清堂）
	庆历六年（1046年）	知州蔡襄	重建设厅，建日新堂、春野亭
	庆历八年（1048年）	知州成戬	修缮大都督府门（衙门）
	皇祐四年（1052年）	知州刘夔	建逍遥堂
	嘉祐四年（1059年）	知州燕度	建安民堂，增置甲仗库于安民堂东
	嘉祐八年（1063年）	知州元绛	建威武军门（更威武军门为双门）、公使七库、使院和会稽亭、流觞亭、佚老庵、爽心阁、忠义堂、信美堂，重修设厅
	熙宁二年（1069年）	知州程师孟	建威武台、威武军门上的滴漏
	元丰四年（1081年）	知州刘瑾	建架阁库，修缮春野亭
	元祐四年（1089年）	知州林积	建舣阁
	元祐五年（1090年）	知州柯述	建怡山阁
	元祐六年（1091年）		修舣阁
	大观三年（1109年）	知州罗畸	修缮逍遥堂
	宣和五年（1123年）	知州俞向	以得象亭材料创月榭台
	宣和七年（1125年）		重修舫斋、舣阁、双松亭、月榭台（改名为坐啸台）
	绍兴二年（1132年）	知州程迈	重修逍遥堂、双松亭、怡山阁
	绍兴十年（1140年）	知州张浚	建眉寿堂、偃盖亭、观风亭
	绍兴十四年（1144年）	知州叶梦得	建万象亭、怀隐庵
	绍兴十五年（1145年）	知州莫将	建庆雨堂
	绍兴十六年（1146年）	知州薛弼	建清閟亭，修万象亭、观风亭
	绍兴二十三年（1153年）	知州张宗元	改建偃盖亭为秀野亭，建清风亭
	绍兴二十六年（1156年）	知州李如冈	建爱山堂

衙署	营建时间	主持者	营建内容
福州	乾道二年（1166年）	知州王之望	建雅歌堂、令堂、公堂
	淳熙三年（1176年）	知州陈俊卿	建池亭

汀州（福建长汀），三国时属吴建安郡。唐开元二十四年（736年）始置汀州。汀州从荒凉的山区逐渐变得人口兴旺、生产发展。五代十国时，汀州属南唐。宋太祖开宝八年（975年），纳入宋版图。汀州衙署建在子城内正北卧龙山下，自宋高宗建炎年间杨勍之变后焚尽。绍兴元年（1131年），郡守陈直始创中厅宅堂。绍兴十四年（1144年），知州陈定国创设厅、镇山堂、仪门、两庑、甲仗、架阁诸库等主要的衙署建筑，并由继任者不断补葺。到绍定间，经知州李华主持大规模的修缮，"内自宅堂，外至州门，规创一新，轮奂壮伟……遂撤民居之侵冒者，得空地数亩，左右创行廊以为限，由是气象宏敞，山川呈露"[①]。南宋时汀州衙署的具体兴建情况如下：

衙署	营建时间	主持者	营建内容
汀州	绍兴元年（1131年）	知州陈直方	建中厅宅堂
		通判许端夫	重建通判厅
	绍兴十四年（1144年）	知州陈定国	建设厅、镇山堂、仪门、两厅、甲仗、架阁诸库
	嘉泰年间（1201—1204年）	知州陈暎、知州罗必元	建燕清轩
	乾道三年（1167年）	知州晁子健	重建双松堂
	庆元年间（1195—1201年）	知州陈晔	增修双松堂；修葺旧射堂，改名为东山堂
	绍定年间（1228—1233年）	知州李华	"内自宅堂，外至州门，规创一新，轮奂壮伟"，包括谯楼、宣诏亭、颁春亭、州院、仪门两侧的东架阁和西架阁楼

---

① 胡太初，赵与沐．临汀志［M］//解缙．永乐大典（第4册）·卷7892．北京：中华书局，1986：3641.

衙署	营建时间	主持者	营建内容
汀州	淳祐八年至十一年 （1248—1251年）	知州卢同父	创建玉壶锦幄，改无境堂为时和岁丰之堂
		通判孙基	修缮通判厅

县是宋代地方的基层行政单位。北宋宣和四年（1122年），有县1234[①]个，南宋时期有六七百个。分为赤、畿、次赤、次畿、望、紧、上、中、中下、下十等。赤、畿为四京所属各县之等第，次赤、次畿为次府所辖县。望级以下主要由户口数决定。宋代县的户口数及经济发展情况各有不同，各县级官员类型和人数有差，行政机关衙署规模与建设情况也有别。由于现存的衙署史料有限，以下以台州黄岩县衙，福州长乐县衙，汀州清流县衙、宁化县衙，常熟县衙来窥知宋代县衙的营建情况。

1. 黄岩县衙

黄岩县（今台州黄岩），唐高宗上元二年（675年），分临海置永宁县，属台州。唐武后天授元年（690年），改永宁为黄岩县。宋代黄岩县属于望县，其县衙在台州诸县中"最闳壮"[②]。由《嘉定赤城志》可见宋代台州黄岩县衙的营建情况：

衙署	营建时间	主持者	营建内容
黄岩县衙	宣和五年（1123年）	县令王然	重建县衙
	绍兴五年（1135年）	县丞赵子英	建县丞厅内的紫翠轩（嘉定十五年改为香远堂）
	绍兴二十一年（1151年）	县令杨炜	建清心堂
	绍兴三十一年（1161年）	县丞李昱	建县丞厅内真清亭
	隆兴二年（1164年）	主簿赵仁夫	重建主簿厅
	庆元四年（1198年）	县丞何坦	建县丞厅内宜雪亭
	庆元五年（1199年）	县尉徐士表	重建县尉厅

① 脱脱. 宋史·卷85·地理志一［M］. 北京：中华书局，1977：2095.
② 陈耆卿. 嘉定赤城志·卷6·公廨门三［M］//宋元方志丛刊（第7册）. 北京：中华书局，1990：7325.

衙署	营建时间	主持者	营建内容
黄岩县衙	开禧三年（1207年）	县令赵汝伯	建舫斋
	嘉定二年（1209年）	刘鼎孙	建县圃的民和堂
	嘉定三年（1210年）	县丞顾元龙	建县丞厅及其内的哦松亭
	嘉定四年（1211年）	县令杨圭	重建摘星楼、仁政阁
	嘉定五年（1212年）	县令赵湜	建净凉亭
	嘉定九年（1216年）	县令陈梦	建飞盖亭

2. 清流县衙、武平县衙、宁化县衙

清流县（今福建三明市清流县）、武平县（今福建龙岩市武平县）、宁化县（今福建三明市宁化县）在宋代都属汀州辖县。由《临汀志》可见诸县衙署营建情况。清流县，唐开元二十六年（738年）属汀州龙岩县。后唐为长汀、宁化两县地，属汀州。五代时初属闽王，后属南唐。宋元符元年（1098年）析长汀县、宁化县而置，属汀州，以"溪流回环清澈"而名，为望县。宁化县，古称黄连峒，唐开元十三年（725年）升为县，唐天宝元年（742年）改黄连县为宁化县，唐开元二十四年（736年）汀州置后，宁化县属汀州，宋代仍属汀州，为望县。武平县，唐开元二十四年（736年）置汀州后，设南安、武平二镇，南唐保大四年（946年），并二镇为武平场。宋淳化五年（994年）升武平场为武平县，属汀州，为上县。清流县衙、武平县衙、宁化县衙在宋代都经过不同程度的兴建和修缮，具体情况如下：

衙署	营建时间	主持者	营建内容
清流县	元符元年（1098年）	县令刘叙	初创县治（绍定间毁于寇）
	端平元年（1234年）	县令王元瑞	重建县衙，规模颇宏壮
	嘉熙年间（1237—1240年）	县令赵栖夫	重建鼓楼
		县令林奕	重建颁春、宣诏亭

衙署	营建时间	主持者	营建内容
武平县	隆兴年间（1163—1164年）	县令王正国	相继营创
	乾道年间（1165—1173年）	县令赵贵	
	嘉泰年间（1201—1204年）	县令赵善绰	改建厅堂、门庑、鼓楼等
	绍熙初	县尉赵善览	在县门内旧址重建县尉厅（后损毁）
	端平初	县令赵汝丑	在县衙内改建
	淳祐年间（1241—1252年）	县尉赵崇瑛	重建县尉厅
宁化县	绍兴年间（1131—1162年）	县令王炳彦	重修县衙（绍定年间毁于战乱）
	端平年间（1234—1236年）	县令赵时馆	营缮县衙，建谯楼、勤政堂、县丞厅、县尉厅（后废圮，仅存厅事），移主簿厅于县治后
	宝祐年间（1253—1258年）	县令林王复	于东厅创书林亭、愿丰楼、龟荫亭、如农亭
		主簿俞义刚	修缮主簿厅

3. 常熟县衙

常熟县（今江苏常熟），又名"琴川"。唐武德七年（624年），常熟县治移至海虞城，隶于吴郡。在宋代，常熟属于两浙路平江府，为望县。南宋迁都临安后，常熟因北滨长江，武备紧要，建设较多。南宋时常熟县衙的营建情况如下：

衙署	营建时间	主持者	营建内容
常熟县衙	绍兴中	县令孔瓒	重修琴堂（淳熙中，县令刘颖改为学爱堂）
	淳熙初	主簿张孝伯	重建主簿厅

衙署	营建时间	主持者	营建内容
常熟县衙	庆元四年（1198年）	县令孙应时	重修君子堂、共赋堂、友山亭、笑轩
	庆元五年（1199年）		重修县楼、御笔亭、手诏亭、宽恤事件亭
	嘉泰二年（1202年）	县令何兖	重建县衙大厅
	开禧四年（1208年）	县令叶凯	建帘昼轩
	宝庆二年（1226年）	县令惠畴	建景言阁
	绍定四年（1231年）	县令史弥厚	修东圃并在其中建堂（读书堂）
	嘉熙初	县令王熻	重建学爱堂，改名为道爱堂
	淳祐十一年（1251年）	县令别撝	修西圃，移读书堂于其中
		主簿唐世忠	重修均政堂

4．遂安县衙

遂安县（今浙江淳安县），汉代为歙县地，三国吴时分置为新定县，属新安郡。晋太康元年改名为遂安。隋文帝开皇九年（589年），废新安郡，遂安县并入新安县，属婺州。仁寿三年（603年），遂安县复置，属睦州。北宋宣和三年（1121年）属严州。南宋咸淳元年（1265年）属建德府。据《景定严州续志》载，遂安县衙在县城内北，依山而建，内主事厅为公厅，衙署内原有若干堂阁："公厅之左为至善堂，依山为岩姿亭。县衙旧颇宏丽，有堂曰制锦，阁曰戴星，亭曰清心、曰登云、曰饱山、曰纺桥、曰贮清。"[①]宋理宗绍定二年（1229年）毁于火后，不复再建。

5．华亭县衙

华亭县（今上海松江），秦时属于会稽郡。唐天宝十年（751年）置华亭县，属苏州，后属秀州，宋朝因之，为紧县。据《云间志》《至元嘉禾志》等载，宋

---

① 马光祖，周应合．景定严州续志·卷8·遂安县［M］//宋元方志丛刊（第5册）．北京：中华书局，1990：4402.

代的华亭县衙在"市东北五十步，因大门为之楼"，其"公宇之视他邑亦胜矣"①。手诏亭、颁春亭"皆在门外之东偏正厅之前"。衙署"中门为敕书楼。架阁有东西楼，在两庑间。东庑分列诸吏舍，西庑则诸库分隶焉"②。县衙中堂名为芳兰堂，县衙西偏是尽心堂、梅馆，其东有思齐堂、东堂、招鹤亭。思齐堂旧名弦歌堂。元祐五年（1090年），县令刘鹏新建弦歌堂（后改为思齐堂）、三山亭、艮阁（后改为招鹤亭）。

宋代诸州县衙署多经历过数次修建和历时多年的不断完善。宋代州县衙署内建筑的增、改、扩、重建，一般是由衙署长令主持并在其任期内完成，通判厅的营建则多由通判负责。但大多数州县长官只针对衙署内一两处建筑兴建或改作。不过，也偶有一些州县长令主持一些较大规模、较多建筑的营建，以至于持续数年才完成。此外，现存记录主要详见于南宋时期南方诸州县级衙署的营建，一方面，现存资料有限；另一方面，南宋后，京府及颍昌、真定、京兆、河中、凤翔、太原等府尽失。户口较多、治安不易或军事位置较为重要的州县的长令更为注重衙署营建。现存的方志中关于南宋南方诸州县的记录较为详尽，对这些地方衙署营建情况的记载也相对较多。

（二）宋代州县衙署修缮的原因

宋代地方官员作为中央治理地方的代表，有责任去维护地方观瞻所系，以实现正位治事。由上述宋代州县衙署建筑的实际营缮情况可见，宋代诸多州县官员对营建衙署较为积极，其主要原因如下。

1. 壮观瞻以立威

宋代州县衙署是地方行政中心所在，是天子统辖地方的门面和象征，代表宣上政令的权威和政教地方的威信。受中央委派的地方州县官员，维护州县衙署观瞻和威严是其重要的职责。如台州太守元绛云："大凡署所以朝夕处君命之地，不可以不葺。"③台州衙署修缮时，台州军事推官张奕言："台虽小郡，去朝廷僻而且远，然所修者天子职业，所治者天子人民，为其守臣，不能固护赡养之而坐

---

① 杨潜.（绍熙）云间志·卷上·廨舍［M］//宋元方志丛刊（第1册）.北京：中华书局，1990：10.
② 杨潜.（绍熙）云间志·卷上·廨舍［M］//宋元方志丛刊（第1册）.北京：中华书局，1990：10.
③ 元绛.台州杂记［M］//曾枣庄，刘琳.全宋文·卷929（第43册）.上海：上海辞书出版社，2006：209.

视其弊，是诚何心哉？"①德州重修鼓角楼时，宋祁言：

> 吏，民之师也。居处位署，所宜有制。况四邦结辙，万夫属目，礼容不称，其谓我何？姑欲因旧谋新，焜照蕃屏。丰不至侈，则统上之尊，俭不至偪，则容下之羞。②

南城县衙署修缮时，李觏云："今之郡县，有社有民，虽九品僚属，皆命于天子，其势固不得居陋室如闾阎氓。"③宁参在《县斋十咏·序》中云："邑大夫总理之庭，民版图系瞻之地，苟壮丽弗取，则威夷匪修。"④

宋代地方官员认为，庄严壮丽的州县衙署，能令官民观望而感震慑和敬服。如福州衙署经数次修缮后，其"重谯杰丽，邃宇闳固。翚飞云蠹，望者肃服"⑤。台州通判厅修缮时言："公宇必称其官，非惟所居官设，行君之政令，肃民之观瞻，盖于此系焉。"⑥昆山县官员亦称："公宇观瞻所以，政令出焉，惟不以传舍视之。则一日必葺，有兴无废。"⑦对州县衙署观瞻的维系，也是对号令僚属和威慑百姓的权威的维护，及对行君政令威信的保障。如绍兴二十六年（1156年）知州刘藻主持修缮的新州治事厅，胡寅感慨"入公门而望之，见檐宇之张、而端序之直，形势之骞、而丹雘之焕，严畏祗肃已生于中。则瞻使君之威容，赋掾属之职事，一嚬一笑，人知向方，一号一令，下有惧悌，又当何如哉？"⑧威严簇新的衙署治事厅，使人至公门始就产生威慑感和敬畏感，有利于强调和维护自上而下的秩序感，也能增加号令掾属的威信。宋代州县官员认为卑陋的建筑、破败的公堂使衙署形象扫地，严重影响地方官员的威信。正如余靖在《韶州府新建公署记》中言："政成事简，地居冲要，筑室卑陋，人何所瞻？"到明道元年（1032年）

① 张奕. 台州兴修记 [M] //林表民，辑. 徐三见，点校. 赤城集·卷2. 北京：中国文史出版社，2007：19.
② 宋祁. 山东德州重修鼓角楼记 [M] //曾枣庄，刘琳. 全宋文·卷518（第24册）. 上海：上海辞书出版社，2006：371.
③ 李觏. 南城县署记 [M] //曾枣庄，刘琳. 全宋文·卷914（第42册）. 上海：上海辞书出版社，2006：307.
④ 宁参. 县斋十咏 [M] //梁善长. 白水县志 [M]. 台北：成文出版社，1976：430.
⑤ 梁克家. 淳熙三山志·卷7·公廨类一 [M] //宋元方志丛刊（第8册）. 北京：中华书局，1990：7840.
⑥ 李宗勉. 重修台州通判厅记 [M] //曾枣庄，刘琳. 全宋文·卷6949（第304册）. 上海：上海辞书出版社，2006：275.
⑦ 凌万顷. 淳祐玉峰志·卷中·公宇 [M] //宋元方志丛刊（第1册）. 北京：中华书局，1990：1065.
⑧ 胡寅. 斐然集·卷21·新洲重修厅记 [M] //曾枣庄，刘琳. 全宋文·卷4183（第190册）. 上海：上海辞书出版社，2006：104.

韶州衙署修缮后，"乃仡高门，以备其制，分争辩讼，夙兴夜寐，外皇中堂，各有攸处，首徇公也"①。

2. 备室宇以正位

宋代州县衙署是地方官员日常主要的办公和休闲场所，"空间是所有公共生活形式的基础，是所有权力运作的基础"②。衙署建制齐备是不同空间功能实现的基础，"外为重门，以严启闭，上建层楼，以敛敕书，治事有厅，燕居有室，翼以修廊，挟以外庑，吏直宾次，环列有序，奥者为藏，爽者为狱，为亭于大门之外，以班诏令，为阁于东庑之上，以藏案牍，为堂、为斋、为轩，以备宴休游息之地，下至于庖湢之所，微至于什器之末，杂至于丹腹甃甓之事，纤悉毕具"③。敝陋倾坏的衙署建筑无法有效地实现功能分区，不利于地方官员日常处理政务和公退宴休。史温为福州闽清县令时，称："廊开公庭，彻视通路，民有诉讼，罔有不达。"④衙署建筑只有完整规范，各项事务、活动才能井然有序。北宋淳化五年（994年），李顺占领益州，损毁了衙署，"危楼坏屋，比比相望；台殿余基，屹然并峙。官曹不次，非所便宜"⑤。诸曹厅的残损破败，直接影响了日常政务。至道三年（997年），益州长官李咏主持修缮衙署，使前门通衢，后门通厅，规制齐备，无不周尽。张方平言江宁府重修后，"台门崔嵬，前达通逵，以表命令，彰仪范；公堂隆深，中敞广庭，以颁诏条，听民成；崇榭壮雄，东辟坦场，以训军乘，严戎备。分曹布局，旧邦鼎新"⑥。此后，公堂与各属官厅焕然一新、布局整齐，政务井井有条。

因此，宋代州县官员出于对衙署实际功能的需要，也多认同衙署需厅事完善、建制齐备。"临莅听决，可不先治其所哉？自县立官，设厅事，室宇随备"⑦，是州县官员正其位、行政令、决诉讼、安民心的前提和基础。正如胡寅曾在《新州重修厅记》写道：

① 余靖. 武溪集·卷5·韶州新修州衙记［M］//丛书集成续编（第101册）. 上海：上海书店，1994：66.
② 福柯. 权力的眼睛：福柯访谈录［M］. 严锋，译. 上海：上海人民出版社，1997：4.
③ 尤茅. 梁溪遗稿［M］//宋集珍本丛刊. 北京：线装书局，2004.
④ 梁克家. 淳熙三山志·卷9·公廨类三［M］//宋元方志丛刊（第8册）. 北京：中华书局，1990：7870.
⑤ 张咏. 张乖崖集·卷8·益州重修公署记［M］. 张其凡，整理. 北京：中华书局，2000：79.
⑥ 张方平. 江宁府重修府署记［M］//曾枣庄，刘琳. 全宋文·卷817·第38册. 上海：上海辞书出版社，2006：151.
⑦ 梁克家. 淳熙三山志·卷9·公廨类三［M］//宋元方志丛刊（第8册）. 北京：中华书局，1990：7867.

治官听事，必正位显明，然后宾客寮寀进退侍卫，离坐离立，从容不隘，震风凌雨，无飘濡覆压之患。凡临涖官所，皆当若是。又况环地数百里，分民而治，二千石之尊重，反可坐敝陋倾坏之下而不加葺乎？①

州县官员作为地方执政者，有责任与义务保障和维护地方行政中心衙署建筑的完整和完善。

叔孙所居，一日必葺；房琯楼廓，遂著能名。君子将出政教泽民物，非安其攸居，疏畅其精神，充拓其志虑可乎？故殚民力以事华伟非也，忽传舍而因陋敝亦非也。②

由此可见，宋代的营缮政策、社会舆论、财政因素等虽然会影响衙署的兴修。地方行政长官树立权威形象和强化号令威严实际需求的程度，决定了衙署建筑营建的实际过程和效果。

三、宋代州县衙署建筑的营缮方式及其效果

在宋代营缮理念的监管和影响下，地方官吏为了缓解土木工程带来的人力和财力消耗，对衙署的修缮方式进行了调整和改进。

（一）随事性修葺

宋代地方营缮衙署的主要方式为随事性修葺，即针对由战争、灾害等原因造成损毁的衙署进行修复，避免随意扩建另建。宋代州县长令认为衙署建筑若不及时修缮，等到受损严重时，"他时劳民费财，当不啻倍蓰于今日"③。花费亦必然增加，"若俟木朽而后计役，耗官损民，何啻累百万计！"④为了避免"今日不治，

---

① 胡寅．斐然集·卷21·新洲重修厅记［M］．北京：中华书局，1993：456．
② 胡太初，赵与沐．临汀志［M］//解缙．永乐大典（第4册）·卷7892．北京：中华书局，1986：3641．
③ 胡寅．斐然集·卷21·新洲重修厅记［M］．北京：中华书局，1993：456．
④ 张咏．张乖崖集·卷8·益州重修公署记［M］．张其凡，整理．北京：中华书局，2000：79．

后日之费必倍"①，最好的办法就是随事修缮。如严州州衙，在嘉祐中，范仲淹任知州时就曾对其衙署后寝内的亭台楼榭部分进行了修建；北宋末，严州州衙遭战乱焚毁后，宣和三年（1121年），知州周格重建后，在绍兴八年（1138年），知州董弅才对毁坏的州衙园圃进行了修建。又如建康府衙，在咸淳四年（1268年）、淳祐十年（1250年）、绍兴十二年（1142年）、宝祐五年（1257年）时经历任知府主持陆续修缮了衙署内的钟山楼、清心堂、锦绣堂、芙蓉堂等厅堂楼台建筑，规模和建制得以完善。再如福州衙署，"自陈至唐，三百余年间，创立营筑，往往易庳陋为高广，更坏复葺，亡所纪载。唯衙门唐上元军门，元和所建，天王堂，咸通所造，尚有遗迹"②。到宋代，福州衙署仅剩威武军门、大都督门（衙门）和一殿旧址仍在；宋仁宗天圣五年（1027年）、天圣九年（1031年）、景祐四年（1037年）、庆历八年（1048年）由历任知州主持，陆续对衙署都厅、大厅、三清堂、衙署大门等建筑进行了修葺和增建，恢复了福州衙署规制。宋代地方官府所选择的随事性修葺，既能针对衙署内个别损毁建筑进行维修和兴建，也能避免大规模的整体施工造成人力物力的消耗。

当然，地方财政水平也是州县长令选择随事性修葺而不是大规模兴建地方衙署的主要原因之一。地方筑城，以及官廨、仓库的修缮等事务，开销往往不小，需地方财政量力而行。如鄂州升军后，"自郡治及诸官署，经始之际，率随宜营葺。继是或稍稍增广，亦仅取具体，不陋不侈。盖江防重寄，财力单匮，土木亦非所急云"③。一些州县财政困窘，往往影响衙署修缮，拖沓多年才能完成。如汀州衙署在建炎杨勍之变后被焚毁，经历绍兴元年（1131年）、绍兴十四年（1144年）和绍定年间三次大规模修缮才最终完善。其中，绍兴元年，郡守陈直始创中厅宅堂；绍兴十四年，郡守陈定国创设厅、镇山堂、仪门、两庑、甲仗、架阁诸库；绍定年间，郡守李华削平寇叛后，感慨州衙隘陋，着手全面修缮州衙。至此，州衙"内自宅堂，外至州门，规创一新，轮奂壮伟"。④又如福建永福县衙，在建炎三年（1129年）时遭受火灾，到绍兴二十一年（1151年），县宇、外鼓门楼等才补葺修建完成，而县丞、县簿则寄居重光寺二十三年。

① 洪迈.容斋随笔·四笔·卷12·当官营缮［M］.孔凡礼，点校.北京：中华书局，2005：775.
② 梁克家.淳熙三山志·卷7·公廨类一［M］//宋元方志丛刊（第8册）.北京：中华书局，1990：7839.
③ 佚名.（宝祐）寿昌乘.官寺［M］//宋元方志丛刊（第8册）.北京：中华书局，1990：8393.
④ 胡太初，赵与沐.临汀志［M］//解缙.永乐大典（第4册）·卷7892.北京：中华书局，1986：3641.

（二）雇佣发达，解决人力问题

宋代地方的修造工程，往往需人力数万乃至数十万之多。宋代地方修建城墙、官署等的主力，主要是厢军。"自五代后，凡国之役皆调于民，故民以劳弊。宋有天下，悉役厢军，凡役非、工徒营缮，民无与焉，故天下民力完固，承平百年。"[1]虽然地方营造工作通常由厢军军匠为之，但厢军不足时，则需要雇佣民工民匠。"兵匠不足，遂雇民工"[2]。郭黛姮在《中国古代建筑史》中认为："在宋代，雇募制的优越性给建筑的发展带来了勃勃生机，这是最根本的。正因为如此，才会出现一系列的伟大创举，建筑当然也不例外。"[3]雇募制又分为"差雇"与"和雇"。差雇是官府根据需要，令民匠按匠籍轮差当役。差雇有一定的强制性，要建立匠籍，按照匠籍差役民匠。岳珂《愧郯录》卷13"京师木工"云："今世郡县官府营缮创缔，募匠庀役，凡木工率计在市之朴斫规矩者，虽启楔之技无能逃。平日皆籍其姓名，鳞差以俟命，谓之当行。"[4]官府支给一定的报酬，虽不高，但比轮差制要好很多，匠人比较乐于赴役。《开庆四明志》卷六《作院》载，官营作院的民匠"照籍轮差，每四十日一替……起程钱各五贯，回程十贯，由是人皆乐赴其役"[5]。"和雇"是由官府出钱雇用民匠从事劳役制作，《续资治通鉴长编》中载，元丰七年（1084年）："转运司于经费余钱支十万缗，沈希颜往来与韩绛同提举营葺，及选使臣三员，役兵于本路划刷二千人，如不足，即和雇。"[6]"和雇"下，官府与工匠双方是自愿的，"彼此和同"，"事讫即遣"，根据工匠技艺的高低、熟练程度、劳动量大小，分等支付报酬，酬劳比差雇工匠高。如《宣仁圣烈皇后山陵采石之记》载："乃募作者能倍功，即赏之，优给其值。"[7]并明确规定被雇用者技术优异的报酬从优。宣和三年（1121年）应奉司的奏条：

> ……色见钱，于出产去处依市价和买及民间工直则例，措画计

① 杨仲良. 皇宋通鉴长编纪事本末·卷66·议减兵数杂数［M］. 李之亮，点校. 哈尔滨：黑龙江人民出版社，2006：1176.

② 徐松. 宋会要辑稿·刑法2之47［M］. 北京：中华书局，1957：6519.

③ 郭黛姮. 中国古代建筑史（卷3）［M］. 北京：中国建筑工业出版社，2010：9.

④ 岳珂. 愧郯录·卷13·京师木工［M］. 朗润，点校. 北京：中华书局，2016：169.

⑤ 梅应发，刘锡. 开庆四明续志·卷6·作院［M］//宋元方志丛刊（第6册）. 北京：中华书局，1990：5996.

⑥ 李焘. 续资治通鉴长编·卷347·神宗元丰七年七月丁未条［M］. 北京：中华书局，1992：8324.

⑦ 王昶. 金石萃编·卷140·宣仁圣烈皇后山陵采石之记［M］//历代碑志丛书（第7册）. 南京：江苏古籍出版社，1998：267.

置……所用般车及兵夫，除见管船车人兵并依久例，据实用数差拨兵士外，余并优立雇直，依民间体例和雇人夫。①

因而有"工役之辈则欢乐而往"②。宋代地方城池官署修建中大量雇用工匠。如宋神宗熙宁十年（1077年）七月，黄河决口淹没澶州，"凡灌州县四十五，而濮、齐、郓、徐尤甚，坏官亭民舍数万，田三十万顷"③，由于修塞工程浩大，所调役夫范围甚广，路程甚远，于是"诏河北、京东西、淮南等路出夫赴河役者，去役所七百里外，愿纳免夫钱者听从便。每夫止三百、五百"④。并允许离服役地点太远的丁夫纳免夫钱，官府自行雇人充役。宋代雇募制的发展，利于雇工与官府经济契约关系形成，且宋代法律规定受佣者皆系国家良人，维护其一定的权益，如有固定的假期等，所以雇募制下工匠的地位有了一定的提高，积极性得以调动，有利于建筑工程效率提高。但由于和雇需要付给工匠大量的工钱，尽管有免夫钱存在，但这笔费用对于本来资金有限的地方衙署而言，也会成为负担。宋神宗曾云，雇请工匠"若依市价，即费钱，那得许钱给与?"⑤因此，为了降低和雇的费用，政府往往招雇饥民、灾民、流民兴役，或是赦免罪犯让其服役。熙宁七年（1069年），西北灾旱，延州"检视诸寨城壕不及丈尺者，和雇饥民兴修"⑥；朝廷亦诏令"京西路监司官分定州军，速检计随处当兴大小工役，募流民给钱粮兴修"⑦；至道二年（996年），李顺起义失败，至道三年（997年），益州开始重修益州衙署时，将那些在战乱中"林菁阴深，多隐亡命"⑧和"贼乱之余，人多违禁，帝恩宽贷，舍死而徒"⑨。并招来役使，以完成益州州衙的复建。皇祐间，吴中大饥，范文正公知杭州府时，曾"谕诸寺以荒岁价廉，可大兴土木"⑩，又"新仓廒吏舍，日役千夫"⑪。这样征集流民为雇佣劳力，既解决了资金短缺的问题，又能为灾民提供务工的机会，减少流民带来的隐患，这时候的修建工程不再是扰民伤

① 徐松. 宋会要辑稿·职官4之29 [M]. 北京：中华书局，1957：2451.
② 吴自牧. 梦粱录·卷13·团行 [M]. 北京：中华书局，1985：112.
③ 李焘. 续资治通鉴长编·卷283·熙宁十年七月己亥条 [M]. 北京：中华书局，1992：6940.
④ 李焘. 续资治通鉴长编·卷285·熙宁十年十一月乙卯条 [M]. 北京：中华书局，1992：6988.
⑤ 李焘. 续资治通鉴长编·卷262·熙宁八年四月己丑条 [M]. 北京：中华书局，1992：6411.
⑥ 李焘. 续资治通鉴长编·卷255·熙宁七年八月癸巳条 [M]. 北京：中华书局，1992：6244.
⑦ 李焘. 续资治通鉴长编·卷251·熙宁七年三月乙丑条 [M]. 北京：中华书局，1992：6139.
⑧ 张咏. 张乖崖集·卷8·益州重修公署记 [M]. 张其凡，整理. 北京：中华书局，2000：79.
⑨ 张咏. 张乖崖集·卷8·益州重修公署记 [M]. 张其凡，整理. 北京：中华书局，2000：79.
⑩ 罗大经. 鹤林玉露甲编·卷13·救荒 [M]. 北京：中华书局，1983：52.
⑪ 罗大经. 鹤林玉露甲编·卷13·救荒 [M]. 北京：中华书局，1983：52.

财，反而成为宋代值得称颂的"荒政之施，莫此为大"①。雇佣的盛行，是缓解地方财政压力、完成衙署营缮工程的一个有效办法。

（三）圆融财物，调配资源

宋代地方官吏为了衙署修缮顺利完工，多以圆融财物、调配资源来节约成本、保证工程。

一是圆融财物。受地方财政的限制，州县长令为了衙署修缮顺利完工，经常以各种方法调用或筹措资金。州级衙署主要是使用度僧牒钱、公使钱、榷酤钱等收入。如杭州府署原本是吴越钱镠时兴建的，"连楼复阁"面积过大，但宋代改为临安府署后维持了原规模，在经历风雨腐蚀损坏后，修缮工程也相对急迫，苏轼则将工程的巨额开销寄希望于卖度牒钱及公使钱。又如宋仁宗嘉祐年间，平江府郡守王琪修缮府衙内设厅，欠省库钱数千，为了筹措资金，出售衙署内公使库镂版印刷精校本《杜集》，从而获利返还修造欠款。②还有《真州修城记》中记载了修建真州城及官府公宇二十八所、屋两百二十六楹，总共花费十万缗钱和七千斛米，这个费用并未向朝廷请要，而是来自于榷酤钱。宋代商品经济发展，地方官府通过印刷业、榷酤贸易等获利，筹集调配资金营缮衙署。除地方政府出资外，有时资金或支隆于内库和有司，或向地方官吏、民间势要权贵等征集资金物资。《续资治通鉴长编》卷二百五十一载神宗熙宁七年（1074年）："凡公家之费，有敷于民间者，谓之圆融。"③《管缮令》宋25条："诸州县公廨舍破坏者，皆以杂役兵人修理。无兵人处，量于门内户均融物力。"④如许应龙在《户曹厅记》中称："旧厅将圮，不为更新，继至者何所休焉，遂捐已俸市木石，陶瓦甓，计工役，为费不赀。"⑤又如欧阳守道在《吉州龙泉县丞厅记》中言吉州龙泉县丞厅修缮，"于是度地，于是市树，于是鸠工，为门、为厅、为廊、为东西便厅、为室……主簿廨故有堂，堂前有小厅，君谓吾职共二，是亦不可废，遂以余力葺之东偏。凡用缗钱千钱，大半君俸也"⑥。这些衙署建筑营缮费用的一部分来自州县官员的俸禄。

---

① 沈括. 梦溪笔谈［M］. 北京：文物出版社，1975：15.

② 范成大. 吴郡志·卷6·官宇［M］//宋元方志丛刊（第1册）. 北京：中华书局，1990：724.

③ 徐松. 宋会要辑稿·食货65之13［M］. 北京：中华书局，1957：6163.

④ 牛来颖. 唐宋州县公廨及营修诸问题［M］//唐研究. 北京：北京大学出版社，2008：345.

⑤ 许应龙. 东涧集［M］. 影印文渊阁四库全书本. 上海：上海古籍出版社，1987.

⑥ 欧阳守道. 吉州龙泉县丞厅记［M］//曾枣庄，刘琳. 全宋文·卷8017（第347册）. 上海：上海辞书出版社，2006：99.

二是节约费用、调度人力。宋代地方州县衙署建筑多追求"取其壮而不取其宏，务其完而不务其华"①。注重建筑的完整和气势，而不是华丽和堂皇，这在一定程度上可以减少资金的浪费，也避免因劳民伤财而遭弹劾。因此，在州县衙署的兴建过程中，对建筑的用料推行节约实用的原则；而所谓的"不损一钱，不扰一民"②，则是指要有效调度人力。如益州衙署在营缮时，规定从事水上货材运输的纤夫按三组轮流倒班，"夏即早入晚归，当午乃息，冬即辰后起功，始申而罢"，造公署的工匠役夫则分为四组，"约旬有代，指期自至，不复追乎"。③通过人力调度实现"十月功毕，无游手，无逃丁"，缓解工役的压力。古代社会以农耕为主，避免耽误农时农忙，地方官署营建多在农隙时进行。筠州高安县衙署修建时：

> 取材计工，皆于农隙，逾年而后成，民无劳焉，翚飞鸟革，百堵之兴，一本于制度；画访夕修，四时之居，各为其区处。至于室容笾豆，亭张射侯，可以序宾，可以观德，古君子之事也。向使逾年而去，则于是署也，不暴敛以成之，则隳其基必也。守宰之不数易，观此可以知政矣。④

通过合理的人力调度，不仅能够缓解兴修土木工程带来的人力、财政压力，也可以在一定程度上节约成本、避免劳民，保证衙署建筑修缮工程完成。

三是节约成本，反复使用木构材料。中国传统的木构架建筑，可以说是预制装配式建筑，连接多用榫卯，可装可拆，具有可逆性。即使建筑严重损坏或废弃不用，其中的某些木构件及砖瓦仍可作他用，这也为宋代地方衙署建筑修缮节省材料、减少开支提供了帮助。如至道三年（997年），益州重修衙署预算所需的材料如木材、瓦、砖等，令因战乱躲避在深山的人砍伐，又令那些于战争中获罪之人做徒役，制作建筑所需的瓦，"岁得瓦四十万"，加上从前可用的旧瓦，府署所需的瓦亦"无所缺乏"，并从那些行将倒塌的房屋上拆出栋梁桁栌，"不复外求"，平整先前的台殿基址，又获得"砖础百万之数"⑤。

① 夏竦. 重修润州丹阳县门楼记［M］//曾枣庄，刘琳. 全宋文·卷352（第17册）. 上海：上海辞书出版社，2006：158.
② 张咏. 张乖崖集·卷8·益州重修公署记［M］. 张其凡，整理. 北京：中华书局，2000：79.
③ 张咏. 张乖崖集·卷8·益州重修公署记［M］. 张其凡，整理. 北京：中华书局，2000：79.
④ 余靖. 筠州高安县重修县署记［M］//曾枣庄，刘琳. 全宋文·卷570（第27册）. 上海：上海辞书出版社，2006：62.
⑤ 张咏. 张乖崖集·卷8·益州重修公署记［M］. 张其凡，整理. 北京：中华书局，2000：79.

小结

宋代州县衙署多沿袭唐代，其建筑规制在继承前代的基础上，受宋代政治制度和社会文化的影响，又有进一步的变化和发展。宋代地方各级衙署的规制原则上视等第而定，但木质建构在长期使用下，时常受到自然灾害或战争战乱的损毁，尤其是北宋初期、两宋之间、南宋初期和南宋末期这四个时期，战争频繁，州县衙署破坏严重。加之地理地貌、文化习俗等的影响，使得宋代州县衙署建筑在各时期、各地区的面貌，既呈现有规则性，又有灵活性和自由性。总体而言，州县衙署内部建筑是围绕一个中心空间和中轴线而构建的建筑群，根据职能需要又衍生了多个相连院落，衙署内形成了井然的秩序。

营建和修缮创造并维系了衙署的建筑空间。宋代州县衙署在两宋三百多年时间里，曾经历过多次营建和修缮。北宋初期，国家百废待兴时，州县衙署主要是在继承前代建筑的基础上修缮，对于不符合宋代礼制规范的建筑进行拆除或改建。北宋中后期至南宋时期，衙署建筑的木构材料往往因风灾、水灾、地震、虫蛀等自然损坏和火烧等人为因素的破坏，需不断进行维护和修缮，尤其是南宋初期，大量因战争损毁的地方衙署需要修葺和重建。宋代州县衙署在长期的营缮中，逐渐形成审批监管、定图营造、遵循预算、用功尽料等营缮理念，促进宋代地方衙署形成了兴修要求和规范。虽然宋代官署营缮受政令张弛程度、地方财政水平、地方官员任期等因素影响，但宋代地方官员营缮仍较为频繁，这与州县衙署的政治地位与地方影响相关。

宋代地方衙署建筑修缮以尊重古建筑的文化意涵和艺术审美为主旨，修缮前详细绘图规划，维修中不改变文物的原状，坚持复原性修缮，修缮过程中尽可能使用原构件等修缮理念和实践方式，不仅对研究宋代营造政策、地方衙署的建筑特色等有参照意义，对今天古建筑修缮和复建也有一定的现实意义和价值。

第二章

宋代州县衙署建筑的
空间布局与文化内涵

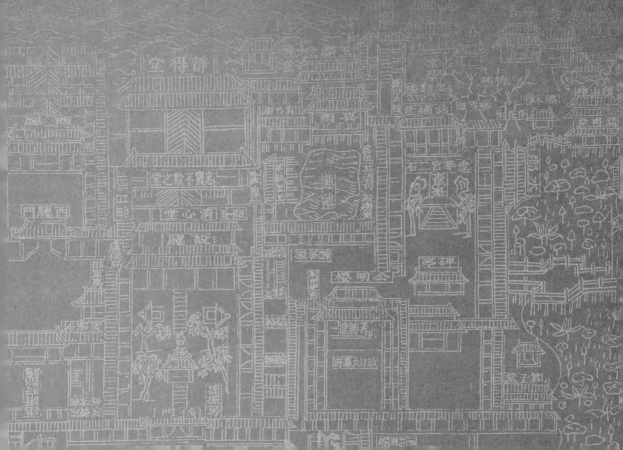

中国古代衙署"重门复道，前堂后寝，绵亘几百余亩，楼观台榭，以备宴游，库厩仓廪，以储峙粮。宾有公馆，吏有直庐，列戟当门，高牙外拥"①，是集高墙、大堂、厅馆、内宅、园圃、库廪、亭楼、池榭于一体的封闭型的庞大建筑群。衙署建筑的空间布局也是对古代社会内外有分、亲疏有度秩序的直观体现。宋代州县衙署建筑空间的布局既有历史变迁的痕迹，也有对宋代政治体制和文化背景的影响。本章通过对宋代州县衙署建筑所处的位置、中轴线排列及前堂后寝布局来探析其对秩序法度的表达。

第一节
"子城"原则与城市空间的"中心"

子城，是古代地方的城中之城，也多是地方衙署的所在。子城最早出现于汉代②，有学者认为汉代一般的城市"只有一层城垣雉堞，没有子城"③，子城主要存在于汉代的边境城市，用于边境之内险要之地的军事防御④。其实这种以"套城"增强城市防御的思想，最早可追溯至先秦时对"城郭"的描绘。《管子》卷五十八《度地》载，桓公问管子如何建都城，管子言：

> 天子中而处。此谓因天之固，归地之利，内为之城，城外为之郭，
> 郭外为之土阆，地高则沟之，下则堤之，命之曰金城。树以荆棘，上相
> 穚著者，所以为固也。⑤

就是通过在小城外建郭，郭外筑护城壕沟，并以荆棘加固城墙，以更好地护卫城市。虽然城与郭都是用于防御安全，但其中的居住者及保障力度不同。"筑城以

---

① 叶梦珠. 阅世编·卷3·建设 [M]. 北京：中华书局，2007：79.
② 徐苹芳. 马王堆三号汉墓出土的帛画"城邑图"及其有关问题 [C] // 简帛研究（第一辑）. 北京：法律出版社，1993：111.
③ 周长山. 汉代城市研究·汉代的城郭·城郭的形制 [M]. 北京：人民出版社，2001：42.
④ 成一农. 古代城市形态研究方法新探·中国子城考·子城的萌芽 [M]. 北京：社会科学文献出版社，2009：107.
⑤ 房玄龄. 刘绩. 管子 [M]. 刘晓艺，校点. 上海：上海古籍出版社，2015：371.

卫君，造郭以居人"①，这就意味着"则城居者优惠于郭居者，即郭居者仅单层保障，城居者则享有双重或更多重保障，即除城之保障外，尚有郭之保障"②。居住在城中的"君"在双重护卫下，处在都城中最核心和最安全的位置。城郭的布局思想折射在地方城市中，即有了"子城"的出现和发展，与"城郭"中的"城"的核心地位一样，地方子城"聚一州之精华，军资、甲仗、钱帛、粮食、图书文献档案，皆蓄于此。子城为一州的政治核心，政府、廨舍、监狱皆设其间"③。地方衙署所在的子城与百姓居住的罗城（外城）相比，就是城市的"中心"，这个"中心"，并不是指地理方位，而是有核心重要和向心凝聚之意。正如《周礼·春官》中载："凡官府都乡州及都鄙之制，治中受而藏之。郑玄注曰：'中者，要也。'"④

随着古代城市的发展，出于军事防御需求，子城逐渐增多。魏晋南北朝时，有子城的城市约有三十三个⑤，子城甚至逐渐成为城市的显著特征。这个时期，子城又称为金城，外城称为罗城。南朝亦有子城、罗城之称，如荆州（今湖北省江陵）、吴州（今江西省鄱阳）、郢州（今湖北省武昌）。子城或称"金城"。⑥当罗城（外城）大而难守或失守的时候，地方还可以集聚兵力护卫子城，从而进可攻、退可守。如《晋书·张重华传》记："俄而麻秋进攻枹罕，时晋阳太守郎坦以城大难守，宜弃外城"⑦。唐至五代时，地方割据力量崛起，为对抗各种军事威胁，打造了层层防卫屏障，子城成为防守的最后的关卡和保障。《资治通鉴》载，唐宪宗元和十二年（817年）九月，李愬攻吴房时："愬曰：'吾兵少，不足战，宜出其不意。彼以往亡不吾虞，正可击也。'遂往，克其外城，斩首千余级。余众保子城不敢出。"⑧乾符五年（878年），"春，正月，丁酉朔，大雪，知温方受贺，贼已至城下，遂陷罗城。将佐共治子城而守之"⑨。《新唐书·董昌传》载，董昌克扣部队军粮，部队反叛，"反攻昌，昌保子城"⑩。这个时期，州郡子城建造兴盛，乃至很多县都建有子城。子城作为地方城市防御的中心，往往处在

① 李昉，等．太平御览·卷193·郭［M］．北京：中华书局，1960：933．
② 马先醒．汉代城郭之广袤［C］//中国古代城市论集．台北：简牍学会，1980：200．
③ 郭湖生．子城制度［M］//东方学报（第五十七册）．京都：东方文化学院京都研究所，1985：683．
④ 孙诒让．周礼正义·卷38·春官［M］．北京：中华书局，1987：1566．
⑤ 朱大渭．魏晋南北朝时期的套城［J］．齐鲁学刊，1987（4）：56．
⑥ 郭湖生．中华古都［M］．台北：空间出版社，2003：145．
⑦ 房玄龄．晋书·卷86·张重华传［M］．北京：中华书局，1974：2242．
⑧ 司马光．资治通鉴·卷240·元和十二年［M］．北京：中华书局，1956：7739．
⑨ 司马光．资治通鉴·卷253·乾符四年［M］．北京：中华书局，1956：8194．
⑩ 欧阳修，宋祁．新唐书·卷225下·董昌传［M］．北京：中华书局，1975：6469．

地势较高地方俯瞰全城，子城墙也更为坚固。如《元和郡县志·天德军》："西城是开元十年张说所筑，今河水来侵，已毁其半。……城南面即为水所坏，其子城犹坚牢。"[1]唐宋时期，赣州城子城比其外城一般地面高10米[2]。杭州子城在凤凰山麓，俯瞰罗城，南宋时作为宫城。

宋代地方城市因袭前代，州郡大多是子城、罗城二层城垣，衙署在子城中。也有极少数城市是三层城垣，如北宋都城开封府，将原唐代宣武军节度使所在子城作为宫城，围绕宫城，又有内城、外城，共有三重城垣相套。还有，福州在前代节度使建城的基础上，也形成子城、罗城和夹城三重城垣，这种城市建制因历史原因比较特殊。宋代的县多数没有子城，也有一些县沿袭前代子城或新修了子城。宋代部分府、州、县设子城的情况如下：

府、州、军、县	子城	子城大小	衙署方位	资料来源
平江府	有	周回十里	东部略偏东南	《吴郡志》
江宁府（建康府）	有	周回四里二百五十六步	城内之北	《景定建康志》《至正金陵新志》
临安府	有	周回九里	南	《咸淳临安志》
嘉兴府	有	周回二里十步	东部偏东南	《至元嘉禾志》
成都府	有	周回七里	东北	《乖崖集》
庆元府（宁波）	有	周回四百二十丈	中央	《乾道四明图经》《宝庆四明志》《开庆四明续志》
绍兴府（越州）	有	周回十里	西	《嘉泰会稽志》、《绍兴府志》（万历）
江阴军	有	不详	正北	《常州府志》（永乐）、《江阴县志》（嘉靖）
严州	有	周回三里	正北	《淳熙严州图经》《景定严州续志》
汀州	有	周回一里二百九十一步	正北	《永乐大典·临汀志》

---

① 李吉甫. 元和郡县图志·卷5［M］. 北京：中华书局，1983：114.
② 李海根，刘芳义. 赣州吉城调查简报［J］. 文物，1993（3）：50.

府、州、军、县	子城	子城大小	衙署方位	资料来源
台州	有	周回四里	西北	《嘉定赤城志》
徽州	有	周回一里四十二步	西北	《新安志》
鄂州	有	不详	不详	《寿昌乘》(宝祐)
常州	有	周回二里三百一十八步	西北	《咸淳毗陵志》
湖州	有	周一里三百六十七步	中心偏北	《湖州府志》(万历)
龙溪县	有	周回四里	北	《龙溪县志》(嘉靖)
华亭县	有	周回一百六十丈	东北	《云间志》
清流县	有	不详	不详	《清流县志》(嘉靖)
华原县	有	周回二里二百八十步	不详	《长安志》
奉天县	有	周回五里四十步	不详	《长安志》
无锡县	有	一百七十七步	不详	《至正无锡志》
长兴县	有	不详	不详	《吴兴志》

宋代有州县的子城仍是地方衙署的所在地,处于全城的核心区位。宋代修筑子城,仍是以防御外敌为先。《龙溪县志》(嘉靖)卷二"公署"载龙溪县"宋筑子城以土",咸平二年(999年),"浚河环抱子城。祥符六年,守王冕加浚西河,又于西南隅凿水门接潮汐,通舟楫其外城"①,说明宋初对龙溪县子城修筑,并挖壕沟围绕子城,以护卫官署。宋真宗景德元年(1004年)蒲阴县城升为祁州,却颇为迫隘,诏令葺城,"广蒲阴县城西、北面各三里,以旧城墙为子城,其旧城百姓并令于新城及草市内外分布居止所"②。乾兴初,无锡县"县令李晋卿重筑旧子城"③。宋仁宗庆历四年(1044年),广州府子城由"经略魏瓘筑也"④。皇祐二年(1050年)广州侬智高之乱,广州"外城一击而摧,独子城坚完"⑤。宋理宗淳祐三

① 刘天授,林魁.(嘉靖)龙溪县志.卷2·公署.上海:中华书局,1965.
② 徐松.宋会要辑稿·方域8之17[M].北京:中华书局,1957:7449.
③ 无锡志[M]//宋元方志丛刊(第三册).北京,中华书局:1990:2189.
④ 陈大震.大德南海志·卷8·城[M]//宋元方志丛刊(第8册).北京:中华书局,1990:8434.
⑤ 释文莹.湘山野录·卷中·魏瓘二知广州[M].北京:中华书局,1984:25.

年（1242年），庆元府（明州）知府陈垲"重修子城限隔内外"①。

宋代，随着中央集权强大，地方政治权力缩小，加之地方城市人口增加、商贸繁荣，城市规模变大。在地方遭遇战争或威胁时，退守子城已经变得不太现实。绍兴二年（1132年）冬，虔州叛军樧达进犯惠州，守臣范漾"入保子城"，置百姓于不顾，范漾"遂尽取贼所杀居民首以效级，州人怨之"②。宋代子城仍以地方州郡衙署为主体，包括仓库、监狱、军营、祠庙等的地方行政、军事、宗教所在地，不仅是地方官员的政治活动的主体空间，也是官民之间泾渭分明的分隔标志。尽管宋代城市经济发展，城市扩大，外城边界模糊，但地方衙署所在的子城所昭示地方行政区域"中心"的重要性依然如旧。如宋代舒州"市井皆在子城之外"③，但地方官仍葺理子城。宋仁宗庆历五年（1045年），广州守臣任中师"恐缓急无以御盗"④，先修子城。治平元年（1164年），越州子城修缮后，毛维瞻在《新修城记》中言："州之子城颓塌，邸里亡有限隔，非所以为国家式遏海外之意也。"⑤南宋绍定时，汀州衙署门前"民居交侵，正街车不得方轨……遂撤民之侵冒者，得空地数亩，左右创行廊以为限。由是气象宏敞，山川呈露"⑥。南宋明州百姓"跨壕造浮棚，直抵城址，不惟塞水道，碍舟楫，有缓急亦无路可以运水，邦人病之"⑦。淳祐三年（1243年）春，知府陈垲下令拆除浮棚，"重修子城，限隔内外"⑧，可见子城仍起到分隔官民居住区域的作用，以维护地方官署权威。对宋代地方而言，州县官署所在的子城，政治功能决定了其"中心"统驭的地位，其权力辐射和地方影响如水中涟漪一样，以子城为中心层层向外波动。

① 胡榘.宝庆四明志·卷3·叙郡下［M］//宋元方志丛刊（第5册）.北京：中华书局，1990：5023.
② 李心传.建炎以来系年要录·卷61·绍兴二年是冬条［M］.上海：上海古籍出版社，1992：807.
③ 黄干.勉斋集·卷10·与金陵制使李梦闻书［M］.影印文渊阁四库全书本.上海：上海古籍出版社，1987.
④ 李焘.续资治通鉴长编·卷155·庆历五年四月壬戌条［M］.北京：中华书局，1992：3772.
⑤ 毛维瞻.新修城记［M］//曾枣庄，刘琳.全宋文·卷992（第46册）.上海：上海辞书出版社，2016：152.
⑥ 胡太初，赵与沐.临汀志［M］//解缙.永乐大典（第4册）·卷7892.北京：中华书局，1986：3642.
⑦ 胡榘.宝庆四明志·卷3·叙郡下［M］//宋元方志丛刊（第5册）.北京：中华书局，1990：5023.
⑧ 胡榘.宝庆四明志·卷3·叙郡下［M］//宋元方志丛刊（第5册）.北京：中华书局，1990：5023.

"中轴线"排列与空间秩序

古代，人们受自然环境制约，出于对自然的敬畏，强调顺应自然，天人合一，这种思想反映在城市布局和建筑规划上，就是中轴线的理念。中轴线布局最早源于《周礼·考工记·匠人营国》，其中描述了匠人建造西周国都的具体格局，"方九里，旁三门。国中九经、九纬，经涂九轨"[1]。西周都城为四方形，皇宫在都城中间，内部道路是九经九纬，以皇城为中轴线的核心，庄重而威严，九条纵横干道，将城市划为若干个空间，每个空间内有各自的布局安排，整齐而有秩序。《周礼·考工记》的都城布局也是其后历代都城规划的理想蓝本，北宋都城东京的规划也是如此，其由宫城、内城和外城三重城垣组成，宫城居内城中部偏北，是全城的核心。宫城的南北中轴线也是全城的主轴线，南起外城正南的南重门，经御街，进内城朱雀门（内城的正南门），过天街、州桥（汴河上的桥），到宣德门（宫城的南门），宫城内前为治朝，后为寝宫。坊里、市肆星罗棋布在其轴线两侧，全城街坊的尺度相仿。[2]中轴线指引下的整齐划一符合人们追求规则的心理，是对城市秩序最好的支持。正如勒·柯布西耶曾经说过的："轴线使建筑具有了秩序，建立秩序是开始工作的起点。建筑物被固定在若干条轴线上，轴线是指向目的地的行动指南。在建筑中，轴线必须具有一定的目的。"[3]中轴线对规则的强调，使建筑的空间布局折射出庄严的秩序感。

宋代州级衙署虽然不像皇宫那样有严格的规制，但也遵循中轴线原则。以下表所列的宋代府、州衙署中轴线上建筑布局情况为例：

	衙署是否在子城	南北主中轴线上的建筑	文献
建康府	有	府门、仪门、戒石亭、设厅、清心堂、忠实不欺之堂、静得堂	《景定建康志》
临安府	有	府门、正厅门、设厅、简乐堂、清明平轩、见廉堂、中和堂、听雨轩	《咸淳临安志》《梦粱录》

① 郑玄，贾公彦. 周礼注疏·卷41·冬官·考工记［M］//十三经注疏. 北京：北京大学出版社，1999：1149.

② 张驭寰. 北宋东京城复原研究［M］. 杭州：浙江工商大学出版社，2011：6.

③ 毛兵，薛晓雯. 中国传统建筑空间修辞［M］. 北京：中国建筑工业出版社，2010：48.

	衙署是否在子城	南北主中轴线上的建筑	文献
庆元府	有	奉国军门、府门（明州门）、仪门、戒石、设厅、公生明	宝庆四明志
严州	有	遂安军门（子城南门），建德府州门（谯门）、仪门、戒石，设厅，坐啸厅，黄堂，秀岐，思范堂（上有潇洒楼），月台	《淳熙严州图经》
汀州	有	谯门（双门）、仪门、设厅、镇山堂、寿荣堂、宅堂、山堂	《永乐大典·汀州志》
台州	有	仪门、设厅、小厅、宅堂、见山堂	《嘉定赤城志》
常州	有	谯楼、仪门、戒石、设厅、平易堂、桂堂、月台	《咸淳毗陵志》
平江	有	谯楼、衙门、仪门、设厅、黄堂	《吴郡志》
福州	有	威武军门（双门）、府门（仪门）、设厅、日新堂	《淳熙三山志》

中轴线是整个衙署建筑群落的脊梁骨，挈领整个空间布局，形成了一系列"景象"的组合和安排，将衙署内建筑整齐地串联起来，在规则秩序中彰显庄严。正如郭黛姮指出宋代平江府子城南门外"平桥以及府前直街两侧衙署等建筑群的布置，所构成的空间序列，对于子城及子城内建筑群的城市中心地位及其规模气势起了强化作用"①。

具体而言，宋代衙署的府（州、军）子城谯门、府门（行政地位较高的州军有）、仪门、设厅、宅堂等主建筑沿轴线的纵深方向顺序排列在轴线上。主中轴线上的建筑较宏大宽敞，尤其是设厅，位于衙署前堂的正中位置，是衙署长官的治事之所，是衙署建筑群中等级规制最高、最核心的地方。豪华威严，重檐翘角，是举行礼制仪庆典、迎接圣旨、审理案件的场所。设厅是为中轴线的重心，实现以重心辐射的等级图式。主轴线两侧散落着幕职官和曹官办公厅堂，廨舍、廊屋、府库、公厨等建筑处于从属的次要地位，与中轴线呈呼应之势。如庆元府衙最外为奉国军门，门上有谯楼，奉国军门后是庆元府的府门，旧门额"明州"，庆元府门之后有仪门，有二子门翼之，列戟其中。奉国军门、

———————
① 郭黛姮. 中国古代建筑史·卷3［M］. 北京：中国建筑工业出版社，2009：77.

庆元府门、仪门、设厅在一条南北主中轴线上。设厅前有庭院、戒石，后有进思堂、平易堂、羔羊斋，这种纵深递进的方式是对中轴线统驭的直观表现。庆元府衙署奉国军门外左右分列着宣诏和晓示二亭，仪门外左右分列着通判东厅和通判西厅，设厅左右的金厅、甲仗库、架阁库、杂物库、钱库、帐设库、公使库等建筑，以南北主中轴线为基准，左右有序分列，进一步加强了空间的庄严感和秩序感。

有的府（州、军）衙署规模较大，主轴线两侧有多路院落，并派生出多条与南北主轴线相平行的次轴线，以及东西方向的横向轴线，空间之间互相连通、贯穿、渗透，层次变化丰富。如临安府衙内建筑以府门所在中轴线对称展开，《梦粱录》卷十《府治》载临安府衙：

> 入府治大门，左首军资库与监官衙，右首帐前统制司。次则客将客司房，转南入签厅。都门系临安府及安抚司金厅，有设厅在内。金厅外两侧是节度库、盐事所、给关局、财赋司、牙契局、户房、将官房、提举房。投南教场门侧曰香远阁，阁后会茶亭，阁之左是见钱库、分使库、搭材、亲兵、使马等房。再出金厅都门外，投西正衙门俱廊，俱是两司点检所、都吏职级平分点检等房。正厅例，帅臣不曾坐，盖因皇太子出判于此，臣下不敢正衙坐。正厅后有堂者三，扁曰简乐、清平、见廉。堂后曰听雨亭。左首诵读书院。正衙门外左首曰东厅，每日早晚帅臣坐衙，在此治事。厅后有堂者四，匾曰恕堂、清暑、有美、三桂。东厅侧曰常直司，曰点检所，曰安抚司，曰竹山阁，曰都钱、激赏、公使三库。库后有轩，匾曰竹林。轩之后堂，匾曰爱民、承化、讲易三堂，堂后曰牡丹亭。东厅右首曰客位，左首曰六局房，祗候、书表司、亲事官、虞候、授事等房而已。府治外流福井，对及仁美坊，三通判、安抚司官属衙居焉。①

再结合《咸淳临安志》中的《府治图》，如下：

① 吴自牧. 梦粱录·卷10·府治［M］. 北京：中华书局，1985：82.

第二章 宋代州县衙署建筑的空间布局与文化内涵

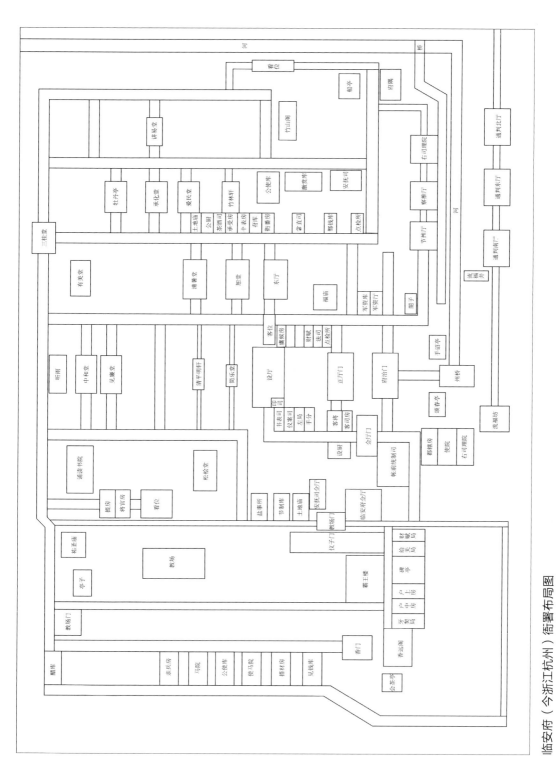

临安府（今浙江杭州）衙署布局图

参照：潜说友. 咸淳临安志·府治图 [M] // 宋元方志丛刊（第4册）. 北京：中华书局，1990：3514. 作者自绘。

临安衙署的府门、正厅门、设厅、简乐堂、清明平轩、见廉堂、中和堂、听雨轩在南北向的主中轴线上，是临安府衙最核心的建筑，中轴线两侧各有三路院落。中轴线西侧的三路院落是治事空间，分布着安抚司金厅、临安府金厅、公使酒库、甲仗库、公使醋库等仓储库房，马院、练兵教场等。中轴线东侧的第一路院落的东厅、恕堂、清暑堂、有美堂坐落在南北向的次轴线上，东厅、恕堂、清暑堂三堂相重并贯以穿廊，是衙署长官办公所在。中轴线东侧的第二路院落南部坐落着安抚司、都钱库、公使库等，北部是宴息的厅堂。中轴线最东侧一路院落是府园所在，有石林轩、竹山阁、红梅阁、荷花池等。

有些州（府、军）衙署中轴线两侧的院落的排布并非绝对对称，而是根据功能需求形成多进院落。如建康府衙署，以府门为中轴线之始，其后依次是仪门、戒石亭、设厅、清心堂、忠实不欺之堂、静得堂等建筑。

> 设厅居中，左右修廊。
> 戒石亭，在设厅之前。仪门在戒石亭之南。
> 府门，在仪门之南。
> 鼓角楼，在府门之旁。
> 清心堂，在设厅之后。
> 忠实不欺之堂，在清心堂之后，堂名乃宸翰所赐。前有二斋，左曰云瑞，右曰日思……静得堂在忠实不欺之堂之后。[①]

府衙的仪门和正厅之间的主路上建有戒石亭来安置戒石，主路两侧和东西廊屋之间还设有绿树、小亭等绿化设施。主轴线东西各有多进不对称院落，中轴线西侧两路院落为属官的治事之所、府库等。中轴线东侧诸院落中，南部是幕职官的治事之所。中轴线西北部的宴息之所有三进院落，第一进院落，围绕莲池，有学斋、静斋、恕斋、喜雨轩、玉麟堂等建筑；以锦绣堂为主的第二进院落，碑亭、木犀台、锦绣堂、忠勤楼于一条南北向次轴线依次排开。

> 玉麟堂，在忠实不欺之堂之左。后瞰青溪，前临芙蓉池。喜雨轩在前，恕斋在后，有竹轩在旁，静斋在右，学斋在左……锦绣堂，在玉麟

① 周应合. 景定建康志·卷24·官守一［M］//宋元方志丛刊（第2册）. 北京：中华书局，1990：1708.

堂之左。上为忠勤楼。堂名、楼名，皆宸翰所赐。庭中左右植金华二石，屋之。其前为木犀台，又其前为碑亭，有堂在左曰"水乡"。①

镇青堂、钟山楼以东是第三进院落，主要是以溪水环绕、花草繁茂的郡圃花园。

镇青堂。在府廨之东北。其上为钟山楼，其后为青溪道院。木犀亭曰"小山"，菊亭曰"晚香"，牡丹亭曰"锦堆"，芍药亭曰"驻春"，皆在堂之左。②

宋代县级衙署内规制虽逊于州级衙署，但内部建筑布局也遵循中轴线原则，以中轴线来统摄建筑空间的布局和次序。自衙门始，到戒石、设厅、听事堂、寝堂等主体建筑，都在这条南北主中轴线上。中轴线两侧分列着各职能机构、仓储库房及宴息厅堂等。有些县衙大门内外东西两侧还坐落着县丞厅和主簿厅，其内有听事厅、燕坐之处等建筑。如常熟县衙内自衙门始有一条贯穿南北的主中轴线，贯穿衙门、中门、戒石、设厅、平易堂、夷白堂、寝堂、景言阁等主体建筑。其他厅堂、仓库、吏舍、楼阁等分列于中轴线上的建筑两侧。

县中门之西庑有国用库，设厅东西两侧为东西库，东库为省库，西库为仓库。东库右侧廊屋有吏舍，西库左侧廊屋内有吏舍和监狱。平易堂右侧廊屋内为书院，夷白堂左侧廊屋为共赋堂。平易堂和夷白堂后为寝堂，寝堂右侧为廊庑宅厨。衙署内还有君子堂、共赋堂等，县衙正北建有景言阁。县衙两侧有园圃，左为西圃，右为东园。西圃内有读书堂、直节亭。园圃中"累石为山，竹木荫翳，与君子堂通"③，圃中还有二亭，为藏春、野趣亭。东园中有道爱堂、公厨等建筑。

又如仙游县衙署，有六百年的历史，其间历代不断"撤旧更新"。衙署建在大飞山之南，其建筑布局为：

① 周应合. 景定建康志·卷21·城阙志二［M］//宋元方志丛刊（第2册）. 北京：中华书局，1990：1709.
② 周应合. 景定建康志·卷24·官守一［M］//宋元方志丛刊（第2册）. 北京：中华书局，1990：1709.
③ 孙应时，鲍廉. 琴川志·卷1·叙县［M］//宋元方志丛刊（第2册）. 北京：中华书局，1990：1158.

正门南向，上有鼓楼。崇宁二年知县钱闻重建。前设手诏亭，内为簿、尉二厅相望。簿厅之后为省仓、常平仓。次为中门，翼以两庑。中为厅事，始建岁月莫考，淳祐十一年知县赵时铸重建。榕阴满庭。东则库帑、吏舍；西则宾次、狱狨。厅事之后有堂曰"平政"，又其后曰"平易"。旧名清心轩，又名捐末，后改名五柳，嘉熙间知县姚遇重建二堂，改今名。堂之东西寝处之室在焉。縣厅之东曰东圃，旧名梅圃。圃之内有锦香径，径之中爱香亭，循爱香而北有亭二，曰"横琴"、曰"制美"，循制美而南有台二，曰"清越"、曰"玉醮"，花木青葱，亭台爽垲，皆公余游息之所。厅事之西有楼曰"望秀"。今废。有堂曰"道爱"。嘉定十二年知县许伯诩建，陈说记。宝祐四年知县赵与泌重修。乃视事之便。厅堂之后为旧宅堂，县治之规模，大略在是矣。①

可见，仙游县衙署内从衙门始，至中门、厅事、平政堂、平易堂、宅堂，在一条南北向的主中轴线上。主簿厅、县尉厅、仓、库、吏舍、宾次、狱狨、道爱堂、望秀楼等都分列于衙门口至厅事间的中轴线两侧，宅堂左右建有园圃亭台，是县令游息之处。

"贵贱无序，何以为国？"②儒家无序无以为国的思想，折射到国家上上下下、中央到地方的各个角落，映射在宋代州县衙署院落层次空间设计中，就是那条纵深贯穿于衙署建筑空间中的中轴线，它有"序"地组织着院落组群间的空间排列和多重院落进深的层次变化，使地方长官、僚属乃至胥吏的办公休闲场所及各种仓库、监狱等建筑的布局规则而有秩序。因此，中轴线排列所表现出的中心性、约束性、凝聚性和秩序性不仅符合地方权力中心——衙署的形象，而且犹如一把"规尺"规范着衙署官吏的身份和职责，凸显了其中的主从、等级关系。中轴线布局对明清衙署建筑影响深远，明清建筑更注重中轴线使用和空间次序，甚至是次轴线上的建筑也开始不断追求对称，建筑院落群的构建更加严肃、有秩序。

---

① 黄岩孙．仙溪志·卷1·官廨［M］//宋元方志丛刊（第8册）．北京：中华书局，1990：8272.
② 杜预，孔颖达．春秋左传正义·卷53［M］//李学勤．十三经注疏．北京：北京大学出版社，1999：1513.

"前堂后寝"分布与空间法度

中国古代重视纲常秩序和法度规范,在都城规划及建筑空间布局上也有具象的体现。如《周礼·考工记·匠人营国》中描绘了西周国都"左祖右社,面朝后市"①的布局,以及历代宫室、衙署、府宅等建筑所遵循的"前堂后寝"的布局范式等。这种空间划分体现的不仅是功能区别,也是人际关系的法度"规矩"。古代衙署是"君子朝以听政,夜以安身,此官寺之所以由设也"②。听政与安身两大功能则由"前堂后寝"的布局来实现。其中,衙署的"前堂"是府尹、知州、县令及其僚属处理承宣政令、断狱听讼、承流教化、延纳接待等公事政务之地;"后寝"则是府尹、知州、县令及其家属宴息之地,除了供会客安歇的主厅堂外,还建有园圃、池榭、楼台、亭阁等园林式造景和建筑。

宋代府、州衙署多承袭前代,虽都经历过数次营建和修缮,但"前堂后寝"的空间布局已经形成并固定,但不同府、州的"前堂治事之所"与"后寝宴息之地"在规模、规划上有所差别。以宋代临安府、建康府、平江府、常州、严州、福州、台州、汀州衙署"前堂后寝"空间布局为例。

由下表可知,宋代府、州级衙署的"前堂"部分除了主轴线上的长官办公厅堂外,还包括通判厅、使院、州院、司理院、签判厅、察推厅等属官厅,虞候、书表司、客将司、手分、法司等吏房,军资库、甲仗库、架阁库、都钱库等仓库。而教场、马院等军事类建筑多分布在衙署的东部或西部,占较大面积。

就多数府、州衙署而言,"前堂"和"后寝"中的主厅堂依次坐落在南北向的主中轴线上,主厅堂之间的连接部分,多是用"穿廊连成丁字形工字形或是王字形平面"③。如平江府衙"后部厅堂采用三堂相重而贯以穿廊(又称主廊)成为王字形平面"④。

虽然宋代州级衙署以"前堂"与"后寝"划分功能空间,但属于"后寝"的建筑面积相对有限,有些只占衙署内的北部中间、东北部或东西部。如严州衙署

---

① 郑玄、贾公彦. 周礼注疏·卷41·冬官·考工记[M]//十三经注疏. 北京:北京大学出版社,1999:1149.
② 史能之. 咸淳毗陵志·卷5·官寺一[M]//宋元方志丛刊(第3册). 北京:中华书局,1990:2995.
③ 刘敦桢. 中国古代建筑史[M]. 北京:中国建筑工业出版社,1984:186.
④ 刘敦桢. 中国古代建筑史[M]. 北京:中国建筑工业出版社,1984:183.

衙署的办公机构		临安府	建康府	平江府	常州	严州	福州	台州	汀州
	知州（府、军）厅堂	简乐堂、明平轩、忠恕堂、爱民堂、承化堂	设厅、清心堂、忠实不欺之堂	设厅、黄堂	设厅、平易堂、便厅（西厅）	设厅、坐啸堂、黄堂、正堂、小厅、高风堂	设厅、日新堂、止戈堂、大厅（熙宁中，以大厅为大厅，以设厅为小厅），小厅（熙宁中更名为清和堂，清康后为三清堂）	设厅、小厅	设厅、中厅、清平堂、清心堂等
	前堂治事之所	安抚司金厅、临安府金厅、统制司、帐前衙、书表房、承受房、法司、左分手局所等	通判西厅、通判东厅、安抚司金厅、都金厅、制置司金厅、金司户厅、观察司、右司理院、推官厅、左司理院、节度推官厅、知录厅、直司厅、财赋司、茶酒司、六局等	签判厅、司户厅、府院、判厅、西厅、推官厅、司理院、南马院、北司户厅等	金厅、节制司、州院、金厅（治参厅）、录参厅、司理院（治司道院）、浙西道院	州院、使院、司理院、通判厅、添差通判厅、蔡推察推、支使、司法厅、司户厅、节推厅	府院（政和年间府院）、司法厅、知录厅、签厅、签判厅、推官厅、安抚司、推官厅、签厅、司户度使院、忠义堂、直司堂、威远、坐啸台、威武营等	添差通判厅（绍兴十六年改通判洪适适建）、金厅、判官厅、推官厅、录事厅、司户厅、司法厅、司理厅等	录事厅、州院、金使厅等
		军资库、公使库、激赏库、见钱库、醋库、盐酒司库房等	夏税库、都钱库、常平库、军资库、修造库、节用军库、总制库、公使库、制勘库、鞍辔库等	军资库、公使库、酒库等	军资库、江防库、夏税库、常平库、都木仓库、甲仗库、杂物库、酒库、公使银器库、帐设库等	甲仗库、军资库、用房、杂钱库、常平仓库、设库、抵质库、醋库等	安抚司印书库、甲仗库、公使库、帅司钱库、司钱库、公使七库、安抚库、架阁库、架阁库等	军资库、常平库、省库、公使库、银器库、帐设库、架本库、盐司库、都醋库、手诏库、茶本库、总制库、公钱库、酒库、甲仗库、百物库、牙阁库、诸司库、诸库等	东架、西架、州阁库、甲仗库等

	临安府	建康府	平江府	常州	严州	福州	台州	汀州
后寝宴息之地	见康堂、中和堂、希桧轩、松桧堂、诵读堂、清暑院、读书堂、石林轩、竹梅阁、红荷花亭、春船亭、池等	玉麟堂、希得堂、忠勤楼、锦绣楼、静和堂、钟山楼、木犀亭、台（碑亭）、华二石、水乡全、青溪小垒堂（溪上有二名青溪，又名虹桥）、郡圃内有真爱、咏春亭、种春亭、雪香海棠亭、深净梅花亭等	小堂、宅堂、郡圃、池光亭、大池、西云楼、四照亭、西亭、北亭、池（又有后池。池中原有虚阁，到绍兴年间已不符）、双瑞堂、平易堂、思贤堂、思政堂、凝碧阁、逍遥亭、云清斋、坐啸亭、四照亭等	桂堂、月台、郡圃、燕古堂、爱喜堂、怀古亭、三山阁、闻多亭等	思范堂、木月台、兰舟、读书堂、千峰榭、湖兰、凌翠阁、拟东、环香亭、酿泉、面山阁、锦菜园、梅堂、萧洒园、池、桂、杏庄、馆、李场、桃圃、屋岸、刻、关、松己、正堂、植贤、"银溪左"、亭、翔界、蛟亭堂	燕堂、安民堂、读笑轩、粉寿堂、使宅、眉寿堂、甘老庵、雅棠庵、乐堂、恰山阁、坐啸、台亭、荔枝楼、流觞、楼、秀野亭、阁园、府池、双松楼、望云、府圃、清风、庵、熙熙亭、怀隐、归意亭等	宅堂、见山堂、设厨、静镇堂、君香、子阁、凝香、节、爱堂、方池、澄碧亭、瑞莲、双岩堂、参云、凝思堂、霞起亭、驻目亭、舒啸听、五霄曲、解缨缓、射圃、水阁、清斋、平阁、集宝、乐山堂	寿荣堂、四说轩、四印轩、燕清轩、燕光楼（双、依流松堂）、山中佳处、松堂、山仰、郡、熙亭、圃、堂、熙春亭、堂、东山、仰高、茅亭、栽香、远台等

"后寝"的宴息之地位于衙署的北部和偏东北部；常州衙署除北部中间部分为"后寝"之地，其余都属于衙署的治事之所；台州衙署的南部为"前堂"治事部分，北部和东侧属于"后寝"宴息之地。

比起前堂建筑的严肃和庄重，作为宴息生活的"后寝"建筑，其形式更为多样，设计更为灵活，除主厅堂外，多建有园圃、亭台楼榭等，讲究引水凿池、盛植花木、曲径通幽、小桥流水等园林造景，是地方长官会客访友、赏景观物、述志怡情之所，充分体现了地方官僚的文化审美、生活习惯和精神意趣。如临安衙署的北部及最东面为"后寝"的宴息之地，主中轴线上的见廉堂、中和堂、听雨轩构成府衙"后寝"的主院落。

> 中和堂，钱武肃王阅礼堂旧址。至和三年，郡守孙沔建堂其上，更名中和。
>
> ……
>
> 见廉堂，在中和堂前，旧为七闲堂，岁久桡腐，且庳狭弗与前宇称。咸淳五年十二月，安抚潜说友撤而新之，楼其上，最为高竦。凭槛四望，百万人家，森然画图中。
>
> 听雨轩，在中和堂后。景定五年，刘安抚良贵建，为屋八楹。[①]

见廉堂以西、安抚司金厅以北院落中的松桧堂和诵读书院，恕堂正北的清暑堂、有美堂，竹林轩以北的爱民堂、承化堂，以及承化堂以东的讲易堂都属于府衙"后寝"读书、宴息厅堂。讲易堂南是府园所在，有石林轩、竹山阁、红梅阁、荷花池、亭船等造景。

又如严州衙署后寝宴息之所位于府治的北部和东北部，历代知州陆续营建亭台楼榭、书斋等。

> 千峰榭在高风堂之北，凭子城为之。其东为环翠亭。松关在千峰榭之下，由松关而北为荷池，池之东为潺湲阁，西为木兰舟。旧名荷池。读书堂自为一区，在木兰舟之西。旧为北园，淳祐己酉，知州赵孟传改建。拟兰亭在潺湲阁之东。掬泉为流觞曲水，旧名流羽。其东北为酿泉。

---

① 潜说友. 咸淳临安志·卷52·官寺一［M］//宋元方志丛刊（第4册）. 北京：中华书局，1990：3817.

锦窠亭在酿泉之南，旧名采岐。知州吴棨改今名。桂馆在潇洒园池之西，

杏园、桃李庄又在其西。面山阁自为一区，在锦窠亭之东。其下为赋梅

堂，旧名黄堂。[①]

"后寝"园圃中引水凿池、盛植花木，休闲赏景的厅堂楼榭错落分布在池水林木中，以供观赏休息、宴请宾客、读书会友等，为整个内宅空间营造出如同山水画般的园林风格，极富审美意趣。

宋代县级衙署虽然规模远小于州级衙署，但不同的县衙其建制亦有差别，但基本遵循前朝后寝的布局模式，其衙门上有鼓楼，衙门外有手诏亭、颁春亭、宣诏亭或是晓示亭。从县衙衙门到厅事等衙署主体建筑依一条贯穿南北的主中轴线排列，衙署内的钱库、甲仗库、粮仓等库房和吏舍、狱犴等在主中轴线两边。衙署内还有主簿厅、县尉厅等主要办事机构。县衙后寝有园圃，园圃中亦建有亭台池榭。

如仙游县规模和建筑都比较好，有六百年的历史，县衙旧在大飞山南五里，后又迁于其南三十步，撤旧更新后，衙署"规模面势，雄伟壮丽，比他邑为冠"[②]。

衙署"前堂"的正厅在正门、中门所在的主轴线上，厅事下榕荫满庭，厅事东是库帑、吏舍，厅事西有宾次、狱犴。还有望秀楼、道爱堂，是视事的便厅。正厅之后有平政堂，平政堂后是平易堂。平易堂是"后寝"的主厅堂，原名清心轩，又名捐末，后改为五柳，嘉熙年间，知县姚遇重建后，才改为平易堂。平易堂的东西两侧有花园、清越台、玉醮台等观景休闲建筑。

又如宁海县衙，前堂部分包括宁海县衙大门，门前分列班春亭和宣诏亭，县衙东庑为架阁库，县衙内有大厅、均政堂、书林。县衙后宅部分有圃，圃中有岸帻亭、莲池，莲池中有霎锦亭。县圃之西有读书径，读书径北是舫斋。县圃东有松竹林。

"前堂后寝"的布局形式遵从了内外有别、主从关系分明的封建等级观念和社会秩序。在中国古代等级观念和"正位"思想下，"前堂后寝"的布局比较好地协调了衙署内不同身份、级别的使用者，通过有序规划衙署的行政与休闲空间，以正厅与偏厅、主院与次院、正房与厢房区分主从、内外、亲疏关系，使衙

---

① 郑瑶. 景定严州续志·卷1·郡治 [M] //宋元方志丛刊（第5册）. 北京：中华书局，1990：4356.

② 黄岩孙. 仙溪志·卷1·官廨 [M] //宋元方志丛刊（第8册）. 北京：中华书局，1990：8272.

署内封闭的活动得以规范化和秩序化。每座建筑，其规制与使用功能都循着相应的"规矩"，规范着活动于其中的每一个人。前堂后寝布局在元代有所变化，元代的官署廨宇"止为听断之地，而各官私居类皆僦赁"[①]，官员家眷不允许住进衙署中。但在明清时，地方衙署恢复了"前堂后寝"的布局模式。

小结

宋代州县衙署以其庞大的建筑群占据了地方"中心"子城，"子城"不仅起到加强防御的作用，又区隔了居住在罗城地方的百姓，更加凸显了衙署"众星拱月"般崇高的地位和对地方的象征。官衙巍巍、重门复道，投射在宋代州县衙署建筑的空间布局中，一方面，是沿着衙署的重重大门至设厅至宅堂形成一道深远的中轴线，将不同功能建筑空间有条不紊地铺设开来，共同构建衙署的威仪和庄重；另一方面，"前堂后寝"引领院落进深层次变化，融入了封建等级秩序和宗法伦理精神内核所造就的秩序美，给人以严整规则的序列感和内外有别的威仪感。宋代州县衙署建筑空间的布局对明清衙署影响深远，其中的中轴线使用、建筑的对称、前堂后寝及多进院落等有了更为严格的范式。

---

① 陈大震. 大德南海志·卷10·廨宇［M］//宋元方志丛刊（第8册）. 北京：中华书局，1990：8450.

第三章

宋代州县衙署建筑的政务空间与地方治理

宋代州县衙署是中央分驻于各地的行政机关，是统一国家中央政府的组成部分，也是国家政令能够在地方通达和执行的基础和保障。州县衙署政务空间的功能分区，体现了地方政务运转的方式和程序。本章主要从宋代州县衙署建筑政务空间的区划及功能入手，考察州县官吏治事场所的权力运作对地方政务运行、仓储管理、政情通达的影响。

第一节
治事空间与政务运行

一、宋代州县治事厅分布及功能

宋代州县衙署是地方官员理庶政、备燕居、系民望之所在，尤其是州县长令执掌、抉择州县政务，包括知州（知府、知军、知监）"宣布条教，导民以善而纠其奸慝；岁时勤课农桑，旌别孝悌；其赋役、钱谷、狱讼之事，兵民之政皆总焉"①。知县或县令，通治一县政务，其职能为总管一县民政，负责"劝课农桑，平决讼狱，有德泽、禁令则宣布于治境"。有关户口、赋役、钱谷、赈给之事皆执掌，"以时造户版，及催理二税，有水旱则受灾伤之诉，以分数蠲免。民以水旱流亡，则抚存安集之，无使失业。有孝悌及行义闻于乡间者，具事实申于州，激劝以励风俗"②。但州县庶务繁多，仅赖守令一人之力无法完成，尤其是催科纳钱、听讼治狱、仓库管理等，需属官及大量吏役参与和协助。因此，宋代州县衙署建筑中，除了宋代州县长令主要活动区域设厅外，还有其他各属官治事厅围绕设厅形成的辐射空间，这些空间是属官日常协助州县长令处理地方政务之所。

（一）宋代州级主要属官治事厅

宋代的知州（府、军、监）下设通判，其下还有判官、推官、兵马都监、司

① 脱脱. 宋史·卷167·职官志七［M］. 北京：中华书局，1977：3977.
② 脱脱. 宋史·卷167·职官志七［M］. 北京：中华书局，1977：3977.

理参军、司户参军和录事参军等僚属。他们在衙署的治事场所主要是通判厅、各职事官厅和诸曹厅。

1. 通判厅

宋初，为防止藩镇割据，制衡监察州郡长官，乾德初"始置诸州通判"[1]，到元丰改制之后，通判正式成为州郡长官的副职，协助处理地方政务。通判或称通州、通判州事、倅、监郡、州监、府判等。地方州郡事务需州郡长官与通判共同签署才能实施。宋太祖乾德四年（966年）诏："诸道州通判，无得怙权徇私，须与长吏联署，文移方许行下。"[2]地方"凡兵民、钱谷、户口、赋役、狱讼听断之事，可否裁决，与守臣通签书施行"[3]。通判"入则贰政，出则按县"。通判对知州有监察之责，"州郡设通判，本与知州同判一郡之事，知州有不法者，得举奏之"[4]。北宋时，各州、军置通判一员，帅府、州增置两至三员，较小的州、军则不置。南宋初，规定诸州通判有两员处减一员，凡是军、监之小者不置。绍兴五年（1135年）以后，"除潭广洪州、镇江建康成都府见系两员外，凡帅府通判并以两员为额，余置一员"[5]。宋代，通判除正任外，有添差通判。

宋代，通判的治事处所为通判厅，又称倅厅。府、州的通判厅多由就任的通判主持营建，颇具规模。往往除宽敞的主事厅堂外，还建有水榭、林木、楼阁等以供休憩赏息。如台州通判厅重修后，其：

> 厅事穹隆，堂宇显敞，廊庑缠属，户牖燠阒，总为楹三十有四，旧有"芝秀"承其左，"登瀛""景沂""岁寒"处其右，堂后山峦礜律，林木青葱，自莲风阁登万壑风烟，最为奇胜，旁列云水、梅榭、云海、岚阛，无非啸咏游息之所，公或重创，或增修，丹腹交辉，前后掩映，迎风纳月，恍若蓬壶，观者愕眙，屹为千里壮观。[6]

台州衙署通判厅内有三十四间房，除大厅外，还有芝秀堂、登瀛堂、景沂

---

① 脱脱. 宋史·卷167·职官志七［M］. 北京：中华书局，1977：3974.
② 李焘. 续资治通鉴长编·卷7·乾德四年十一月乙未条［M］. 北京：中华书局，1992：181.
③ 脱脱. 宋史·卷167·职官志七［M］. 北京：中华书局，1977：3974.
④ 孙逢吉. 职官分纪·卷41·通判军州［M］. 北京：中华书局，1988：776.
⑤ 脱脱. 宋史·卷167·职官志七［M］. 北京：中华书局，1977：3976.
⑥ 李宗勉. 重修台州通判厅记［M］//林表民，辑. 徐三见，点校. 赤城集·卷2. 北京：中国文史出版社，2007：27.

堂、岁寒堂等。并建有莲风阁、云水亭、云海亭、万壑风烟、岚关、梅榭等赏景休闲的亭榭。绍兴十六年（1146年），时任台州通判洪适在衙署东四十步、旧判官厅基础上营建了添差通判厅，在其中建成了分绣阁，及其下的清閟堂、其后的翠漪亭。

严州通判厅在军门内西，经数任通判，营建了风月堂、南薰堂、锦绣堂。其内还建有园圃、亭等，"园曰西园，为亭三：曰第一开，旧名梅亭。曰爱莲，曰仰高。旧有茅亭、湛碧、蔬畦三亭"①。严州的添差通判厅，是宋孝宗淳熙十三年（1186年），知州陈亮始以公馆为之，其后由多任通判陆续建成平分风月堂、光风霁月堂，秀亭等。

明州通判东厅经数位通判营建，陆续建成不欺室、蟾桂堂、风月堂、思齐亭、竹所等：

> 仪门外之东厅东有室曰不欺，通判张奉世重建，谢采伯易名东斋。又东有堂曰蟾桂，钱端礼植木犀其前，因取以名，续更曰秋风轩。端礼之弟端厚来倅，复旧名，久而圮。张攀请于郡重建，扁曰风月堂。亭曰思齐，章良朋建。西北有竹所，苏玭建。②

明州的通判西厅内除大厅外，还建有清容堂、月林和风月堂等厅堂。

福州衙署威武军门内的通判厅也经由数任通判主持修缮营建，"熙宁九年，通判方蓁建宅堂。元祐四年，通判雷豫建厅门。建炎四年，通判叶拟建长乐堂于其东"③。临安府衙的三个通判厅也都经过一番修缮，其内厅宇堂楼，一应俱全。其中，通判北厅内有隐秀斋、浩春堂、平远楼、凤凰亭；通判南厅建有有风月堂、南楼；通判东厅在咸淳五年（1269年）重新修治，"内外一新，其堂楼亭宇，皆为匾以古篆"④。

宋代府、州的添差通判差遣不定，通判厅的兴废变动较大。如《景定建康志》卷二十四载：

> 置诸州通判各一员，西京、南京、天雄、成德等州各二员。江宁

① 郑瑶. 景定严州续志·卷1·郡治［M］//宋元方志丛刊（第5册）. 北京：中华书局，1990：4356.
② 罗濬. 宝庆四明志·卷3·叙郡下［M］//宋元方志丛刊（第5册）. 北京：中华书局，1990：5026.
③ 梁克家. 淳熙三山志·卷7·公廨类一［M］//宋元方志丛刊（第8册）. 北京：中华书局，1990：7848.
④ 潜说友. 咸淳临安志·卷53·官寺二［M］//宋元方志丛刊（第4册）. 北京：中华书局，1990：3828.

府初置一员。嘉祐中审官院言西京、北京、荆南、江宁府等，并是京府……其通判今后并以知州资序人差充。其后视西京等例，增置一员，分东西二厅。其后又添差一员，以朝士充，是为南厅。①

江宁府是京府，其通判从一员不断添差至三员，通判厅也在原有东西二厅基础上增加了添差通判厅即通判南厅。

明州，南宋宁宗庆元元年（1195年）升为庆元府。《宝庆四明志》载："中兴以来，明州通判多至三员，魏王在镇，以长史、司马易其职。淳熙七年依旧。"②嘉定元年（1208年），明州不设添差通判，通判减为两员，通判厅设置也发生了变化。通判东、西厅分列仪门外之东西，原本是添差通判居。"而今之酒务，乃南厅，通判旧治也"③。庆元府仪门外西偏的通判西厅，是"省添差通判，酒务复旧基，南厅通判移治于此，号曰西厅"④。而原通判南厅所在地又归于酒务。通判西厅原址是魏王坐镇时占原观察推官厅所修建的添差通判厅，后因不设置添差通判，添差通判厅也不再存在。

2．诸幕职官及治事厅

宋代，府、州幕职官有签书判官厅公事、（节度、观察、防御、团练、军事、军、监）判官、（节度、观察、防御、团练、军事）推官、节度掌书记、观察支使等，原是唐、五代以来节度使、观察使、团练使、防御使的属官，宋初为削夺藩镇之权，以朝廷差遣的幕职官取代藩镇自辟的僚佐。凡"选人则为判官"，京官任判官时，带"签书"衔，为签书判官厅公事，政和初改为司录，建炎初复旧。太平兴国中，宋太宗以"诸州戎幕缺官"⑤为由，选"朝士补之"，是设签判之始。签书判官厅公事（简称签判）为幕职之首，"判官为郡僚之长，本府趋走之吏，皆当屏息以听命"⑥。通判有阙时，签判可兼摄通判事，主持签厅日

① 周应合．景定建康志·卷24·官守一［M］//宋元方志丛刊（第2册）．北京：中华书局，1990：1711.
② 罗濬．宝庆四明志·卷3·叙郡下［M］//宋元方志丛刊（第5册）．北京：中华书局，1990：5026.
③ 罗濬．宝庆四明志·卷3·叙郡下［M］//宋元方志丛刊（第5册）．北京：中华书局，1990：5026.
④ 罗濬．宝庆四明志·卷3·叙郡下［M］//宋元方志丛刊（第5册）．北京：中华书局，1990：5026.
⑤ 马端临．文献通考·卷62·职官考十六［M］．杭州：浙江古籍出版社，1988：566.
⑥ 名公书判清明集·卷1·官吏门·郡僚举措不当轻脱（胡石壁）［M］．北京：中华书局，1987：25.

常事务。签判、判官还负责户籍税账、管理衙前吏人，"主辖衙司"①。推官，位次于本使判官。宋代，一些中等级别的州郡，往往有签判无推官，或将签判和推官合并。掌书记，始于唐朝节度使下置，是藩镇长官重要的亲信和文秘助手。观察支使也始置于唐，其职责系观察使府中的文字工作及军政事务。宋代地方虽设掌书记和观察支使，但不像唐代由长官奏辟，而是皆吏部除拟，且"书记、支使不得并置"②。"有出身曰书记、无出身曰支使，位在判官之下、推官之上。"③宋代掌书记、观察支使职能相同，负责文秘、应酬等事务。宋代幕职官的设置与府、州地位相关，有互相兼职的情况，掌书记、观察支使只在节镇州设置，"节度有掌书记，观察有支使，而节度、观察、防御、团练、军事皆有推官"。其余"州置判官、推官各一人"④。"凡诸州减罢通判处，则升判官为签判以兼之。小郡推、判官不并置，或以判官兼司法，或以推官兼支使，亦有并判官窠阙省罢，则令禄参兼管。"⑤如嘉定元年，广西诸司指出贺州"郡小力微"，判官与推官都有"签书之职"，"今已有签判，而推官寮额尤存"⑥，要求省并。

幕职官的办公场所主要是使院、节推厅、推官厅、判官厅等。使院，源于唐代节度使司官属的治事之所，到了宋代，随着节度使属僚演变为州府幕职官，使院也成了诸府州属官的办公场所。⑦北宋时，使院是诸府州幕职官的办公之所。幕职官下的胥吏人数众多，一些经办讼狱、文书等相关事务的吏人也在使院办公和居住。南宋时，使院主要用作吏舍。

3．诸曹官及治事厅

宋代诸曹官（曹掾官）是指诸府司录参军、户曹参军、法曹参军、士曹参军、仓曹参军，及州（军、监）曹官主要有录事参军、司理参军、司法参军、司户参军。宋代沿用唐制，府称"某曹参军"，在州则称"某司参军"。宋初以来，"虽小有增损，大概不越此"。崇宁四年（1105年），州县"仿尚书省六部为六案，曰士案、户案、仪案、兵案、刑案、工案。而常平免役案、知杂案、

① 苏颂．奏乞初出官人乞不许差充签判［M］//曾枣庄，刘琳．全宋文·卷1320（第61册）．上海：上海辞书出版社，2006：38.
② 徐松．宋会要辑稿·职官48之5［M］．北京：中华书局，1957：3458.
③ 马端临．文献通考·卷62·职官考十六［M］．杭州：浙江古籍出版社，1988：566.
④ 孙逢吉．职官分纪·卷39·幕职官［M］．北京：中华书局，1988：723.
⑤ 脱脱．宋史·卷167·职官志七［M］．北京：中华书局，1977：3975.
⑥ 徐松．宋会要辑稿·职官48之15［M］．北京：中华书局，1957：3463.
⑦ 苗书梅．宋代的"使院"、"州院"试析［M］//宋代文化研究（第17辑）．成都：四川大学出版社，2009：178．北宋时，使院改称金厅之前，兼具幕职官衙性质，在此之后，主要代表吏舍。

开拆司皆如故。政和三年因之，遂行分曹建掾之法。三京司录事一员。司士曹事、司户曹事、司仪曹事、司兵曹事、司刑曹事、司工曹事各一员。五曹各置掾一员，惟刑曹三员，二员推鞫，一员议法。大藩至小郡、军、监，以次减省，凡十等，最下六曹，共止三员，而司录及掾皆不置"①。诸曹官分掌一郡户籍、赋税、仓库出纳、行狱讼事等。宋代地方诸曹官的任命与府、州地位，事务繁简程度等相关。"府则置司录，州则置录事参军而下各一人，户多事繁则置司理二人。自通判而下，州小事简，或不备置。"②南宋乾道以后有"司户兼司法，知录亦或兼职"③。诸曹官办公之地为录事厅、府（州、军）院、司理厅、司法厅和司户厅等。

（1）录事厅与州（府、军）院

录事参军（以京官差充时称知录事参军），居诸曹官之首，主持州院日常庶务，纠举诸曹稽违，掌用州衙印章，"州印书昼则付录事掌用，暮则纳于长吏"④。录事参军还管理州（府、军）的刑狱州（府、军）院，《黄氏日抄》卷五十九载："今之曹官，唐州院也。州院于今为录事参军之居。"⑤根据各府、州司法、财税的繁简程度，不设事参军时，由司户或司法参军等曹官兼领。府、州院不置时，刑狱事务全归司理院处理。录事参军办公厅为录事厅，州（府、军）院往往也在其中。如台州衙署的录事厅在州衙六十步，州院在其中。

（2）司理院

司理院主要掌管讼狱勘鞫。汉魏时有主罪法事的法曹之职；唐代有马步使；北宋初，诸州"有马步院，及子城院，主禁系讯狱"⑥。开宝六年秋（973年），改军巡院为司寇院。宋太宗太平兴国三年（978年），改司寇院为司理院，改司寇参军为司理参军。宋代重视刑狱，一方面是"人命所系"，需由专职属官负责。徒罪以上，知州（府、军、监）才亲自监决；杖罪等较轻之罪，都由属官代为审罚。另一方面是为了狱讼公平，能起到"收辑人心，感召和气"⑦的教化作用，

① 沈作宾，施宿. 嘉泰会稽志·卷1·金厅［M］//宋元方志丛刊（第7册）. 北京：中华书局，1990：6732.

② 徐松. 宋会要辑稿·职官47之1［M］. 北京：中华书局，1957：3418.

③ 脱脱. 宋史·卷167·职官志七［M］. 北京：中华书局，1977：3976.

④ 脱脱. 宋史·卷154·舆服志六［M］. 北京：中华书局，1977：3591.

⑤ 黄震. 黄氏日抄·卷59·书启［M］. 影印文渊阁四库全书本. 上海：上海古籍出版社，1987.

⑥ 高承撰. 李果订. 事物纪原·卷6·司理［M］. 金圆，许沛藻，点校. 北京：中华书局，1989：322.

⑦ 张栻. 张栻集下·南轩先生文集·卷11·潭州重修右司理院记［M］. 邓洪波，点校. 长沙：岳麓书社，2017：591.

因而对治狱之官素质要求较高，宋太祖时诏司寇参军"以新及第九经、五经及选人资序相当者充"①。宋太宗时，司理参军"令于选部中选历任清白、能折狱辨讼者"②。司理参军在司理院负责处理诉讼案件以及收押审讯犯人，"见兴众役，理当弹压，兼防秋急切，若皆似此违犯指挥，不伏驱使，切恐缓急难以使人，某已枷送司理院勘"③。专任刑狱司法的曹官一般不兼任他职，宋太宗端拱元年（988年），诏令"诸道、州、府不得以司理参军兼莅他职"④。但在实际执行中，录事参军兼职情况无法避免。南宋刘克庄在《贵池县高廷坚等诉本州知录催理绢绵出给隔眼事判》中言："录参以治狱为职，不宜使之催科。"⑤而本应由贵池县负责本县的赋税纳捐，却由池州诸该县的录事参军在催科，引起地方百姓诉讼。宋代根据州郡大小或狱事繁剧，有十六个府、州设左、右司理院，并设监狱为左右狱，分列府门内外。如江宁府府门内左右分列两司理院，福州州衙左右两司理院在虎节门外。

（3）司法厅

宋代府（州、军）衙署司法厅是司法参军的办公厅。司法参军奉律令行事，"掌检定法律"⑥，为府（州、军）院和司理院在审理案件时提供相关法律条文检索，并不能决定判案和量刑。"司法参军则奉三尺律令以与太守从事者，得其人则政平讼理，善人劝焉，淫人惧焉。"⑦司法参军涉及"议法断刑"，关乎判案量刑的轻重，与司理参军一样，需要较高的素质，由"注经任及试中刑法人"⑧担任。司法参军下有参与检法、推鞫及记录司法案件相关的院虞候、（州）贴司等胥吏数十名。凡参与该案审讯、议法的诸官吏都要记名于案件的卷宗。"合奏案者，具情款招伏奏闻，法司朱书检坐条例、推司、录问、检法官吏姓名于后。"⑨司法厅多与府（州）院相临。如福州衙署，司法厅与司户厅、府院相临，并在威武军门右侧；鄂州司法厅和司户厅相邻，在衙署东；常州州衙的司法厅与

① 王栐. 燕翼诒谋录·卷1·置司理参军［M］. 北京：中华书局，1981：4.
② 马端临. 文献通考·卷166·刑考五［M］. 北京：中华书局，2011：4977.
③ 程俱. 北山小集·卷37·申御营使司乞先次勒停使臣宋卸状［M］. 北京：人民文学出版社，2018.
④ 李焘. 续资治通鉴长编·卷29·太宗端拱元年正月庚辰. 北京：中华书局，1992：647.
⑤ 刘克庄. 贵池县高廷坚等诉本州知录催理绢绵出给隔眼事判［M］//曾枣庄，刘琳. 全宋文·卷7534（第327册）. 上海：上海辞书出版社，2006：404.
⑥ 徐松. 宋会要辑稿·职官47之12［M］. 北京：中华书局，1957：3424.
⑦ 刘宰. 真州司法厅壁记［M］//唐宋厅壁记集成. 天津：天津古籍出版社，2021：674.
⑧ 脱脱. 宋史·卷167·职官志七［M］. 北京：中华书局，1977：3953.
⑨ 脱脱. 宋史·卷200·刑法志［M］. 北京：中华书局，1977：4992.

司户厅相邻，在衙署东。

（4）司户厅

司户厅是司户参军的办公厅。汉魏时，郡之佐吏有户曹掾，隋唐有户曹参军，主要掌户口、籍账、婚姻、田宅、杂徭、道路之事（在府为曹，在州为司）。梁开平省六曹掾属，留户曹一员，通判六曹。宋朝沿唐制，诸州置司户参军，掌户籍赋税、仓库交纳。元祐令中州从八品，下州从九品。

宋代司户厅主要执掌"户籍赋税、仓库交纳"①，还协助兼管婚姻、田产诉讼等事。《平江府司户厅壁记》卷八载淳祐十年（1250年）平江府郡守郑霖称赞其户曹官日常在管理版籍之余，也助其审理户婚诉讼案件："君虽初筮，其谙究官业如素然，而职掌版籍之外，郡日受户婚之讼，皆赖以决，犁然当乎人心。余恨挽之不可得，情之依依尤甚也。"②嘉定八年（1215年），京西湖北制司言光化军署中僚佐官只有"签判、司理二员"③，政务应付乏力。宋代一些州郡诸曹官设置不足，司户兼司法，还引发过质疑和弹劾。南宋乾道六年（1170年），汪大猷奏言："司户初官，令专主仓库，知录依司理例以狱事为重，不兼他职。"④奏请司户专差主仓库。宋代府（州、军）级衙署的司户厅一般在仪门内外或设厅左右，以方便处理公务、参与狱讼审理。如临安府衙的司户厅在府门外西，与府院、右司理院相临。平江府衙的司户厅在仪门东，与府院、军资库等相临。《台州司户厅壁记》载台州司户厅有屋"三十楹"，上面有扁榜曰"户曹厅"⑤。

（二）县级属官治事厅

宋代县衙长官为知县或者县令，县以下有县丞、主簿、县尉。县丞，北宋天圣四年（1026年）始设；南宋建炎元年（1127年），县非万户不置县丞；嘉定元年，小县不置丞，以主簿兼。县丞作为县令的佐官，协助县令处理一县事务。同时负责催理税赋和受接民讼。县丞理事场所为县丞厅。主簿掌官物出纳、簿书销注，对于簿书的批销必亲书押，不许用手记。其办公场所为主簿

---

① 马端临. 文献通考·卷63·职官十七［M］. 北京：中华书局，2011：1907.
② 钱毅. 吴都文粹续集·卷8·风俗、令节、公廨［M］. 影印文渊阁四库全书本. 上海：上海古籍出版社，1987.
③ 徐松. 宋会要辑稿·职官48之15［M］. 北京：中华书局，1957：3463.
④ 脱脱. 宋史·卷167·职官志七［M］. 北京：中华书局，1977：3953.
⑤ 谢雱. 台州司户厅壁记［M］//唐宋厅壁记集成. 天津：天津古籍出版社，2021：520.

厅。县尉掌"阅习弓手，戢奸禁暴"①，县尉职事场所为县尉厅。北宋初，并不设置县丞，宋太祖开宝三年（970年），诏"诸县千户以上置令、簿、尉；四百户以上置令、尉，令知主簿事；四百户以下置簿、尉，以主簿兼知县事"②。"建隆三年，每县置尉一员，在主簿之下。"到"天圣中因苏耆请，开封两县始各置丞一员，在簿、尉之上，仍于有出身幕职、令录内选充"。元祐元年（1086年）时罢县丞，崇宁二年（1103年）复置。绍兴三年（1133年），以"淮东累经兵火，权罢县丞。……嘉定后，小邑不置丞，以簿兼……咸平四年……川蜀及江南诸县，各增置主簿"③。当县丞不置时，主簿、县尉往往领县丞事。

宋代县治当中，有些县的主簿厅、县尉厅、县丞厅不在县衙中。如福州闽县，主簿厅、县尉厅、县丞厅都离县衙较远。长汀县的县丞厅，在长汀县的西富文坊；主簿厅，旧在长汀县西青紫坊正街，后迁到尉厅之左，其旧地为县仓所在地；县尉厅，在长汀县西。④有些县衙县丞厅、主簿厅、县尉厅规模较大，经数任县丞、主簿、县尉营建，不仅职事厅堂齐备，还建有宴息赏景的亭台、园圃、楼轩等。如常熟县丞厅和主簿厅分列县衙东西：

> 丞厅在县治之东，淳熙初元，丞张孝伯重建厅事。其燕坐曰"涉笔"、曰"笃素"。簿厅在县治之西，与丞厅相对，淳熙间，簿萧迨重修厅事。有燕坐曰"爱莲"、"静晖"、"寄隐"。淳祐辛亥，簿唐世忠复新其堂，榜曰"均政"。⑤

常熟县的县尉厅在县治之北二里，与顺民仓相邻，为绍熙中县尉赵笈夫所创。

> 厅事后小阁曰乐山，向西诸峰屏列几案间，改曰挹翠。后为邻居障蔽，无复曩时之胜，易曰斗室。北有小圃，圃有二亭，曰藏春、曰野趣。岁久埋芜，而尉廨亦颇圮矣。淳祐戊申，尉周介夫葺而新之，厅庑

① 脱脱. 宋史·卷·167·职官志七［M］. 北京：中华书局，1977：3978.
② 脱脱. 宋史·卷167·职官志七［M］. 北京：中华书局，1977：3978.
③ 脱脱. 宋史·卷167·职官志七［M］. 北京：中华书局，1977：3978.
④ 胡太初，赵与沐. 临汀志［M］//解缙. 永乐大典（第4册）·卷7892. 北京：中华书局，1986：3642.
⑤ 孙应时，鲍廉. 琴川志·卷1·叙县［M］//元方志丛刊（第2册）. 北京：中华书局，1990：1158.

堂宇，视昔加壮。厅之西偏轩曰梅隐，后圃临流筑亭曰濯缨①。

福州长乐县，主簿厅初建于县西南隅，其"东为亭曰清心，西为阁曰待月"。县尉厅旧在县市，后迁往县东南隅。其治所内，"前有吟石，大中祥符中，尉陈伯孙所立。有闲亭，熙宁中，尉陈师韩所立。有揽翠轩，又元祐三年立"②。淳熙年间，县尉治所又迁到了县西南。

有些县的主簿、县丞、县尉治所则稍简陋，一方面与不同时期对县丞、主簿、县尉立废有一定的关系，对他们治所兴建有一定的影响。如福州闽清县"以税场为县，近起乾化，草创陋狭"③。福州长溪县，元祐年间增设一县尉，建其官廨在西门外西禅院。另一方面受战争、灾害的影响，一些县虽有县丞厅、主簿厅、县尉厅，但毁坏后来不及修缮。福州永福县，原只有县令、县尉，无县丞，县尉厅在县鼓门内之西。元丰二年（1079年），才有县尉，"始置主厅，即县东隅四十步"④。崇宁时置县丞，拓皷门内之东为县丞厅。建炎三年（1129年）时火灾，沿县以东丞、簿厅皆灾。后经重修后，直到绍兴二十一年（1151年），才补葺盖造完成。县尉治所，于在崇宁三年县尉江信摄县事时重建。

二、治事空间布局与行政轨迹

宋代州县衙署治事空间是对衙署行政组织、职官制度的具象表达，是地方官吏处理日常政务的场域。空间的布局和利用能较为直观地反映地方政务运行轨迹及行政时效。

（一）州县衙署治事空间的布局特征与政务运行

宋代地方州县衙署的治事空间布局有一定的特征，并决定着日常政务运行的

---

① 孙应时，鲍廉. 琴川志·卷1·叙县［M］//宋元方志丛刊（第2册）. 北京：中华书局，1990：1158.

② 梁克家. 淳熙三山志·卷9·公廨类三［M］//宋元方志丛刊（第8册）. 北京：中华书局，1990：7869.

③ 梁克家. 淳熙三山志·卷9·公廨类三［M］//宋元方志丛刊（第8册）. 北京：中华书局，1990：7869.

④ 梁克家. 淳熙三山志·卷9·公廨类三［M］//宋元方志丛刊（第8册）. 北京：中华书局，1990：7869.

轨迹。以下列举临安府、建德府、建康府、临海县、于潜县、新城县、盐官县的官署布局图具体分析。

结合下图及相关文献，可知宋代州县衙署治事空间的布局与政务运行有如下特征。

第一，宋代州县衙署长令的治事之所为设厅，也是举行礼制仪庆典、迎接圣旨等的场所。但也有的衙署设厅空置，以偏厅为正厅的特殊情况。如临安衙署，因南宋乾道七年（1171年）宋光宗为太子时任临安府尹用过此厅，此后临安府尹都将此厅空出，而以设厅以东的东厅为主厅，早晚坐衙处理政务。州县衙署正厅之侧，常建有便厅相连，可供长官小憩，也方便地方州县长官及时处理政务。陈襄在《州县提纲》中就提到州县衙署"宜于公厅之侧，辟一室通内外，听讼于斯，饮食于斯，读书染翰于斯"[1]。胡太初在《昼帘绪论》中也提到县衙公厅之侧往往建有偏厅，"当于公厅之侧幕帘一室，遇暇则据胡床披案牍，不必使吏至前也"[2]。连通公厅的偏室拓宽了公厅空间，使隐私空间和开放空间可以有效切换，也变相延长了守令在公厅处理政务的时间，督促规约守令自觉勤政，以避免政务积压、狱讼雍滞、假手于吏。

第二，宋代州级衙署僚属治事厅多分列于衙署大门内外或东西两侧，彼此相邻。如临安府衙的节度推官厅、观察判官厅列于府门外东，与左司理院、司法厅相临；台州府的判官厅、推官厅与添差通判厅相临，并在衙署东侧；建康府衙西路院落中设有通判西厅、节推厅、知录厅和左司理院，东路院落中是通判东厅、金判厅、察推厅、司户厅等。宋代设左、右司理院的府、州，其左、右司理院与府（州）院都设有监狱，并称"三狱"，以互相协助、监察。为了办公便利，司理参军廨舍就设在司理院，如严州衙署"司理参军廨舍在司理院内，知录参军廨舍在行衙内"[3]。临安衙署"左司理院在府衙之东，司理参军廨舍附。右司理院在府衙之西，司理参军廨舍附"[4]。不过，宋初，一些州级衙署建制不全，一些幕职官廨舍不在衙署内，有些甚至租赁民房或居住在馆驿中。北宋仁宗天圣八年（1030年），因"闻诸处监当京朝官、使臣、幕职州县官，多无廨宇，或借民舍而居，或即拘占馆驿，深为非便。自今量拨系官舍屋，令其居止"[5]。下令为无固定

---

① 陈襄.州县提纲·卷1·情无壅蔽［M］.北京：中华书局，1985：7.
② 胡太初.昼帘绪论·远嫌篇第十五［M］//丛书集成初编本.上海：商务印书馆，1960：23.
③ 陈公亮.淳熙严州图经·卷1·廨舍［M］//宋元方志丛刊（第5册）.北京：中华书局，1990：4289.
④ 周淙.乾道临安志·卷2·廨舍［M］//宋元方志丛刊（第4册）.北京：中华书局，1990：3224.
⑤ 徐松.宋会要辑稿·方域4之12［M］.北京：中华书局，1957：7376.

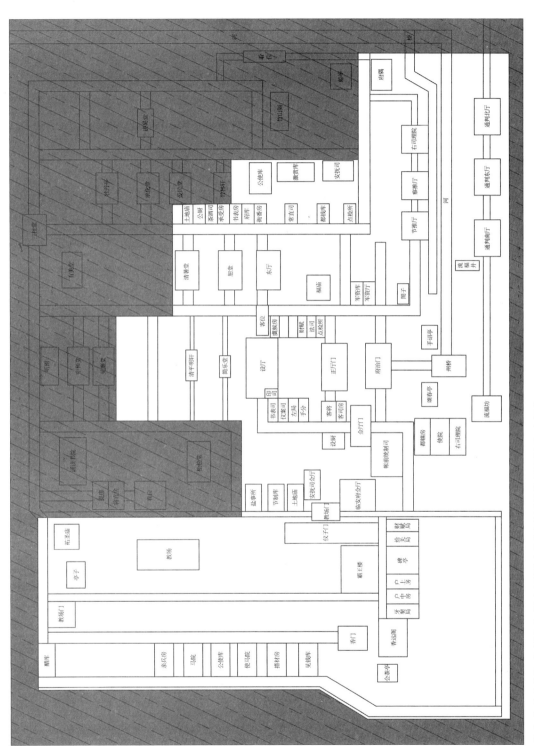

临安府（今浙江杭州）衙署布局图（非阴影部分为临安署治事空间）

参照：潜说友. 咸淳临安志·府治图 [M] //宋元方志丛刊（第4册）. 北京：中华书局，1990：3514. 作者自绘。

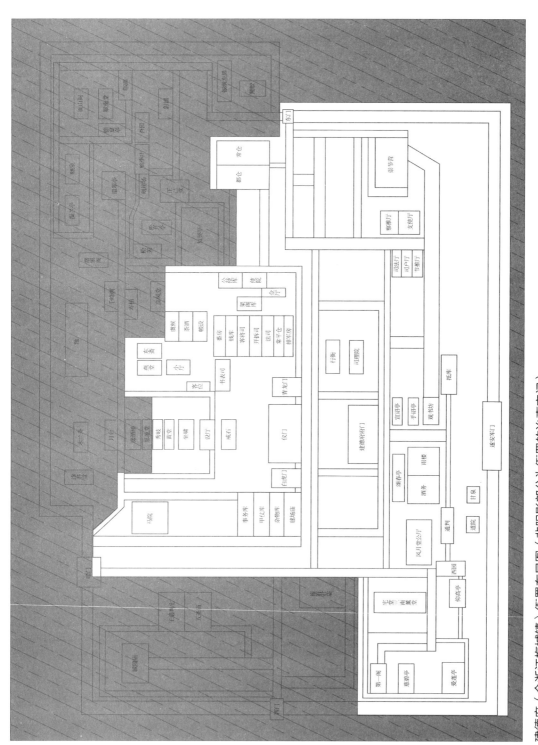

建德府（今浙江梅城镇）衙署布局图（非阴影部分为衙署的治事空间）

参照：陈公亮. 淳熙严州图经·子城图 [M] //宋元方志丛刊（第5册）. 北京：中华书局，1990：4281. 作者自绘。

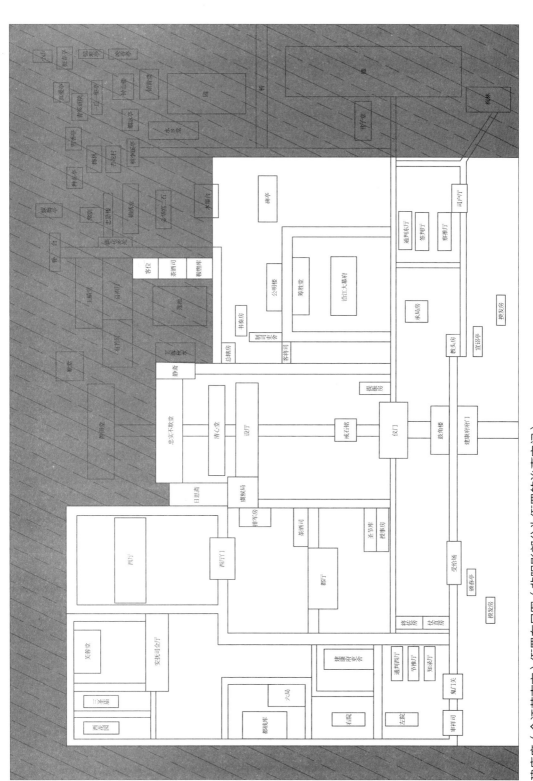

建康府（今江苏南京）衙署布局图（非阴影部分为衙署的治事空间）

参照：周应合．景定建康志·府廨之图 [M] //宋元方志丛刊（第2册）．北京：中华书局，1990：1379．作者自绘。

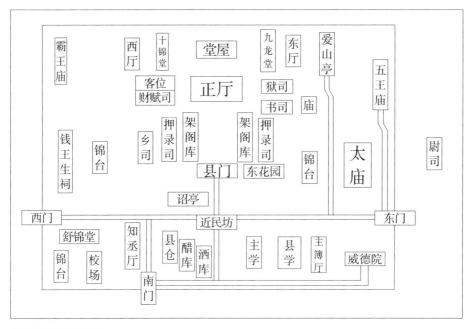

临安县衙署布局图

参照：潜说友. 咸淳临安志·临安县境图［M］//宋元方志丛刊（第4册）. 北京：中华书局，1990：3515. 作者自绘。

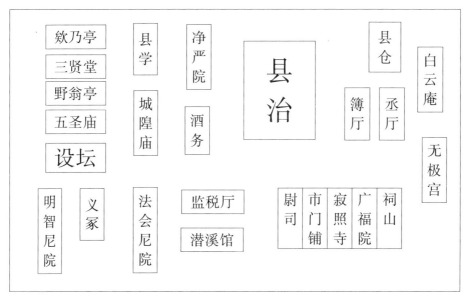

於潜县衙署布局图

参照：潜说友. 咸淳临安志·於潜县境图［M］//宋元方志丛刊（第4册）.北京：中华书局，1990：3516. 作者自绘。

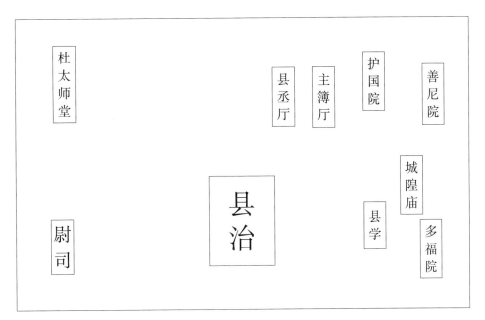

新城县衙署布局图

参照：潜说友. 咸淳临安志·新城县境图［M］//宋元方志丛刊（第4册）. 北京：中华书局，1990：3517. 作者自绘。

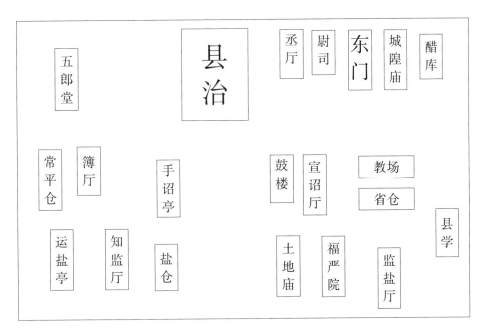

盐官县衙署布局图

参照：潜说友. 咸淳临安志·盐官县境图［M］//宋元方志丛刊（第4册）. 北京：中华书局，1990：3517. 作者自绘。

居所的州县属官建造并分配官舍。台州"自倅贰以下咸有舍，惟兵官、监当官多僦民屋"①，但多与衙署位置相去不远，如周勉仲为蕲州司法参军时，"以驿舍为官廨……其宅后枕郡治之万芝堂"②。

宋代县级衙署的县丞厅、县尉厅、主簿厅一般设于县署大门外两侧，便于协助县令处理一县事务。但诸县的县丞、县尉、主簿废立不定，其廨宇亦有兴废。县狱多设在县衙内西面。如怀安县狱原在县衙东，"以异天下郡邑之式"，政和二年（1112年），吴与为县令时，将监狱"移建于县西"③。福州闽清县因"狱舍在东南隅，远不可察视"④，遂将狱舍迁于内。为了便于监狱管理，遂将其迁入衙署内。宋代县衙内还有回车院，是"县官率先后秩满，移此以俟代者"⑤。

第三，州县衙署中设有各类吏司、吏舍，且数量较多，主要分布于衙署内仪门、设厅及各治事厅附近，便于地方官员差遣和协助处理事务。如常州衙署，进入仪门后，东西两边有"两庑各十余楹，客位在西庑，入辕门而南为吏舍"⑥。鄂州军衙的金厅南有吏舍。常熟县衙设厅东库右侧有吏舍，西库左侧内有吏舍和监狱。华亭县衙的架阁库有东西楼，在两庑间，东庑分列诸吏舍，西庑是诸库分隶。宋代州县衙署吏司、吏舍类别、数量较多，与衙署公吏人数较多及其地方事务参与度高相关。宋代州县行政机构的官员定额有限，有关文书、狱讼、财税、簿籍、仓管等的地方具体事务，虽由相关官员负责处理，但需要大量公吏协助承办。宋代州县衙署吏人较多，有一定的级别和分工，宋初吏人"自都孔目官至粮料、押司官凡十阶，谓之职级；其次曰前行，曰后行，又其次曰贴司；募有产而练于事者为之"⑦，共有数十人至数百人不等。职级的孔目官至押司官十级，是吏人中地位最高者。手分则分为前行、后行及贴司等，级别低于职级，职级、手分、贴司主要负责文书书写及狱讼等事务。此

---

① 陈耆卿.嘉定赤城志·卷5·公廨门二 [M] //宋元方志丛刊（第7册）.北京：中华书局，1990：7316.

② 洪迈.夷坚志·乙志·卷5·周勉仲 [M].北京：中华书局，1981：225.

③ 梁克家.淳熙三山志·卷9·公廨类三 [M] //宋元方志丛刊（第8册）.北京：中华书局，1990：7868.

④ 梁克家.淳熙三山志·卷9·公廨类三 [M] //宋元方志丛刊（第8册）.北京：中华书局，1990：7870.

⑤ 梁克家.淳熙三山志·卷9·公廨类三 [M] //宋元方志丛刊（第8册）.北京：中华书局，1990：7870.

⑥ 史能之.咸淳毗陵志·卷5·官寺一 [M] //宋元方志丛刊（第3册）.北京：中华书局，1990：2996.

⑦ 陈耆卿.嘉定赤城志·卷17·吏役门 [M] //宋元方志丛刊（第7册）.北京：中华书局，1990：7417.

宋代州县衙署建筑空间与社会秩序

100

外，还有协助司理参军、司法参军参与帐状的造修与审核造帐司吏人，负责传达文书的祗候典，隶属于军事推官下负责追催公事的散从官，分属州院、司理院、当直司狱下负责监狱管理的虞候，负责各官厅差遣的杂职，负责仓储事务的拣子、掏子、斗子、秤子、库子等。据《淳熙三山志》记载，南宋时，福州吏员有衙前83人（其中客司53人，通引官10人，押衙10人，10人升职员），人吏100人（职级20人，前行40人，后行40人），贴司50人，造帐司人吏4人，祗候典4人，散从官66人，左右司理院虞候80人，杂职11人，斗子30人，拣子7人，栏头30人等。县级衙署编制有押录、前行、后行、贴司、书手等，吏人正额只有数十人不等，但实际诸县"吏人总数在100至200人之间"[1]。宋代县级衙署吏人主要从事催征财税、抓捕盗贼、文书点检、鞫谳检法、仓库收支管理等诸多事务，甚至还负责"县官日用，则欲其买办灯烛柴薪之属。县官生辰，则欲其置备星香图彩之类"[2]的差遣役使。为了便于地方官员差遣，从事与进状收承、迎来送往、公文书写及狱讼等相关度较高的职级、手分、贴司、院虞候等吏人，其办公场所多紧邻衙署设厅与各治事官厅。诸如开拆司、客将司、手分、法司、书表司、虞候司等，多分列在衙署仪门与设厅间左右。如元祐四年（1089年）六月，苏轼知杭州时，在申请修缮杭州官署时写道"使院屋倒，压伤手分、书手二人"[3]，可见手分、书手负责文书工作，常驻使院以便差使。又如客将司，延续唐后期地方藩镇、诸州的客将设置。是礼仪职司，主要是引见、接引和招待各方面的来人来使，包括朝廷来使、过往官员、文人学子等。但宋代藩镇消失，原客将、客司逐渐萎缩，成为一种职役。但由于来人来使想要见到地方长官都须通过客将介绍安排，客将的推荐也起一定作用，所以客将与地方官的关系较为密切。《朱子语类》卷133载蜀中"有一通判要反，已自与府中都吏客将皆有谋了"[4]。《续资治通鉴》卷183载："追兵以为天祥，擒之。天祥由是得与杜浒、邹㵣等逸去，至循州，散兵颇集。天祥妻子及幕僚、客将皆被执。"[5]

吏人与任期较短的地方官不同，他们长期受地方衙署差遣，熟悉当地人情、法条律文、官府惯例、狱讼流程等，在地方政务尤其是狱讼事务中的参与度很

① 张正印. 宋代狱讼胥吏研究 [M]. 北京：中国政法大学出版社，2012：36.
② 胡太初. 昼帘绪论·御史篇第五 [M] //丛书集成初编本. 上海：商务印书馆，1960：6.
③ 苏轼. 苏轼文集·卷29·乞赐度牒修廨宗状 [M]. 北京：中华书局，1986：843.
④ 朱熹. 朱子语类·卷133·盗贼 [M] //朱子全书（第18册）. 上海：上海古籍出版社，2002：4148.
⑤ 毕沅. 续资治通鉴·卷183·至元十四年八月条 [M]. 北京：中华书局，1957：5005.

高。地方官往往还需仰赖吏人，如朱熹所言："吏人弄得惯熟，却见得高于他，只得委任之。"以至于有"簿书期会一切惟吏胥之听"①。张方平在《江宁府重修府署记》中也指出"矜斯无苛，约斯无扰，期会缓急之谓时，比要详允之谓均，是则在乎吏"②。尤其是一些州县官员忙于官场交往，惮烦鞫谳，将狱讼推与狱吏自行审问，"官司不以狱事为意，每遇重辟名件，一切受成吏手"③，以至于出现"有狱囚不得一见知县之面者"④的情况。更有州县庸官贪图享乐，"终日昏醉，万事不理，惟吏言是用"⑤。可见，吏人虽然政治地位较低，在地方政事中也没有决策权，但其直接参与公文书写、审讯录问、检定法条等具体事务，"在实际公务流程中发挥着不可替代的实质性作用"⑥，对政务的运行产生了或多或少的影响。而由此滋生的蒙蔽上官、弄权腐败、从中渔利等不良现象也颇为常见。如诸府、州开拆司主要负责收发、行移文书及受理民众诉讼案件，"承受诸处投下应干文字，付合行案分行移发放"⑦；"收发诸房生事，并朝旨文字"⑧；"收接词状，及诸处发到文字"⑨等。朱熹《论官》中言："州郡开拆司，管进呈文字，凡四方章奏，皆由之以达，其初亦甚微，只如尚衣、尚食、尚辇、尚药之类，亦缘居中用事，所以权日重。"⑩开拆司吏人、阍人、牌司等，负责审查投讼案件的真实性和可受理性，劝说可撤回的诉讼，以减少诉讼案件。"每遇受讼牒日，拂旦先坐于门，一一取阅之。有挟诈奸欺者，以忠言反复劝晓之曰：'公门不可容易入，所陈既失实，空自贻悔，何益也？'听其言而去者甚众。"⑪虽然诸府、州开拆司职能简单，但负责受理、审查、呈送诉讼、文书等，难免弄权谋利，勒索投状人，使民情不能上达。"门禁稍严，或被劫夺，急投追捕；或困垂命，急欲责词；

① 朱熹. 朱子语类·卷112·论官［M］//朱子全书（第18册）. 上海：上海古籍出版社，2002：3584.

② 张方平. 江宁府重修府署记［M］//曾枣庄，刘琳. 全宋文·卷817（第38册）. 上海：上海辞书出版社，2006：151.

③ 名公书判清明集·卷11·人品门·治推吏不照例禳被［M］. 北京：中华书局，1987：426.

④ 胡太初. 昼帘绪论·治狱篇第七［M］//丛书集成初编本. 上海：商务印书馆，1960：10.

⑤ 名公书判清明集·卷2·官吏门·汰去贪庸之官（吴雨岩）［M］. 北京：中华书局，1987：40.

⑥ 张正印. 宋代狱讼胥吏研究［M］. 北京：中国政法大学出版社，2012：200.

⑦ 徐松. 宋会要辑稿·职官19之13［M］. 北京：中华书局，1957：2817.

⑧ 徐松. 宋会要辑稿·职官36之77［M］. 北京：中华书局，1957：3110.

⑨ 徐松. 宋会要辑稿·职官32之2［M］. 北京：中华书局，1957：3006.

⑩ 朱熹. 朱子语类·卷112·论官［M］//朱子全书（第18册）. 上海：上海古籍出版社，2002：3573.

⑪ 洪迈. 夷坚志·支癸卷1·徐杭何押录［M］. 北京：中华书局，1981：1228.

或被重伤，急欲验视，多阻于阍人，而情不得达。"①包拯知开封府时，取消了牌司坐门，先收状牒，"诉讼不得径庭下"的旧制，"公开正门，径使至前，自言曲直，吏民不敢欺"②，以避免开拆司吏人以权谋利，阻碍案情上达。

第四，州县衙署出于地方军事地位、防御需要等，会在衙署内或不远处设兵营和教场等。如益州衙署"东挟戍兵二营"③；福州衙署内有教场，之南就是威武营，"旧驻泊广勇营之地也。淳熙五年为营，以居衙兵"④；庆元府（明州）的小教场，为吴潜知任庆元府后于开庆元年（1259年）兴建，与府堂、郡圃、武藏甲仗库相临：

> 迁旧圃于府堂后，而取苍云堂之北为小教场。然后自府堂而郡圃，自郡圃而教场，各适其便。教场门不易旧，而取径以达，则大人堂门在径之东，新桃源门在径之西。自大人堂接阅武厅，为屋十三间，以处土卒，而前为廊庑，名类箭所。教场之内，东为阅武厅二间，轩峙其下，后居以室，屏刻《师》卦。西为霸王台，前栖鹘焉。武藏之门实居其南。教场东西相距五十五丈，墙高一丈九尺，视旧观开广明敞矣。时帐前多江淮将校，步骤其中，意若矜壮焉。⑤

吴潜重视教场的修建并鼓励练兵，与南宋后期宋蒙（元）军事紧张、明州海防的重要性相关。

（二）治事厅的废立及迁移

宋代州县衙署治事场所的兴废及迁移，体现了宋代州县官员变动及政务运转的需求。宋代州级衙署中主要是添差通判厅的变动较大，是对添差通判差遣不定的真实写照。

如宋代建康府南京，由于是京府，其通判人员从一员增至三员，通判厅也在

---

① 陈襄. 州县提纲·卷1·情无壅蔽 ［M］. 北京：中华书局，1985：7.

② 包拯. 包拯集校注 ［M］. 合肥：黄山书社，1999：294.

③ 张咏. 张乖崖集·卷8·益州重修公署记 ［M］. 张其凡，整理. 北京：中华书局，2000：79.

④ 梁克家. 淳熙三山志·卷7·公廨类一 ［M］// 宋元方志丛刊（第8册）. 北京：中华书局，1990：7845.

⑤ 梅应发，刘锡. 开庆四明续志·卷6·小教场 ［M］// 宋元方志丛刊（第6册）. 北京：中华书局，1990：5998.

原有东西二厅基础上增加了添差通判厅，为通判南厅。

台州添差通判厅原距衙署正厅较远，不利于僚属谒请、政务处理。后于绍兴十六年（1146年）由通判洪适在旧判官厅的基础上改建，"十数年中，监州始有以员外置者，侨于城之巽隅，距黄堂七百步而嬴，其职业之商搉，僚案之谒请，吏抱簿牒，袂属嚣闉，隘蹊间举，不以为便，乃徙幕僚之舍为今所，居与正员相东西焉"①。

明州于宋宁宗庆元元年（1195年）升为庆元府，添差通判的增减影响了衙署通判厅的设置。《宝庆四明志》载："中兴以来，明州通判多至三员，魏王在镇，以长史、司马易其职。淳熙七年依旧。"②通判东、西厅分列仪门外东西，通判南厅占酒务址。嘉定元年，明州不设添差通判，通判减为两员。原通判南厅所在地又归于酒务，号为通判西厅，而原通判西厅原址是魏王坐镇时以观察推官厅所修建的添差通判厅，不设置添差通判后，添差通判厅也不再存在。而福州"州旧通判一员，厅于威武军门内之西"③。绍兴五年（1135年），增一员通判居旌隐坊北，为通判北厅。绍兴十九年（1149年），通判叶仁以"日趋都厅"不便，请将以故知录司户厅合而为其廨舍。

宋代诸州级幕职官与诸曹官厅也会因设官任职变化而变化，如福州衙署两宋时期的属官治事厅随着府院废立、通判厅增置等发生变迁：

> 威武军门外之东，先府院，次司法，次司户厅。熙宁初，移府院门出威武军门之内。见熙宁图政和间，罢府院，更两司理院为左右狱，而府院南为知录廨舍如故。建炎初，移司法厅府东廊。旧厅之北。曾师建记，建炎元年重立额。寻以府院北为抚干廨舍。与司法厅相对，门亦出府东廊。绍兴十九年，合知录、司户所居为增置通判厅。曾师建绍兴甲寅《增广记》："知录、司户厅并在威武军门外东偏"。于是，知录移寓大中寺，迁易不定。后抚干省员，乃得今所。司户先僦民居，后治威武军门外西偏故如归馆。惟两司理院即其旧，无改作。④

---

① 陈耆卿. 嘉定赤城志·卷5·公廨门二［M］//宋元方志丛刊（第7册）. 北京：中华书局，1990：7323.

② 罗濬. 宝庆四明志·卷3·叙郡下［M］//宋元方志丛刊（第5册）. 北京：中华书局，1990：5026.

③ 梁克家. 淳熙三山志·卷7·公廨类一［M］//宋元方志丛刊（第8册）. 北京：中华书局，1990：7848.

④ 梁克家. 淳熙三山志·卷7·公廨类一［M］//宋元方志丛刊（第8册）. 北京：中华书局，1990：7848.

又如庆元府于南宋隆兴元年（1163年）设沿海制置司，沿海制置司干办公事厅占据了原子城西门外节推厅所在地，于是节推厅移到子城门内东侧，与签判厅相对。

宋代县级衙署中，因县丞、尉、主簿设置不定，其治事厅废立和变迁比较常见。如福州怀安县门内左为主簿厅，右为县尉厅。熙宁中，县尉方叔完迁县尉厅于邑之东，主簿厅迁至县衙之右。崇宁中，又"置丞治于其左"①。长溪（福州长溪）县，原县丞厅在衙署大门内之右，主簿厅在东门之内，县尉厅在东门之外。其后"簿治久废，寓资寿院西庑。尉治则庆历三年再葺也。元祐增置一尉，曰西尉。自始即以西门外西禅院为廨"②。福清县（今福建福清）县衙，北宋熙宁三年（1070年），县令崔宋臣将主簿廨自县右鹫峰路口迁至县门内之东。置县丞后，熙宁五年（1072年），县令胡景道在县衙中门内之右建县丞厅。熙宁七年（1074年），重建尉厅中门外之左。

（三）集合议事空间与行政时效

宋代州县日常政务运转于守令及各属官的治事厅，但政务效率和效能则更多地体现在集合议事公共空间上。宋代州县衙署中主要的集合议事场所是金厅（或作"签厅"），即"幕职官联事合治之地"③。金厅，旧名都厅，北宋徽宗宣和三年（1121年）怀安军奏请将都厅改称为签厅，"签厅之名，所由始也"④。幕职官每日集合于金厅，共同斟酌、参决地方事务，签押公文等，"凡所以镇邦国，施教化，统理所部之具者，悉于是咨画诺焉"⑤。金厅中还受理和判决与户婚、土地相关的一些诉讼案件，如"诉婚田地、诉分析、诉债负、斗打不见血、差役陂塘，已上都厅引押"⑥。《宋史·职官志七》载："监司有干官，州郡有职官，以供

---

① 梁克家. 淳熙三山志·卷9·公廨类三［M］//宋元方志丛刊（第8册）. 北京：中华书局，1990：7868.

② 梁克家. 淳熙三山志·卷9·公廨类三［M］//宋元方志丛刊（第8册）. 北京：中华书局，1990：7868.

③ 沈作宾，施宿. 嘉泰会稽志·卷1·金厅［M］//宋元方志丛刊（第7册）. 北京：中华书局，1990：6732.

④ 费衮撰. 梁谿漫志·卷2·都厅签厅［M］. 上海：上海古籍出版社，1985：21.

⑤ 周应合. 景定建康志·卷25·官守志2［M］//宋元方志丛刊（第2册）. 北京：中华书局，1990：1748.

⑥ 朱熹. 晦庵先生朱文公文集·卷100·约束榜［M］//朱子全书（第25册）. 上海：上海古籍出版社，2002：4632.

金厅之职。"①签判作为幕职之首，负责主持金厅事务。北宋时，金厅设在使院之中，应是为方便幕职官每日集合议事。景德三年（1006年），益州衙署重修后，都厅"在使院六十间之中"②。南宋时，使院不再指幕职官的办公场所，而以金厅代指，朱熹云："使院，今之金厅也。"③虽还有使院之称，但是"唯都吏孔目官所居"。南宋孝宗隆兴年间，福州衙署试图将金厅迁到使院中，"厅复，闢府西廊门"④，但因不便而作罢。金厅作为"政之大小议于是，讼之枉直剖于是"⑤之地，多规模显著、气势宏壮。如景定二年（1261年），建康府新修金厅，花费二十一万七千，旧楮米八百二十五石，呈恢弘华丽之势：

> 厅为间五，堂为间七，航斋设其中，宾序环其列，吏舍翼其旁，总百有四楹。……高其闳阂，敞其轩楯，周阿峻严，列楹齐同，墍涂臒丹，内外华好，可以俯仰，可以谈笑，斯谓高明游息之道具焉者也。⑥

除金厅外，长官厅也是集合议事的场所。朱熹在潭州就任时就要求，"在法，属官自合每日到官长处共理会事，如有不至者，自有罪"⑦。集合议事空间满足了州县官员共同商议审详政务、决断狱讼的需求，既可避免地方长官独断专行，正如朱熹在《州县官牒》中所言："盖以一人之智不能遍周众事，所以建立司存，使相总摄。然事有统纪，虽繁而不乱。……又准淳熙令，诸县丞簿尉并日赴长官厅或都厅签书当日文书。"⑧又能在一定程度上提高州县衙署治事效率及效能。尤其在宋代，民间讼风大炽，州县衙署多以狱讼为治事之繁要，"讼氓满庭

---

① 脱脱．宋史·卷167·职官志七［M］．北京：中华书局，1977：3975.

② 张詠．张乖崖集·卷8·益州重修公署记［M］．张其凡，整理．北京：中华书局，2000：79.

③ 朱熹．朱子语类·卷128·法制［M］//朱子全书（第18册）．上海：上海古籍出版社，2002：4006.

④ 梁克家．淳熙三山志·卷7·公廨类一［M］//宋元方志丛刊（第8册）．北京：中华书局，1990：7854.

⑤ 周应合．景定建康志·卷24·官守志一［M］//宋元方志丛刊（第2册）．北京：中华书局，1990：1709.

⑥ 周应合．景定建康志·卷24·官守志一［M］//宋元方志丛刊（第2册）．北京：中华书局，1990：1709.

⑦ 朱熹．朱子语类·卷106·外任·潭州［M］//朱子全书（第17册）．上海：上海古籍出版社，2002：3472.

⑧ 朱熹．晦庵先生朱文公文集·卷100·州县官牒［M］//朱子全书（第25册）．上海：上海古籍出版社，2002：4615.

闹如市，吏牍围坐高于城"①"文符纷似雨，讼诉进如墙"②是对州县衙署忙于审理诉讼的真实写照。现以宋代州级衙署司法事务运行场所和流程为例，来看集合议事与分厅治事对宋代狱讼决断时效的影响。

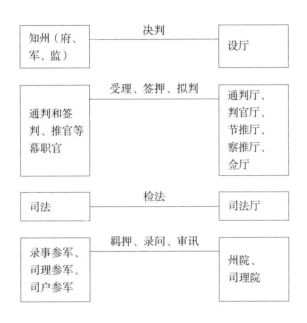

宋代司法审判中采取了特有的鞫谳分司制度，各州府司理参军（鞫司）的审讯侦查权与司法参军检法权（谳司）分离，州级衙署受理诉讼案件后，首先由州（府、军）院和司理院羁押涉案人员，如涉案人员过多，由州（府、军）院和司理院分开管押。然后，鞫司即录事参军和司理参在州院、司理院审问犯人，谳司即司法参军在司法厅负责检出相应的法律条文，供定罪量刑使用。司户参军负责审理户婚田籍等案件。宋真宗咸平五年（1002年）规定，凡是人命要案，必须由知州、通判、幕职诸官共同录问，为"聚录"。大辟罪同案犯在五人以上者，还须差邻州的通判或幕职官再行录问。录问时，当面向案犯陈述罪状，犯人伏法后签字画押。若案犯不服、翻案，又有"移司别推"和"差官别推"。再后，判决完毕，由签判、判官或推官"拟判"，其有一定的司法监察权，可对存疑案件驳回和纠正。幕职官、通判与府州长官依次签押，最后由府州衙署长官定判盖公印结案，死刑案件还须提刑司详覆。"仰诸案呈覆，已得判押，并须以次经由通判职官签押，方得行遣文

① 陆游．剑南诗稿·卷18·秋怀［M］//陆游集（第2册）．北京：中华书局，1976：522.
② 陆游．剑南诗稿·卷18·残年［M］//陆游集（第2册）．北京：中华书局，1976：520.

字。并须先经职官，次诣通判，方得呈知州，取押用印行下。"①

　　当然，以上是地方州级衙署司法审判中分厅治事的理想流程，但实际上，宋代各州属官的设置不完全相同，多依州的级别不同而异，大州设置较多，而边远小州则设置较少，属官设置不足时，还多有互相兼职、职分不明的情况。如嘉定五年，信阳军"止有信阳、罗山两邑，户口无多、狱讼稀少"②，其判官兼任"军院"、录事参军等多职，既勘鞫又自检断，后增设司户参军一员，协助政务处理。淳熙三年，卢州知州李大东言该州"田畴交错、讼牒纷然，曹职官止有四员，节推专签厅，知录、司理掌狱事，日不暇给"。③嘉定元年八月，茂州官署的文史只有司户参军，集仓库、狱讼多职于一身，应对乏力。诸州在属官设置不足、狱讼又积压较多时，诸曹官的审讯与幕职官的拟判区分界限也不再明显，反而将属官聚集在集合议事空间合议断案，才是缓解狱讼壅滞、提高判决效率的行之有效的办法。朱熹在知漳州、南康军时，就是如此：

　　　　每听词状，集属官都来列位于厅上看，有多少均分之，各自判去。到著到时，亦复如此。若是眼前易事，各自处断。若有可疑等事，便留在集众较量断去，无有不当，则狱讼如何会壅？此非独为长官者省事，而属官亦各欲自效。兼是如簿尉等初官，使之决狱听讼得熟，是亦教诲之也。某在漳州，丰宪送下状如雨，初亦为随手断几件。后觉多了，恐被他压倒了，于是措置几只厨子在厅上，分了头项。送下讼来，即与上簿。合索案底，自入一厨；人案已足底，自入一厨。一日集诸同官，各分几件去定夺。只于厅两边设幔位，令逐项叙来历，未后拟判。俟食时，即就郡厨办数味，饮食同坐。食讫，即逐人以所定事较量。④

　　朱熹将诉讼案件收入议事厅，并分类入柜，通过集合属官列位于厅→均分诉讼案件审理→汇总复杂存疑之案→厅内合众拟判的流程方式处理，并提出属官繁忙时可直接在议事厅就餐，餐后继续处理事务。他在为刘珙写的《行状》中，赞其集属官合议决案的益处：

① 朱熹. 晦庵先生朱文公文集·卷100·州县官牒［M］//朱子全书（第25册）. 上海：上海古籍出版社，2002：4614.
② 徐松. 宋会要辑稿·职官48之14［M］. 北京：中华书局，1957：3462.
③ 徐松. 宋会要辑稿·职官48之15［M］. 北京：中华书局，1957：3463.
④ 朱熹. 朱子语类·卷106·外任·漳州［M］//朱子全书（第17册）. 上海：上海古籍出版社，2002：3472.

讼诉有久不决者，取其案牍藏之。旬日，辄召会官属之贤可委者合坐堂上，人付一二事，使平决之。有司供具饮食如法。至暮，白所予夺而退。其大事则公先阅视，默有所处，然后参众说以决焉，以故多得其情，无不厌服。①

朱熹赞同州县守令与属官共同与决公事、参与诉讼审定，这样才可能做到诉讼"不至留滞，民无冤枉"②。

由此可见，分厅治事虽然是宋代州县衙署建筑空间区划功能实现的理想模式，但受属官不足、诉讼繁重等现实问题的影响，集合议事空间不仅利于聚集属官共同商议、均分任务、合众决判，有效提高断案效率，还能在一定程度上避免因个人能力有限或独断专行造成误判、错判。

宋代州县衙署空间的划分与组合对引导和规范政务运转的轨迹有直接的影响，这不仅体现了州县官吏对办公功能的需求，也反映了地方的行政效率。

第二节
仓储空间与物资管理

宋代州县衙署"前堂"区域分布着一些库房，主要用于地方军事器甲类、文书档案类、经费财务类的储藏和管理。

一、甲仗库与军器管理

甲仗库是贮藏兵器的仓库。《旧唐书·五行志》载："（元和）七年，镇州甲仗库一十三间灾，节度使王承宗杀主守，坐死者百余人。"③甲仗库因存放兵器，

---

① 朱熹. 晦庵先生朱文公文集·卷97·行状［M］//朱子全书（第25册）. 上海：上海古籍出版社，2002：4496.

② 朱熹. 晦庵先生朱文公文集·卷100·州县官牒［M］//朱子全书（第25册）. 上海：上海古籍出版社，2002：4615.

③ 刘昫. 旧唐书·卷37·五行志［M］. 北京：中华书局，1975：1367.

于地方军事守备有重要意义，可谓"兵不犀利，与空手同。甲不坚密，与袒裸同"①。甲仗库一般位于衙署比较隐蔽的位置。北宋益州重修公署时，"节堂西通兵甲库，所以示隐固也"②。宋代地方官负责监管甲仗库，实行多人监管制，严格兵器的管理，"诸州甲仗库，知州、通判、提举、都监同主管。独员者，与指使或将校通论。无监官处，轮差指使、将校，又无指使，轮将校宿"③。甲仗库中兵器"不得私借物与人，如违，许人陈告，坐如法"④。定期巡检甲仗库，"专一检视出入，确保兵器不丢失"⑤，甲仗库中的武器因监管不力丢失，则要追究责任，"诸军马甲仗若防城、备城物数辄漏泄，徒二年"⑥。还要防止甲仗库失火，"兵械所藏，做火甚严……自来火烛不许入库"⑦。

虽然宋代对地方甲仗库管理有相应的法令，但各州级衙署甲仗库在实际维护和管理上却存在消极懈怠的问题，甲仗库破败、武器残损的情况屡见不鲜。如北宋仁宗时，河北相州"武备日懈不严，至五兵不设库，散处于厅事之廊庑间，败坏堆积，莫可详阅"⑧。北宋末年，李新曾在《乞诏州郡置架阁军器库搭子》中指出州郡甲仗库疏于管理的状况堪忧，"天下承平日久，州郡军器因循不修治，暑月未尝曝晒，兵刃不加淬砺，衣甲旗帜破碎断裂，少有鲜明者。大率安置不如法"⑨。朱熹知南康军，亦指出当地武库所桩管兵器，因无人照管，天长日久，"皮线烂断，札片锈涩，不堪使用"⑩。《开庆四明续志》载：庆元府（明州）的甲仗库原先置于设厅前二庑之阁，上下视为文具，历三十年无一器一甲之增。兵器残损，鼠穴虫蠹，樊景阳的《甲仗库记》中载，泰州虽负江海之险的防守职责，但甲仗库却长期疏于修缮，"库漏垫湿，阴郁胜润，筋角干羽或至脱剥不

① 黄淮，杨士奇. 历代名臣奏议·卷90·经国（影印本）[M]. 上海：上海古籍出版社，1989：1233.
② 张咏. 张乖崖集·卷8·益州重修公署记 [M]. 张其凡，整理. 北京：中华书局，2000：79.
③ 谢深甫. 庆元条法事类·卷4·职掌·仓库令 [M] // 戴建国，点校. 杨一凡，田涛，主编. 中国珍稀法律典籍续编（第一册）. 哈尔滨：黑龙江出版社，2002：31.
④ 徐松. 宋会要辑稿·食货52之25 [M]. 北京：中华书局，1957：5711.
⑤ 周应合. 景定建康志·卷23·城阙志四 [M] // 宋元方志丛刊（第2册）. 北京：中华书局，1990：1695.
⑥ 谢深甫. 庆元条法事类·卷8·泄露传报·职制敕 [M] // 戴建国，点校. 杨一凡，田涛，主编. 中国珍稀法律典籍续编（第一册）. 哈尔滨：黑龙江出版社，2002：146.
⑦ 徐松. 宋会要辑稿·职官16之11 [M]. 北京：中华书局，1957：2727.
⑧ 韩琦. 安阳集编年笺注·卷21·相州新修园池记 [M]. 李之亮，徐正英，笺注. 成都：巴蜀书社，2000：707.
⑨ 李新. 跨鳌集·卷13·乞诏州郡置架阁军器库札子 [M]. 影印文渊阁四库全书本. 上海：上海古籍出版社，1987.
⑩ 朱熹. 晦庵先生朱文公文集·卷20·与曾左司事目札子 [M] // 朱子全书（第21册）. 上海：上海古籍出版社，2002：897.

宋代州县衙署建筑空间与社会秩序

可用"①。宋代地方衙署甲仗库荒于修缮、监管疏漏是普遍现象。咸平三年（1000年），泰州知州田锡上奏《论举武勇才器奏》，指出甲仗库"在库甲仗少有坚完"②。究其原因，在宋代相对稳定安定的时期和战乱较少的地方，"为守者狃承平之久，恬不知变"③，故疏于考虑武器守备之事。这也与宋代中央集权下，地方长官权力有限、军事力量削弱相关，加之地方官任期较短等，这些情况都不利于营缮和监管甲仗库，这给宋代军事安全埋下了隐患。当然，出于地方守备防御需要，也有一些地方守令重视甲仗库建造和兵器维护。如《宋会要辑稿》载："（淳熙）十六年正月二十六日，枢密院进呈知荆门军王铢奏：'本军创建义勇甲仗库瓦屋五十一间，又创盖厢、禁军寨屋四十一间。'上曰：'王铢如此，亦不可不赏，可特减二年磨勘。'"④荆门军知军王铢，在任期间积极创建甲仗库，还得到褒奖。沿海制置大使判庆元军府事吴潜上任后，度地酒库之北，教场之南，东阻郡圃，西抵子城，建成有楼屋二十四间、大门七间、随廊十间的甲仗库。"并栈之以阁，棂窗疏明，半板半簟，风日迥透而蒸酾不侵。分为六库，库各有目，榜之曰武藏"⑤，并令都作院新造武器。这也与南宋后期宋蒙（元）战争格局变化，沿江、沿淮地区军事防御日益重要相关。宋理宗宝祐四年（1256年）马光祖为沿江制置大使知建康府，在建康府经武桥东"首措置军器库"⑥；第二年，又对军器库修旧增新，并制定更为严密的管理法令。

　　　　所有钥匙，令作一匣盛贮，责付当宿监官取掌，以防缓急。次早，仍纳提点厅。⑦

这与南宋时南京为"国家陪都，襟江带淮，虎视京洛"⑧，是守卫京畿重要防线，

① 樊景阳. 甲仗库记［M］//曾枣庄，刘琳. 全宋文·卷1051（第48册）. 上海：上海辞书出版社，2006：323.
② 李焘. 续资治通鉴长编·卷46·咸平三年三月丁未条［M］. 北京：中华书局，1992：1005.
③ 樊景阳. 甲仗库记［M］//曾枣庄，刘琳. 全宋文·卷1051·第48册. 上海：上海辞书出版社，2006：323.
④ 徐松. 宋会要辑稿·兵6之27［M］. 北京：中华书局，1957：6868.
⑤ 梅应发. 刘锡. 开庆四明续志·卷6·武藏［M］宋元方志丛刊（第6册）. 北京：中华书局，1990：5998.
⑥ 周应合. 景定建康志·卷39·武卫志二［M］//宋元方志丛刊（第2册）. 北京：中华书局，1990：1978.
⑦ 周应合. 景定建康志·卷23·城阙志四［M］//宋元方志丛刊（第2册）. 北京：中华书局，1990：1696.
⑧ 周应合. 景定建康志·卷39·武卫志二［M］//宋元方志丛刊（第2册）. 北京：中华书局，1990：1978.

有着重要军事防御意义相关。

二、军资库与财物管理

军资库主要是贮藏经费的仓库。李锦绣在《唐代财政史稿（下）》中认为军资库最早出现在永泰元年（765年）[①]。在宋代，军资库是"一州税赋民财出纳之所独曰军资库者，盖税赋本以赡军，着其实于一州官吏与帑库者，使知一州以兵为本，咸知所先也"[②]。宋代州（府、军）设一个军资库，与其他库房分列在在衙署大门至设厅左右。如宋代临安府的军资库在府门左；江宁府的军资库在金厅北；庆元府的军资库在设厅东庑后；严州衙署的军资库在仪门外东；台州衙署的军资库在州治西庑[③]，与甲仗库、常平库、帐设库相临；福州衙署的军资库在衙门内东偏[④]，其旁有常平库，西北有转运司上供库；常州军资库谯门内东偏是"军资库，总十七楹"[⑤]。军资库周边还有大军库、常平库、江防库、籴本库、牙兑库、都仓库、折帛库、夏税库、赃物库等九大库房，其中赃物库附军资库。

"凡应州县诸司所入，一金以上尽入军资库收掌。"[⑥]军资库"实收"项包括钱帛、金器、宝货，税租、酒曲、商税、房园诸色课利，欠负、赃罚、户绝、杂纳等正收，及买物、回纳的转收[⑦]。军资库的支出主要包括本地官员每月的俸料、本地驻军请给、过往军人费用、运送官物的纲运费用、诸色人费用、赏赐、还客人钞钱、所卖官物所得等实支，以及杂支、转支、籴买钱、上供、应付别州等费用。军资库的"钱帛帐"中详细注明了前帐见在、新收、支破、应在，及经历人、事因、凭证等，以便于查核验证。军资库的账目由专员负责，定期由监司检查。"诸州岁具管内应纳军资库钱物置都簿，当职官一员专掌，录付本库，遇

① 李锦绣. 唐代财政史稿（下）[M]. 北京：北京大学出版社，1995：1084.
② 王明清. 挥麈后录余话·卷1 [M]. 上海：上海书店，2009：221.
③ 陈耆卿. 嘉定赤城志·卷7·公廨门四 [M] // 宋元方志丛刊（第7册）. 北京：中华书局，1990：7329.
④ 梁克家. 淳熙三山志·卷7·公廨类一 [M] // 宋元方志丛刊（第8册）. 北京：中华书局，1990：7853.
⑤ 史能之. 咸淳毗陵志·卷6·官寺二 [M] // 宋元方志丛刊（第3册）. 北京：中华书局，1990：3001.
⑥ 徐松. 宋会要辑稿·食货52之32 [M]. 北京：中华书局，1957：5715.
⑦ 谢深甫. 庆元条法事类·卷37·给纳·仓库式 [M] // 戴建国，点校. 杨一凡，田涛，主编. 中国珍稀法律典籍续编（第一册）. 哈尔滨：黑龙江出版社，2002：582.

关报勾销，如次欠或出限，即行举催，监司及季点官到，取索点检。"①军资库还收入临时存放的印章、诏敕或物品等。如陆游《老学庵笔记》卷四载："予在严州时，得陆海军节度使印，藏军资库，盖节度使郑翼之所赐印也。"②宋代地方官请辞任命时，表示将已受的敕诰、省扎等先寄纳于军资库。北宋欧阳修《辞免青州第一、二、三札子》中言，所有的诰敕，未敢祗受，都已送军资库寄纳。③王安石《辞知江宁府状》中言："所有敕牒，臣未敢祗受，已送江宁府收管。"④军资库在州一级的财政体系中有重要地位。⑤军资库由录事参军负责日常管理，通判总领。"诸州军资库，差录事参军监，通判提举，文历簿帐同书，仍别置门历，录官物出入。"⑥这与宋代中央集权下，通判监察知州，负责州级财政，以分割知州权力相关。

甲仗库和军资库是地方衙署中较为重要的库房，在兵变、军乱中，甲仗库和军资库亦受到威胁。《续资治通鉴长编》卷146载北宋天圣十年（1032年），张海带领农民起义，攻入金州时，率先劫取军资、甲仗二库⑦。《续资治通鉴长编》卷161载北宋庆历七年（1047年），贝州王则兵变，"从通判董元亨取军资库钥，元亨拒之，杀元亨"⑧。《三朝北盟会编》卷59载："是日军乱，守臣李元孺、通判徐昌言弃城走，军民劫军资库。"⑨

三、公使库与公用钱收拨

公使库是筹募和使用公用钱的机构。宋太祖时始在州军设立公使库，《挥麈

① 谢深甫．庆元条法事类·卷4·职掌·仓库令［M］//戴建国，点校．杨一凡，田涛，主编．中国珍稀法律典籍续编（第一册）．哈尔滨：黑龙江出版社，2002：30.
② 陆游．老学庵笔记·卷4［M］．北京：中华书局，1979：44.
③ 欧阳修．欧阳修全集·卷94．辞免青州第一札子［M］．北京：中华书局，2001：1398.
④ 王安石．临川先生文集［M］．北京：中华书局，1959：425.
⑤ 苗书梅．宋代军资库初探［J］．河南大学学报（社会科学版），1996（6）：30-36．该文对宋代军资库的主要收入来源和支出管理制度进行了论述，认为宋代军资库由通判总辖，知州只是负责定期点检军资库.
⑥ 谢深甫．庆元条法事类·卷37·给纳·仓库令［M］//戴建国，点校．杨一凡，田涛，主编．中国珍稀法律典籍续编（第一册）．哈尔滨：黑龙江出版社，2002：579.
⑦ 李焘．续资治通鉴长编·卷146·庆历四年二月壬寅条［M］．北京：中华书局，1992：3540.
⑧ 李焘．续资治通鉴长编·卷161·庆历七年七月戊戌条［M］．北京：中华书局，1992：3891.
⑨ 徐梦莘．三朝北盟会编·卷59［M］．上海：上海古籍出版社，1987：442.

后录》卷1中云："太祖既废藩镇，命士人典州，天下忻便，于是置公使库。"①宋代地方公使库接待来往官吏，使用的公使钱则由政府直接拨给。李心传《建炎以来朝野杂记》卷17载，公使库是为公使出差提供饮食住行方便的专门机构：

> 公使库者，诸道监帅司与边县州军与戎帅皆有之。盖祖宗时，以前代牧伯皆敛于民，以佐厨传，是以制公使钱以给其费，惧及民也。然正赐钱不多，而著令许收遗利，以此州郡得自恣。若帅宪等司又有抚养备边等库，开抵当卖热药，为所不为，其实以助公使耳。②

公使库钱主要用于接待来往官吏，"国初命诸州置公使库，过客必馆寓下，逮吏卒亦给口券，此古者使食诸侯之义也"③。但由于拨给的公使钱数额有限，远远不够地方州、军衙署花销，原本不敛财于民的宗旨也被打破，州县公使库仍需要募集公用钱来贴补，公使库为募集钱财，广开财源，不惜抵当、卖药、刻书、卖酒等，收入颇多。如台州公使库"每日货卖生酒至一百八十余贯，煮酒亦及此数，一日且以三百贯为率，一月凡九千贯，一年凡收十余万贯"，还有以"馈送亲知、刊印书籍、染造匹帛、制造器皿"④等方式为公使库获利的。常州的醋库获利还要助公使库，"醋库在荐巷，开宝中诏听官酤，熙宁间令抱课息，余助公使库"⑤。

公使库中可以刻板印书赢利，如平江府公使库：

> 嘉祐中，王琪以知制诰守郡，始大修设厅，规模宏壮，假省库钱数千缗，厅既成，漕司不肯除破。时方贵《杜集》，人间苦无全书，琪家藏本雠校素精，即俾公使库镂版，印万本，每部为直千钱，士人争买之。富室或买十许部。既偿省库，羡余以给公厨。⑥

此外，还有苏州公使库刻朱长文《吴郡图经续记》、吉州公使库刻欧阳文

① 王明清．挥麈后录余话·卷1［M］．上海：上海书店出版社，2009：42．
② 李心传．建炎以来朝野杂记·甲集·卷17·公使库［M］．北京：中华书局，2000：395．
③ 史能之．咸淳毗陵志·卷6·官寺二［M］//宋元方志丛刊（第3册）．北京：中华书局，1990：3002．
④ 朱熹．晦庵集·卷18·按唐仲友第三状［M］//朱子全书（第20册）．上海：上海古籍出版社，2010：830．
⑤ 史能之．咸淳毗陵志·卷6·官寺二［M］//宋元方志丛刊（第3册）．北京：中华书局，1990：3002．
⑥ 范成大．吴郡志·卷6·官宇［M］//宋元方志丛刊（第1册）．北京：中华书局，1990：724．

忠《六一居士集》、明州公使库刻《骑省徐公集》、沅州公使库刻孔平仲《续世说》、舒州公使库刻曾忻《大易粹言》、台州公使库刻《颜氏家训》[1]等，共有数百十部经典善本在诸州衙公使库刻板印书。公使库内刻印善本书售出，所获得的利润，不仅能作为公用钱，贴补衙署建筑的维修经费，还能有所盈余，作为府衙的招待费。不过，公使库虽获利多，却也常因管理不善滋生贪腐。如南宋淳熙九年（1182年），时任浙东提举的朱熹弹劾台州知州唐仲友一系列不法事，其中就有他以公使库为名获利用于私用，"违法收私盐税钱，岁计一二万缗入公使库，以资妄用，遂致盐课不登、不免科抑"[2]。

四、架阁库与文书档案管理

宋代州县衙署的文书档案仓库主要是架阁库。架阁库并非自古就有，唐有甲库，是人事档案库。架阁库到宋代才开始设立，"自崇宁间何执中为吏部，始建议置吏部架阁官，其后诸曹皆置"[3]。"架"是木架，"阁"是指放东西的地方，架与阁连在一起，数格多层，便于分门别类存放和检寻。宋仁宗天圣元年（1023年）十一月诏诸州县："凡遇闰年，所供实行版簿，今后更不写造供申。只将空行版簿逐年磨勘，入勾点检，上历架阁，不得散失。"[4]要求地方将版籍档案专门存放到架阁。据王金玉先生考证，宋代地方衙署最早建立架阁库的时间是宋太宗至道元年（995年），在长吏厅堂之侧设置库房木架，收藏两税版籍[5]。宋代州县衙署的文书档案经年累积较多，其架阁库往往不止一个，以方便分别存放簿籍（官籍、文册等）、历年的敕令指挥、文书、案卷等。有些州县的架阁库规模较大，甚至建成楼的形式。如湖州衙署的架阁楼在谯门内、仪门外之东西偏，"凡三十间，上为八库，下为八司"[6]。为便于州县长令及僚属查阅资料、调阅刑案卷宗等，架阁库多建在设厅、金厅、使院、州院附近。严州的架阁库在衙署东，与

① 叶德辉. 书林清话·卷3·宋司库州军郡府县书院刻书［M］. 北京：中华书局，1957：64.
② 朱熹. 晦庵集·卷18·按唐仲友第三状［M］//朱子全书（第20册）. 上海：上海古籍出版社，2010：830.
③ 李心传. 建炎以来系年要录·卷66·绍兴三年六月丙戌条［M］. 上海：上海古籍出版社，1992：853.
④ 徐松. 宋会要辑稿·食货69之17［M］. 北京：中华书局，1957：6338.
⑤ 王金玉. 王金玉档案学论著［M］. 北京：中国档案出版社，2004：237.
⑥ 谈钥. 嘉泰吴兴志·卷8·公廨［M］//宋元方志丛刊（第5册）. 北京：中华书局，1990：4722.

公使库和金厅相邻。汀州衙署仪门"翼以两廊，左廊楼曰'东架阁'，使院门在其下；右廊楼曰'西架阁'，州院在其后"①。福州于北宋元丰年间始创的架阁库在日新堂北、金厅南，另一架阁库在使院东。平江府的架阁库在设厅西廊。临安府的架阁库在府衙之北。严州府的架阁库在州衙大厅东庑楼上。庆元府的架阁库在设厅之东西庑。绍兴府的架阁库在府衙设厅北。临安县衙两座架阁库分列正厅前东西两侧，东面架阁库与狱司、书司、押录司相邻，西面的架阁库与财赋司、乡司、押录司相邻。

宋代重视对文书档案的保存，其中记录了州县政务处理的具体情况和效果，以兹凭证和参考。欧阳修被贬任夷陵（今湖北宜昌）县令时，时常翻阅陈年案卷，叹惜冤案错案为数不少，以此为鉴。

> 方壮年，未厌学，欲求史、汉一观，公私无有也。无以遣日，因取架阁陈年公案，反复观之，见其枉直乖错，不可胜数。以无为有，以枉为直，违法徇情，灭亲害义，无所不有。且夷陵荒远、褊小，尚如此，天下固可知也。②

《庆元条法事类·文书门·架阁》就记载了宋代架阁库内的文书存放规章，"应文书印缝，计张数，封题年月、事目，并簿历之类，冬以年月次序注籍，立号编排（造账文书别库架阁）。仍置籍，遇借，监官立限，批注交受，纳日勾销。按察及季点官点检"③。宋仁宗时转运使周湛首创千丈架阁法，以日月为次第连粘排列保管，此法得朝廷表彰推广。可见，为便于调阅和查阅，还逐渐形成了一整套档案借阅管理办法。地方州级衙署的架阁库，设职官一员管理。县衙架阁库则由"县令丞、簿掌之"④。架阁库具体的文书整理工作则由吏员完成。"架阁文字若自来不至齐整，作知县，牒县重行编排。日轮手分、贴司二名，入库置历，限与号数，逐晚结押。"常州架阁库，"仓库令州以职官，县以丞、簿、尉掌

① 胡太初，赵与沐. 临汀志［M］//解缙. 永乐大典（第4册）·卷7892. 北京：中华书局，1986：3641.
② 洪迈. 容斋随笔·卷4·张浮休书［M］. 孔凡礼，点校. 北京：中华书局，2005：45.
③ 谢深甫. 庆元条法事类·卷17·架阁·文书令［M］//戴建国，点校. 杨一凡，田涛，主编. 中国珍稀法律典籍续编（第一册）. 哈尔滨：黑龙江出版社，2002：357.
④ 谢深甫. 庆元条法事类·卷17·架阁·文书令［M］//戴建国，点校. 杨一凡，田涛，主编. 中国珍稀法律典籍续编（第一册）. 哈尔滨：黑龙江出版社，2002：357.

焉。诸案牍三年一检简，申监司委官覆阅除之"①。李元弼在《作邑自箴》中提到地方官府档案管理标准和相关经验，如及时归档文书、借阅记录须完整、归还须勾销核验、定期检查核验、确定责任归属等。

宋代州县衙署注重对簿书档案的保管，注意修缮和维护架阁库。庆元府的架阁库在"设厅之东西庑，案牍充栋山积，岁久弗葺，淋炙日甚"②。开庆元年（1259年）七月修缮后，"总二十有六间。其择材钜，其用工精，书庋上分、吏舍下列。自今插架整整，图籍之储得其所矣。凡费钱三万一百一一贯三百文，米七十石一斗"③。为防止文书丢失，在特殊情况下，主管官员就近住在架阁库附近，以便日夜监管。南宋淳熙六年（1179年）十一月二十七日，临安府修葺六部架阁库屋，其主管官员居止，令就库侧充换廨舍，使"朝夕便于检校，以防文书失"④。若文书档案管理不善，相关官员要受相应惩处。"辛巳，诏'诸州县案帐、要切文书钞榜等，委官吏上籍收锁，无得货鬻毁弃。仍命转运使察举，违者重置其罪'。时卫州判官王象坐鬻案籍文钞，除名为民，配隶唐州，因著条约"⑤。

一些偏远地区的州郡则对案卷文书档案的管理有所忽略。陆九渊在任荆门知军时给张盐的信中言："簿书捐绝，官府通病，是间僻左，忽略尤甚。公私文书，类难稽考。乡来郡中公案，只寄收军资库中，间尝置架阁库，元无成规，殆为虚设。"⑥荆门虽建置架阁库，但案卷文书却守在军资库中，陆九渊表示整顿簿书为第一要事，"近方令诸案就军资库各检寻本案文字，收附架阁库，随在亡登诸其籍，庶有稽考。若去秋以来，文案全不容漏脱矣"⑦。

宋代州县衙署中建有钱库、杂物库等，且皆有相关条例管理。宋代规定诸州幕职官——录事参军、司理、司户、司法参军兼管诸库，县由县丞、主簿、县尉执掌。诸库都要有登记的账簿，以便核对出入。《建炎以来朝野杂记》乙集卷三载："诸库皆有簿要，多自按视。"⑧"诸案牍三年一检，简申监司委官覆阅，除之其应留

---

① 史能之. 咸淳毗陵志·卷6·官寺二 [M] // 宋元方志丛刊（第3册）. 北京：中华书局，1990：3002.

② 梅应发，刘锡. 开庆四明续志·卷4·架阁库楼 [M] // 宋元方志丛刊（第6册）. 北京：中华书局，1990：5979.

③ 梅应发，刘锡. 开庆四明续志·卷4·架阁库楼 [M] // 宋元方志丛刊（第6册）. 北京：中华书局，1990：5979.

④ 周必大. 文忠集·卷143·乞修架阁库 [M]. 影印文渊阁四库全书本. 上海：上海古籍出版社，1987.

⑤ 李焘. 续资治通鉴长编·卷61·景德二年八月辛巳条 [M]. 北京：中华书局，1992：1357.

⑥ 陆九渊. 与张监二·卷17 [M]. 北京：中华书局，2008：214.

⑦ 陆九渊. 与张监二·卷17 [M]. 北京：中华书局，2008：214.

⑧ 李心传. 建炎以来朝野杂记·乙集卷3·孝宗论士大夫微有西晋风 [M] 北京：中华书局，2000：543.

者，移别库。"①库房中的官物严禁私自借贷，若有违反，则受相关惩处。"诸监临主守，以官物私自贷，若贷人及贷之者，无文记，以盗论；有文记，准盗论。立判案，减二等，即充公廨即用公廨物，若出付市易而出私用者，各减一等坐之。"②

第三节
晓示空间与政情通达

宋代州县衙署作为中央治理地方的管理机构，负责政令下行和民情上达。但在信息传播比较受限的时代，州县衙署谯门（府门）至子城门外的公共空间实际上成了官民信息传达和互通的场域。这里既是地方官府政令宣谕、门示晓示的公开场所，也是地方百姓鸣锣直讼、参与教化的会聚之处。

一、衙门诸亭与政令宣谕

宋代州县衙署谯门两侧分列着颁（班）春亭、宣诏亭、手诏亭、晓示亭等建筑，是地方迎接、宣读、讲谕国家政令的主要场所。

（一）亭的演变与公共开放性

亭在古代有基层行政单位和建筑两类意涵。秦时，县以下有"大率十里一亭，亭有长。十亭一乡"的"乡""亭"设置。亭作为建筑，在早期主要是用于驿传、邮递、观察眺望、悬示诏令等，如汉代的"列亭置邮""亭障""亭隧"、在城旁的"都亭"、在城内的"旗亭"等。汉代即有将诏书书于简册悬挂于亭壁的情形，居延金关出土的永始三年（公元前14年）的诏书简册，就是诏书下达到肩水侯官之后，由肩水侯官下给金关，并要求"明扁悬亭显处，令吏民皆

---

① 史能之. 咸淳毗陵志·卷6·官寺二 [M] //宋元方志丛刊（第3册）. 北京：中华书局，1990：3002.

② 窦仪. 宋刑统·卷6 [M]. 吴翊如，点校. 北京：中华书局，1984：243.

知之"①。晋以后，亭逐渐具有观赏功能，成为园林、山川、溪水中的点景建筑。《说文解字》曰："亭，人所安定也。亭有楼。"②亭立于高台而建，有顶无墙，人在其中视野开阔、一览无余，是极具公共性、开放性和标志性的建筑。在宋代，竖于州县衙署大门外的诸亭显然不是为观光所设，而是承担着政治功能——既作为衙署大门外的公共空间，也是州县官宣读中央政令并教化地方百姓的重要场所。不过，宋代地方各州县衙署大门外所设诸亭名称并不完全一致。如临安府衢州桥两边分列着颁春亭和手诏亭。庆元府（明州）衙署奉国门外之左是宣诏亭，奉国门外之右立有晓示亭和颁春亭。德庆府（康州），其衙署双门其下东西向，有宣诏、颁春之亭。台州仪门前有宣诏亭，手诏亭和颁春亭则分列在仪门外东西庑。常州衙署谯门前左右分列着手诏亭和班春亭。虽然各地所设诸亭规模和数量有差，但政治功能和文化意涵又有相近之处。

（二）诸亭的政治功能及象征

诸亭虽然用于颁布、宣谕国家的政令敕诏，但其政治意涵略有差别。如颁春亭，有重视春令、推崇农政之意，所谓"颁春有亭，以厚农政"③。中国古代社会以农业为立国之本，对农时农事极为看重。先秦有立春籍田礼，其后汉代又有立春时颁春劝农仪式等。《后汉书·崔篆传》载，王莽时，崔篆为新建大尹，到任后"称疾不视事，三年不行县。门下掾倪敞谏，篆乃强起班春"。李贤注曰："班布春令。"汉代太守主持颁春，授民不同时令的农业活动和禁令。宋代国家更为重视地方农政，北宋真宗景德三年（1006年），朝廷令地方官以"劝农使"入衔，从此形成制度。朱熹在《知漳州劝农文》中指出："是以国家务农重谷，凡州县守倅，皆以劝农为职。"④州县官员承担地方劝农的职责并纳入考核，宋神宗时在劝农敕中云："夫农天下之本也，凡为国者莫不务焉。有能兴水利、辟田荒、课农桑、增户口，凡有利农而弗扰者，有司具为赏格，当议旌酬。其或陂池不修，田野不辟，桑枣不植，户口流亡，慢政隳官，亦行降黜"⑤。颁春亭既凸显了国家

---

① 王元军. 汉代书刻文化研究 [M]. 上海：上海书画出版社，2007：78.

② 许慎. 说文解字 [M]. 上海：上海古籍出版社，2007：255.

③ 张布. 台州重建衙楼记 [M] // 林表民，辑. 徐三见，点校. 赤城集·卷3. 北京：中国文史出版社，2007：37.

④ 朱熹. 晦庵先生朱文公文集·卷100·知漳州劝农文 [M] // 朱子全书（第25册）. 上海：上海古籍出版社，2002：4624.

⑤ 欧阳修. 欧阳修全集·卷79·劝农敕 [M]. 李逸安，点校. 北京：中华书局，2001：1127.

对农业的重视，又彰显了州县官员晓示和宣教之责。

手诏亭，用于宣示皇帝手诏指挥，以尊崇赦书德音。古代皇帝的手诏用黄纸书写，代表王言权威。手诏给臣下的私人劝勉、慰谕，没有具体的体例，"陈请事唯宰臣、亲王、枢密使方将手诏、手书。自参知政事、枢密副使以下，既无体例"。但颁布于百姓知晓的手诏指挥等，不仅晓示于手诏亭，还有一定的接收和公示程序：

> 诸被受手诏及宽恤事件若条制，应誊报者，誊讫，当职官校读，仍具颁降、被受月日行下。若有冲改者，录事因、月日，注于旧条。事应民间通知者，所属监司印给，榜要会处，仍每季检举。其手诏及宽恤事件，即榜监司、州县门首。非依（外）界所宜闻，而在缘边者，并密行下。①

地方政府接收、誊录手诏及宽恤事件后，要榜于州县门首或手诏亭。南宋高宗绍兴二十五年（1155年），大理评事巩衍建议："令监司督责守令修葺手诏亭宇，每遇宽恤指挥，专一揭示，使民通知。"②《庆元条法事类》载所榜的皇帝手诏是以黄纸录副本。除了榜示外，有些还将其刻碑立石于府门外，以示长期规劝和教化。如宋高宗颁布的籍田劝农手诏："朕惟兵兴以来，田亩多荒，故不惮卑躬，与民休息。今疆场罢警，流徙复业，朕亲耕籍田，以先黎庶……咨尔中外，当体至怀，故兹诏谕，想宜知悉。"③绍兴十八年（1148年），晁谦之任建康府知府时，将其刻石于府治。

诸亭除了是地方宣谕中央政令的信息中心，也是地方官礼敬朝廷诏令的仪式性空间。《永乐大典》卷13497《制二·迎制》所录《建安续志》记载了宋代地方长官率属官从平政桥迎诏敕至宣诏亭、颁春亭的过程，"制书到，太守率众官具威仪，就平政桥迎迓，回至镇雅桥下轿，率众官步入宣诏、颁春亭募次"④。地方官通过庄重严肃的迎制书仪式彰显对中央皇权的尊崇，也以此晓谕地方百姓尊

---

① 谢深甫. 庆元条法事类·卷16·诏敕条制·职制令［M］//戴建国，点校. 杨一凡，田涛，主编. 中国珍稀法律典籍续编（第一册）. 哈尔滨：黑龙江出版社，2002：335.

② 李心传. 建炎以来系年要录·卷168·绍兴二十五年夏四月丁丑条［M］. 上海：上海古籍出版社，1992：353.

③ 周应合. 景定建康志·卷4·留都录四［M］//宋元方志丛刊（第2册）. 北京：中华书局，1990：1369.

④ 郑庆寰，包伟民. 礼仪空间与地方统治：以宋代地方官出迎诏敕为中心［J］. 浙江社会科学，2012（11）：144-147. 该文考证了《永乐大典》所录的《建安续志》记载的是宋代地方官府迎诏敕的仪式制度。

奉。迎回的敕书诏令在诸亭粉壁榜示于民，为了更好地传达给百姓，地方官还召集百姓当众宣读、讲解。苏颂任知州时，曾上奏言："臣某伏奉四月二日制书，可大赦天下，常赦不原者咸除赦之。臣即时集本州官吏军民宣读告谕，施行讫者。"①或者由诸县令招保正讲谕后，再由保正转达给百姓。"愿公明以告诸邑令佐，使召诸保正，告以法律，谕以祸福，约以必行，使归转以相语。"②通过层层向下传达宣谕中央政令，使"天下晓然皆知吾君之德意"③。

（三）诸亭政教意义的局限性

在古代，交通不便利，信息不发达，中央朝廷与地方百姓之间无论是距离上还是心理上都相隔较远。地方州县衙署大门外诸亭作为地方迎奉、晓示、讲谕国家诏令的公共性、公开性信息空间，不仅是地方传达中央政令、宣谕教化的实际场所，也象征着中央权力辐射地方。方沂在《临海县重修衙门前宣诏亭》中强调了宣诏亭存在的重要性，认为宣诏亭是中央朝廷和地方百姓信息通传的平台：

> 穹梁博礎，丹垩彪炳，于其旁复翼以布象舍数楹。夫乾以震巽鼓万物，皇以诏令鼓万民，诏令肆颁自朝廷，历监司，监司历州，州历县。朝廷去民最远，监司次之，州县则近民之官也，而县最近。故民有休戚利病，县知之最悉，而县长吏或廉或贪，或宽或猛，关民之命脉又最切。宣诏有亭，岂直具文而已……今诏令无岁不下，曰宥罪、曰减租、曰赈困乏，民延颈以俟，如蛰而雷，如热而风，旦暮不可缓，臣奉而行之可缓乎？而况于民最近者乎！④

但诸亭的承宣教化作用的发挥程度，还取决于地方官员的政治素养和能力。如绍兴十七年，巫伋言"近年州县间上下苟且，凡命令之下，视为具文"⑤。地方

① 苏颂. 谢英宗皇帝即位大赦［M］//曾枣庄，刘琳. 全宋文·卷1328（第61册）. 上海：上海辞书出版社，2006：179.
② 苏轼. 苏轼文集·卷49·与朱鄂州书［M］. 北京：中华书局，1986：1417.
③ 洪葳. 故资政殿学士左通议大夫丹阳郡开国公食邑二千二百户食实封一百户致仕赠左光禄大夫张公行状［M］//曾枣庄，刘琳. 全宋文·卷4885（第220册）. 上海：上海辞书出版社，2006：256.
④ 方沂. 临海县重建宣诏亭记［M］//林表民，辑. 徐三见，点校. 赤城集·卷3. 北京：中国文史出版社，2007：42.
⑤ 徐松. 宋会要辑稿·职官48之35［M］. 北京：中华书局，1957：3473.

官员若是行政推诿，流于形式，即使是在亭宇晓示，也只能是一纸空文。王庭珪的《与宣谕刘御史书》载："至今提刑司出榜放，转运司出榜催。两司争为空文，俱挂墙壁。以此罔百姓可也，朝廷可欺乎？至于比年以来，御书宽恤及平反刑狱等诏，则虽墙壁亦未尝挂。顷传大帅压境之始，纷然劳民，造亭宇粉壁，榜其上。"①这种情况下，不仅宣谕空间无法发挥其应有的政教作用，地方百姓对中央政令信息的接收程度也被弱化了，甚至有损地方政府的公信力和感召度。

二、州县门示与司法劝谕

宋代地方州县衙署谯门（府门）作为地方官衙"入口"，也是宋代州县衙署权威的"起点"。宋代州县守令在衙署大门张榜或于门前置物发布政令信息、催缴赋役、司法判决等时，大量人流汇聚于此，进而形成了一个以衙署"大门"为中心的公共信息辐射空间。如南宋景定二年（1261年），马光祖知建康府时，主持纂修《景定建康志》，向当地父老百姓征集有关当地风土、事物、诗文等相关信息，就在府门外置柜子，"并许具述实封投柜，柜置府门，三日一开，类呈其条"②。此外，宋代地方有关催缴赋役、司法判决等的政务信息经常张贴和榜示于州县衙署大门上。如南宋咸淳元年（1165年），江宁、上元两县，"且将今年和买绵、绢，照登承数起催，仍榜市曹并两县门晓谕，仰两县遍榜乡都贴挂，各令通知"③。

衙署的门示或门前晓谕不仅利于州县下达政令，也是教谕百姓的绝佳工具。尤其是州县衙署门示司法案件诉讼信息及判决结果，除了能节约司法资源和提高司法效率，更能达到劝诫教化百姓、引导伦理风俗的目的。"门示者，具众状各书钧判，揭之府门。陈词者就观之。此乃通例。"④清代知县汪辉祖就指出让百姓在衙门听讼，公开审判过程及结果，无疑是教化民众的一个好时机，"大堂则堂以下，伫立而观者，不下数百人，止判一事，而事相类者，为是为非，皆可引申而旁达焉。未讼者可戒，已讼者可息，故挞一人，须反复开导，令晓

① 王庭珪. 与宣谕刘御史书 [M] //曾枣庄，刘琳. 全宋文·卷3406（第158册）. 上海：上海辞书出版社，2006：141.
② 周应合. 景定建康志·卷首 [M] //宋元方志丛刊（第2册）. 北京：中华书局，1990：1330.
③ 周应合. 景定建康志·卷40·田赋志二 [M] //宋元方志丛刊（第2册）. 北京：中华书局，1990：1994.
④ 盛如梓. 庶斋老学丛谈·卷下 [M]. 影印文渊阁四库全书本. 上海：上海古籍出版社，1987.

然于受挞之故，则未受挞者，潜感默化"①。地方衙署处理诉讼案件不仅是为了平息双方当事人的争端，更是想以此对地方百姓起到宣传、儆戒和引导的作用，令其对类似案件的审理结果有所预期和认知，减少争讼。宋代州县衙署"门示"讼案过程及结果，也起到了同样的作用。如《明公书判清明集》所载"背母无状"案门示，此案中，孀妇王氏招接脚夫许文进，许文进用王氏前夫之财营运致富，并与王氏共同抚养其养子许万三长成，王氏又为其娶妻。然许文进死后，许万三及其妻，不仅违背遗嘱、谋求财产，还欺撼王氏。时任江东提刑的蔡杭在判词中云："当职亲睹其无状，心甚恶之，谁无父母，谁无养子，天理人伦，何至于是！……许万三夫妻及财本与王氏同居侍奉，如再咆哮不孝，至王氏不安迹，定将子妇例正其不孝之罪。仍门示。"②蔡杭虽判许文进不孝，但并未对其量刑，而"门示"其罪，不仅是对许文进个人的孝德教育，对当地百姓也起到了寓教于判、教化人伦的作用。

"门示"还可以向妄兴词讼者、唆使词讼者公示惩戒结果，劝诫百姓以息讼为先，起到"以一戒百"之效。如《明公书判清明集》所载"假为弟命继为词欲诬赖其堂弟财物"案门示，案中词主王方亲兄王平，因贫困靠为堂弟王子才掌库为生，王平死后，王方反借此诬赖其堂弟财物，不服县主簿判决又继而诉到州、监司。提举司了解案情后维持县主簿判决："本县主簿所断，已灼见王方父子之肺肝，欲帖县，从主簿所断结绝。……何必挠动官府？亦何必借立嗣名色，而欺骗其弟子才哉？欲并门示王方，仍帖本县。奉提举台判：王方妄讼，紊烦台府，欺骗其弟，自合科罪，且照所拟门示，仍关词状司，再词留呈。"③将判决并揭于府门，公示其罪。地方在处理王方健讼诬告时，曾指出若"鞭朴绳索加之"，王方父子定能很快招供，却仍以理开谕，劝其息讼，但王方父子仍层层上诉、诬告不止。通过"门示"妄讼之人的诬告过程和判决结果，进而将教化的范围扩展到了看"门示"的案外百姓，无异于给地方百姓上了一堂法治公开课，以此劝民减讼、息讼，纠正民间互相告讦的不良风气。正如陈淳在《上傅寺丞论民间利病六条》中指出，民间有奸雄健讼之人，欺凌良善，败坏民风，"张郎中再按赵寺丞故事，榜仪门晓示，词讼又顿少"④。通过"门示"，可以在警诫健讼者的同时，教化引导民风。

---

① 汪辉祖. 学治臆说·亲民听讼 [M]. 徐明，文青，点校. 沈阳：辽宁教育出版社，1998：103.

② 明公书判清明集·卷8·背母无状 [M]. 北京：中华书局，1987：295.

③ 明公书判清明集·卷13·假为弟命继为词欲诬赖其堂弟财物 [M]. 北京：中华书局，1987：515.

④ 陈淳. 北溪大全集·卷47·上傅寺丞论民间利病六条 [M]. 影印文渊阁四库全书本. 上海：上海古籍出版社，1987.

宋代地方州县衙署的"门示"谕民是对寓教于判的司法教谕艺术的体现，也是对州县承宣教化的政治职责的折射。宋代地方州县官员多推崇平息讼争、教化民风。朱熹知漳州时，整顿地方风俗，明确表达"郡守以承流宣化为职，不以簿书财计狱讼为事"①。他曾言："德、礼，则所以出治之本，而德又礼之本也。此其相为终始，虽不可以偏废，然刑政能使民远罪而已，德礼之政，则有以使民日迁善而不自知。"②认为刑法固然能震慑百姓，但只有德礼化民才能从根本上引导百姓向善远罪，才能实现地方治理。真德秀任湖南安抚使、知潭州时，勉谕僚属的《潭州谕同官咨目》中云："听讼之际，尤当以正名分、厚风俗为主。"③因此，宋代地方官在判案时，往往诉诸情理，协调诉讼双方的利益，劝双方息讼，以司法审判服务于行政事务。浙西提点刑狱胡石壁在"母讼其子而终有爱子之心不欲遽断其罪"案中极力调解，其判云："当职承乏于兹，初无善政可以及民，区区此心，惟以厚人伦，美教化为第一义。每遇听讼，于父子之间，则劝以孝慈，于兄弟之间，则劝以爱友，于亲戚、族党、邻里之间，则劝以睦姻任恤。委曲开譬，至再至三，不敢少有一毫忿疾于顽之意。"④在司法实践中，多以儒家人伦道德和情感化解社会纷争，教化民间风习。胡太初《昼帘绪论·听讼篇第六》也提出地方官判案并不是简单地判断是非，应以劝谕为先，"大凡蔽讼，一是必有一非，胜者悦而负者必不乐矣。……若令自据法理断遣而不加晓谕，岂能服负者之心哉？故莫若呼理曲者来前，明加开说，使之自知亏理，宛转求和，或求和不从，彼受曲亦无辞矣"⑤。通过体民之情、晓民之理，加以劝谕，实现"使民远罪"⑥，减少争讼。因此，地方州县衙署通过"门示"晓示民众诉讼案件结果，不仅是为了节约司法资源和提高司法效率，更多的是树立"父母官"的形象，劝谕百姓远罪息讼，教化人伦，引导民风，利于地方社会治理。

① 朱熹. 朱子全书·卷160·漳州（第17册）[M]. 朱杰人，严佐之，刘永翔，主编. 上海：上海古籍出版社，2002：3470.
② 朱熹. 论语集注·为政第二[M]//朱子全书（第6册）. 上海：上海古籍出版社，2002：75.
③ 真德秀. 西山先生真文忠公集·卷40·潭州谕同官咨目[M]//《四部丛刊》影印明正德刊本. 1929：5b.
④ 名公书判清明集·卷10·人伦门[M]. 北京：中华书局，1987：363.
⑤ 胡太初. 昼帘绪论·听讼篇第六[M]. 上海：商务印书馆，1960：9.
⑥ 胡太初. 昼帘绪论·临民篇第二[M]. 上海：商务印书馆，1960：3.

三、登闻鼓、立锣与直讼鸣冤

宋代地方州县大门外设有立鼓、锣等，百姓用其自击直讼或鸣冤，这不仅是地方官民的沟通渠道，也关乎地方治理和社会稳定。早在先秦时期，就出现了"登闻鼓""诽谤之木""肺石"等，用于下民直言上诉、上纳民情民谏。尧时有谏鼓，"尧置敢谏之鼓，即其始也"[①]。舜设置谏鼓、"诽谤之木"等，为了"使天下得尽其言"[②]"使天下得攻其过"[③]，鼓励广开言路，议政治得失。禹时"以五音听治，悬钟鼓磬铎，置鞀，以待四方之士"[④]，通过扩大视听，求贤纳谏。周朝设置路鼓，"建路鼓于大寝之门外，而掌其政。以待达穷者与遽令。闻鼓声，则速逆御仆与御庶子"[⑤]，派遣专门的人员及时处理众人的紧急诉讼。先秦时，民以肺石诉冤情，《周礼·秋官·大司寇》载："以肺石远穷民，凡远近惸独老幼之欲有复于上而其长弗达者，立于肺石，三日，士听其辞，以告于上，而罪其长。"汉郑玄注云："肺石，赤石也。穷民，天民之穷而无告者。"唐贾彦疏云："肺石，赤石也者。"[⑥]肺石，是红色的石头，代表民之赤心。沈括在《梦溪笔谈·器用》中谓肺石形状如人体的肺，并可以击打出大的响声，"长安故宫阙前，有唐肺石尚在。其制如佛寺所击响石而甚大，可长八九尺，形如垂肺"[⑦]。

晋、后魏、隋唐时也都延续了设置"登闻鼓""肺石"等的做法，用于越级直言上诉等：

予按：《世说》晋元帝时，张闿私作都门蚤闭晚开。群小患之。诣州府诉，不得理，挝登闻鼓。又《晋·范坚传》，邵广二子挝登闻鼓乞恩。又《后魏·刑罚志》，世祖阙左悬登闻鼓，人有穷冤则挝鼓，公车上奏其表。又《隋·刑法志》，高祖诏四方有枉屈词讼县不理者，令以次经郡及州省，仍不理，乃诣阙申诉，有所未惬，听挝登闻鼓。是登闻鼓其来已久，非始于唐也。吕不韦《春秋》，尧置欲谏之鼓。《鬻子》禹

① 高承．李果．事物纪原．卷1·登闻鼓［M］．金圆，许沛藻，点校．北京：中华书局，1989：40.
② 吴乘权，等．纲鉴易知录．卷1·五帝纪［M］．施意周，点校．北京：中华书局，1960：23.
③ 管仲．管子校注．卷18·桓公问第五十六［M］．黎翔凤，梁连华，整理．北京：中华书局，2004：1047.
④ 刘安．淮南子·卷十三·氾论训［M］．高诱，注．上海：上海古籍出版社，1989：140.
⑤ 管仲．管子校注．卷18·桓公问第五十六［M］．黎翔凤，梁连华，整理．北京：中华书局，2004：1047.
⑥ 郑玄，贾公彦．周礼注．卷34［M］//十三经注疏．北京：北京大学出版社，1999：907.
⑦ 沈括．梦溪笔谈·卷19·器用［M］．金良年，点校．北京：中华书局，2015：185.

治天下，门悬钟鼓铎磬而置鞀为铭于簨簴曰："教寡人以狱讼者挥鞀。"
二事当为登闻鼓之始。①

唐代，"登闻鼓""肺石"制度进一步发展，黄本骥《历代职官表》载："唐
代于东西朝堂分置肺石及登闻鼓，有冤不能自伸者，立肺石之上，或挝登闻鼓。
立石者左监门卫奏闻，挝鼓者右监门卫奏闻。"②《唐会要》卷62《御史台·杂录》
载武则天垂拱元年（685年）二月，朝堂所置登闻鼓，及肺石，"不须防守；其有
槌鼓、石者，令御史受状为奏"③。

至宋代，朝廷设置了专门的机构登闻鼓院来受理进状，《文献通考》载：

> 古者朝有诽谤之木、敢谏之鼓，所以通治道而来谏者也。宋朝曰鼓
> 司，以内臣掌之，鼓在宣德门南街北廊。……景德四年，诏改为登闻鼓
> 院，掌诸上封而进之，以达万人之情。隶司谏、正言。凡文武臣僚阁门
> 无例通进文字，并先进登闻鼓院进状，未经鼓院者，检院不得收接。④

此时的登闻鼓院主要受理无法按正常渠道递交到皇帝手里的进状，主要有诉
讼、议政、自荐、乞恩等进状，交由登闻鼓机构看详，符合接收条件则上呈皇
帝，不受理的则由理检院接收。《宋史》卷161《职官一》载：

> 掌受文武官及士民章奏表疏。凡言朝政得失、公私利害、军期机
> 密、陈乞恩赏、理雪冤滥，及奇方异术、改换文资、改正过名，无例通
> 进者，先经鼓院进状；或为所抑，则诣检院。并置局于阙门之前。⑤

"登闻"就是指"用下达上而施于朝"⑥的表达和沟通，但用于"登闻"的"器
物"有多种形式，可以是可"敲击"出声的鼓、钟、铎、磬、鞀、簨簴等一系列
乐器，或是可以站立的肺石。通过能发响亮声音的"器物"来上诉，既代表上诉

① 张淏. 云谷杂记［M］. 北京：中华书局，1958：88.
② 黄本骥. 历代职官表［M］. 上海：上海古籍出版社，2005：144.
③ 王溥. 唐会要·卷62·御史台·杂录［M］. 北京：中华书局，1955：1086.
④ 马端临. 文献通考·卷60·职官十四·登闻鼓院［M］. 杭州：浙江古籍出版社，1988：548.
⑤ 脱脱. 宋史·卷161·职官志一［M］. 北京：中华书局，1977：3782.
⑥ 高承，李果. 事物纪原·卷1·登闻鼓［M］. 金圆，许沛藻，点校. 北京：中华书局，1989：40.

者可不受身份地位的限制，同时也能彰显古代统治者所标榜的宽怀仁德。正如《南齐书·明帝纪》所言："上览易遗，下情难达，是以甘棠见美，肺石流咏。"①

宋代对于官民击打"登闻鼓"上诉也较为重视，主要是为了避免下情无法上达，造成矛盾激化，不利于社会稳定。其中有下级监察、揭发上级的申诉。如北宋太平兴国年间，知颍州曹翰"盗用官钱，擅筑烽台，私蓄兵器，擅补牙官，取官租羡利钱五百万，绢百匹"②等事，太宗查证得实后，削夺曹翰官职。也有士庶民众的共同议政诉求。如北宋靖康元年（1126年）二月宋廷向金割地求和，罢免主战派李纲，"太学诸生陈东等及都民数万人伏阙上书，请复用李纲及种师道且言李邦彦等疾纲，恐其成功，罢纲正坠金人之计。会邦彦入朝，众数其罪而骂。吴敏传宣，众不退，遂挝登闻鼓，山呼动地"③，从太学生发展到数万人的请愿暴动。朝廷迫于压力，令李纲复职。还有普通百姓因不满地方政府判决或决策，登闻上诉，此类最多，也最受朝廷关注。如北宋雍熙元年（984年），开封刘寡妇状告其丈夫前妻之子王元吉下毒谋害自己，王元吉被诬陷服罪，王元吉"妻张击登闻鼓称冤，帝召问张，尽得其状。立遣中使捕元推官吏，御史鞫问"④，查实刘氏因有奸情，怕王元吉发现而诬告，宋太宗下令处罚开封府推官及左右军巡使等相关官吏。又如雍熙元年（984年），开封有一李姓女子击登闻鼓，"自言无儿息，身且病，一旦死，家业无所付。诏本府随所欲裁置之。李无它亲，独有父，有司因系之。李又诣登闻，诉父被絷"。宋太宗感叹"此事岂当禁系，辇毂之下，尚或如此。天下至广，安得无枉滥乎？"⑤并亲自受理解决。再如北宋大中祥符九年（1016年）十一月戊申，转运使隐瞒霜旱灾情，"大名府、澶相州民伐登闻鼓诉霜旱"⑥，请求免除租税。宋真宗命令常参官分往查看后，蠲减恤民。

普通民众通过"登闻鼓"越级上诉直达中央，虽可展示民情上达渠道通畅，但从另一个角度来看，却是地方官府错判或无能的结果，有损地方官府权威和公信力，给州县官员造成了一定的压力。因此，宋代士大夫常反对越级上诉，称之为"顽民健讼"。袁说友言："今之民讼，外有州县监司，内有六部台省，各有

---

① 萧子显. 南齐书·卷6·高明帝本纪 [M]. 北京：中华书局，1972：86.
② 徐松. 宋会要辑稿·职官64之2 [M]. 北京：中华书局，1957：3821.
③ 脱脱. 宋史·卷23·宋钦宗本纪 [M]. 北京：中华书局，1977：424.
④ 脱脱. 宋史·卷200·刑法志二 [M]. 北京：中华书局，1977：4986.
⑤ 脱脱. 宋史·卷199·刑法志一 [M]. 北京：中华书局，1977：4969.
⑥ 李焘. 续资治通鉴长编·卷88·真宗大中祥符九年戊申条 [M]. 北京：中华书局，1992：2027.

次第，不可蓦越。而顽民健讼，视官府如儿戏。"①他们认为地方官应尽量将民间诉讼在地方州县辖区内判决，避免误判、错判激发民愤，以致登闻上诉。如胡太初在《昼帘绪论》中提到，县令在面对纷杂的狱讼时，若拖延省讼，会积压壅滞，若日日引词，又"诉牒纷委，必将自困"②。行之有效的经验是做轻重缓急之分，对不紧急的狱讼"分乡定日"处理，调解因一时激忿投讼的民事纠纷，劝其撤讼。而对于杀伤、斗殴、水火、盗贼案件则紧急处理，采用县门外的立锣，"不以早晚，咸得自击锣鸣，令即引问，与之施行。若有事情急迫，合救应者便与救应，合追捕者便与追捕，合验视者便与验视，却不可因循失事，此其当行者二也"③。应及时安排救应、追捕、验视，以及时妥善处理地方狱讼，避免民怨上达登闻。

小结

宋代州县衙署建筑政务空间的分布和划分，是对地方权力运作的具象展示。地方衙署的机构设置、职官制度、公文行移、司法刑狱、仓储管理、政令发布等在空间区划的引导下具象化了权力运作轨迹，也就是将地方政治制度转换为有序的行为规范和规律的话语范式。因此，宋代州县衙署建筑政务空间划分的实际性和精神性功能主要体现在三个层面：一是确保地方行政运行的"治事空间"，通过各职能厅的设置和布局，保证地方行政运行、司法狱讼决断的时效性和权威性。二是规划地方物资管理的"仓储空间"，保障地方军器、财税、档案等的存放和收纳。三是构建地方政令通达的"信息空间"，以衙署"门"前的公共空间为信息平台，向百姓传达中央政令、公布政务、接收进状、公示诉讼结果等，以政教百姓，维护地方治理和稳定。

---

① 袁说友. 东塘集·卷10·体权劄子 [M]. 影印文渊阁四库全书本. 上海：上海古籍出版社，1987.

② 胡太初. 昼帘绪论·听讼篇第六 [M]. 上海：商务印书馆，1960：7.

③ 胡太初. 昼帘绪论·听讼篇第六 [M]. 上海：商务印书馆，1960：8.

第四章

宋代州县衙署建筑的
宴息空间与价值共鸣

宋代以文治天下，士大夫得到了前所未有的重视和政治机遇。王水照先生说："宋代士人的身份有个与唐代不同的特点，大都是集官僚、文士、学者三位于一身的复合型人才，其知识结构一般远比唐人淹博融贯，格局宏大。"①宋代地方州县的官僚，绝大多数都是科举出身的士大夫。他们既有强烈的"仕以行道"理念，对审美志趣又有较高的追求。衙署建筑空间既要满足其公退休沐"备燕居"的需求，又要满足其文化审美和精神价值的需要。本章通过描述宋代州县衙署宴息空间的形态、功能，探讨衙署宴息景观的设计宗旨、审美意趣，再现宴息空间下州县官僚的志趣和情感表达，以及其与地方不同群体之间的活动交流情况。

第一节
宋代州县衙署建筑宴息空间的形态

　　宋代州县衙署虽建制规模有差，但宴息游观建筑景观不可或缺，所谓"天下郡县无远迩大小，位署之外，必有园池台榭观游之所，以通四时之乐"②。"士大夫必有退公息偃之地。"③一些州县衙署甚至打造出亭台楼宇相间、园池台榭掩映，充满自然雅趣的园林景观，并遵循一定的规划理念和审美标准。

一、宋代州县衙署建筑的主要类型

　　李诫在《营造法式》的"总释"中所提及的建筑类型有宫、阙、殿、楼、亭、台榭、城等。欧阳询在《艺文类聚》中将居处建筑分为宫、阙、台、殿、坊、门、楼、橹、观、堂、城、馆、宅舍、庭、坛、室、斋、庐、道路等类别。④宋代州县衙署建筑主要有堂、楼、阁、斋、台、榭、亭、轩、馆等类型。

---

① 王水照. 宋代文学通论 [M]. 开封: 河南大学出版社, 1997: 27.
② 韩琦. 安阳集编年笺注·卷21·定州众春园记 [M]. 李之亮, 徐正英, 笺注. 成都: 巴蜀书社, 2000: 693.
③ 元绛. 台州杂记 [M] //林表民, 辑. 徐三见, 点校. 赤城集·卷1. 北京: 中国文史出版社, 2007: 16.
④ 欧阳询. 艺文类聚·卷62-卷64 [M]. 上海: 上海古籍出版社, 1965: 1111-1156.

如怀安县（今福州淮安）衙署，宋徽宗政和二年（1112年），县令吴与"增创宴息之地为十六所。旧止熙春堂及东斋而已。至是堂曰日休，曰难老，曰秋兴，厅曰海棠；亭曰邃芳，曰钟乐，曰正己；阁曰归云，曰碧芦；轩曰洞隐，曰竹轩楼，曰清辉；斋曰西斋，曰清虚"①。临海县衙内"为堂、为斋、为轩，以备宴休游息之地"②。不同类型的建筑历史沿革及功能虽有所不同，但都兼具实用性和审美性。

1.堂

"堂"是出现大型建筑物之后才有的名称。《说文解字》云："堂，殿也。"其注云："堂之所以称殿者，正谓前有陛，四缘皆高起……古曰堂，汉以后约殿。古上下皆称堂，汉上下皆称殿。至唐以后，人臣无有称殿者矣。"③当隶属于帝王时称为殿，其他人使用时则称为堂。作为对外敞开、具有公共空间功能的建筑，堂以高为贵。《释名》的解释是"堂，高显貌也"④。计成《园冶》云："古者之堂，自半已前，虚之为堂。堂者，当也。谓正当向阳之屋，以取堂堂高显之义。"⑤《南宋临安城考古》中记载了南宋临安府治诵读书院的正堂是建在用黄黏土夯筑而成的台基上，台基的底部以青砖双层错缝平铺砌筑，上面的压栏石皆用灰白色水成岩制作，并判断厅堂的面阔为三间。《礼记·檀弓上》曰："吾见封之若堂者矣。"注："堂形四方而高。"⑥堂与厅有区别，宋代胡寅《斐然集》卷21《新州重修厅记》载：

> 古者临人之所居通曰堂，顾以高庳为上下之等尔。世远俗移，物名更变，其用亦异。于是官居之临人者通曰厅，而燕息之寝，闲旷之屋，乃以堂为名。夫所谓厅者，义取于处是而听也。⑦

可见，"厅"主要用于听事办公，而"堂"则多用于见客、宴请、休憩等。堂与

① 梁克家.淳熙三山志·卷9·公廨类三［M］//宋元方志丛刊（第8册）.北京：中华书局，1990：7868.
② 方沂.临海县重建宣诏亭记［M］//林表民，辑.徐三见，点校.赤城集·卷3.北京：中国文史出版社，2007：42.
③ 许慎.说文解字［M］.上海：上海古籍出版社，2007：686.
④ 刘熙.释名·卷5·释宫室第十七［M］.北京：中华书局，1985：88.
⑤ 计成.园冶注释·卷1·堂［M］.陈植，注释.北京：中国建筑工业出版社，1981：83.
⑥ 郑玄，孔颖达.礼记正义·卷18［M］//十三经注疏.北京：北京大学出版社，1999：239.
⑦ 胡寅.斐然集·卷21·新洲重修厅记［M］.北京：中华书局，1993：456.

堂之间或是组成围合的空间，或是多个堂构成纵向的并列。其中，主要的"堂"位列衙署南北主中轴线上，其他的堂、馆等建筑列于其两侧。平江府后宅内宴息主堂为主轴线上的小堂、宅堂，台州衙署后寝主堂是主轴线上的宅堂和见山堂，君子堂、静镇堂、霞起堂、凝思堂和双岩堂等诸堂则分布于主轴线以东的次轴线上。有些堂之前还有门，构成单独一门一堂的一进院落，在衙署后宅中十分隐蔽。福州衙署忠义堂西有始建于唐代的一个以"甘棠"为名的单独院落，"其南为门，榜曰'甘棠'"①，宋仁宗天圣年间知州陈张重修，北宋神宗熙宁八年（1075年），知州元积中将其更名为春台馆。

2．楼、阁

楼、阁，都是两层或多层的建筑，体量较大，造型丰富，变化多样。楼者，《园冶》载："《说文》云：'重屋曰楼。'《尔雅》云：'陕而修曲为楼。'言窗牖虚开，诸孔悽悽然也。造式，如堂高一层者是也"②。楼建在高台上，多狭曲而修长。其屋顶多使用硬山式或歇山式。阁者，"四阿开四牖。汉有麒麟阁、唐有凌烟阁等，皆是式"③。早期的阁多是底部架空、高悬的建筑，其屋顶多是攒尖形，"阁的外立面中腰处有平座和腰檐，在平座上是本层的外走廊，室内由天花板以上与二层楼板构成暗层。平座和暗层的存在是区分阁与楼的重要特征"④。楼、阁四周多有回廊、栏杆等，供人游憩观景。古代楼阁往往连称，区分并不是很明确。黄阁在《清平阁记》中形容台州衙署内的清平阁是"有阁翚飞，上冠新亭，下临清池，可以观政，可以燕宾，可以赏心而娱情"⑤。临安府衙署"后宅"内建有红梅阁、竹山阁、香远楼、镇海楼等楼阁。平江府衙署"后宅"有齐云楼，原建于唐代，白居易有多首诗咏及。南宋绍兴年间，太守王映重建，"两挟循城，为屋数间，有二小楼翼之。轮奂雄特，不惟甲于二浙，虽蜀之西楼、鄂之南楼、岳阳楼、庾楼，皆在下风"⑥。此楼巍峨雄伟，成为地方一个代表性建筑。

① 梁克家．淳熙三山志·卷7·公廨类一［M］//宋元方志丛刊（第8册）．北京：中华书局，1990：7843．
② 计成．园冶注释·卷1·楼［M］．陈植，注释．北京：中国建筑工业出版社，1981：78．
③ 计成．园冶注释·卷1·阁［M］．陈植，注释．北京：中国建筑工业出版社，1981：87．
④ 嘉禾．中国古典建筑常识问答［M］．北京：新世界出版社，2009：45．
⑤ 黄阁．清平阁记［M］//林表民，辑．徐三见，点校．赤城集·卷11．北京：中国文史出版社，2007：157．
⑥ 范成大．吴郡志·卷3·城郭［M］//宋元方志丛刊（第1册）．北京：中华书局，1990：730．

3．斋

斋，多建在清幽僻静之处，并没有固定的型制，可做燕居、学舍、书屋等，是凝神养气、修身养性的场所。《园冶·斋》中称斋与堂相比，"惟气藏而致敛，有使人肃然斋敬之义"①。胡宿《高斋记》中云："夫斋，戒洁之称，休舍之所。君子根本于道德，极挈于性命，利用于安身，有余于治人，不役志以营已，常虚心以待物。"②宋代地方州县衙署宴息后宅之中也多有斋的身影，多作为地方长令藏书、读书、静思的处所。建康府内青溪、芙蓉池旁，有南宋高宗绍兴初知州叶梦得所建专门藏书的细书斋，后毁于大火。宋理宗景定二年（1261年），知州马光祖重建书斋于钟山楼下，仍以细书斋命名。台州衙署内的集宝斋，是宋英宗治平四年（1067年）知州葛闳建，"集葛玄、司马承祯、柳公权及近世名人翰墨刻其间"③。

4．台、榭

台，《释名》云："台者，持也。言筑土坚高，能自胜持也。"④古代将夯土高墩称作台，将台上的木结构房屋称作榭，榭临水而建为水榭。《营造法式》载："《尔雅》：无室曰榭。又：观四方而高曰台，有木曰榭。"⑤台、榭源于古代登高远眺观赏的风气，用于游息或宴饮。宋代州县衙署建筑中，台、榭非常常见，如临安府衙的百花台、汀州衙署的香远台等。仙游县衙园圃中建有清越台和玉醮台。台、榭之间并无太多区分。如福州衙署内的坐啸台，原是北宋神宗熙宁二年（1069年）知府程师孟所筑的翫月台。宣和五年（1123年），福建提点刑狱公事俞向以建得象亭所剩材料对其增修，并更名月榭。南宋绍兴二年（1132年），知府程迈重修后才改为坐啸台。⑥又如严州衙署"州宅北偏东，跨子城上"⑦的千峰榭是唐代旧有，后损毁。宋仁宗景祐中，范仲淹为严州知州时，在旧基址上重建千峰榭，但方腊之乱后又再次被毁，后人重建后易名为泠风台。南宋高宗绍兴二年

---

① 计成．园冶注释·卷1·斋［M］．陈植，注释．北京：中国建筑工业出版社，1981：83.
② 胡宿．文恭集·卷35·高斋记［M］．影印文渊阁四库全书本．上海：上海古籍出版社，1987.
③ 陈耆卿．嘉定赤城志·卷5·公廨门二［M］//宋元方志丛刊（第7册）．北京：中华书局，1990：7319.
④ 计成．园冶注释·卷1·台［M］．陈植，注释．北京：中国建筑工业出版社，1981：87.
⑤ 李诫．营造法式注释［M］．梁思成，注释．北京：中国建筑工业出版社，1983：28.
⑥ 梁克家．淳熙三山志·卷7·公廨类一［M］//宋元方志丛刊（第8册）．北京：中华书局，1990：7844.
⑦ 郑瑶．景定严州续志·卷1·郡治［M］//宋元方志丛刊（第5册）．北京：中华书局，1990：4356.

（1132年），严州知州潘良贵又将其名改回为千峰榭。[1]有些州县财力雄厚，衙署内台、榭多追求雄伟壮丽。韩琦称相州衙署休逸台"螺榭岌崇营高冈"[2]，文彦博赞洛阳"朱楼华阁府园东……楚台高迥快雄风"[3]。

5. 亭

用于休闲和观赏的亭，为开敞式。亭造型无定式，有三角形、六边形、八边形、圆形、十字形、扇面梅花、方胜、双六角、双八角等。可为单座亭，也可三五座亭组合在一起。亭顶有单层和重檐等。亭依景而建，可以"通泉竹里，按景山颠，或翠筠茂密之阿；苍松蟠郁之麓；或借濠濮之上，入想观鱼；倘支沧浪之中，非歌濯足。亭安有式，基立无凭"[4]。由于亭的规模不大，又是点景的重要建筑，在宋代州县衙署中数量最多，最为常见。如平江府衙建有池光亭、四照亭、秀野亭等，严州衙署建有环翠亭、拟兰亭等，庆元府衙署内建有占春亭、更恭亭、传觞亭、茅亭、熙春亭等，台州衙署内建有瑞莲亭、驻目亭、舒啸亭、解缨亭、参云亭、澄碧亭等，临安府衙内建有望越亭、曲水亭等，福州衙署内建有清虚亭、会稽亭、流觞亭、万象亭、梦蝶亭、枕流亭、临风亭、绮霞亭、春野亭[5]等。

6. 轩

轩是作为游观之用的居所。乐嘉藻在《中国建筑史》中详细说明了轩"为附于堂前后之廊式之物，上为圆脊，中无墙壁，而下有装板之阑者也。此物形式之说明，以《正字通》所载者最为明确：曰'殿堂前檐特起'，是言其屋盖之位置，乃由殿堂之前檐延出，另起一脊也；曰'曲椽无中梁'，是言其屋脊之构造，不用梁而用曲椽也。"[6]计成《园冶》称轩"轩式类车，取轩轩欲举之意，宜置高敞，以助胜则称"[7]。轩的形式多样，也可临水而建。轩在宋代地方州县衙署中很常

① 郑瑶. 景定严州续志·卷1·郡治［M］//宋元方志丛刊（第5册）. 北京：中华书局，1990：4356.

② 韩琦. 安阳集编年笺注·卷15·又次韵和题休逸台［M］. 李之亮，徐正英，笺注. 成都：巴蜀书社，2000：534.

③ 文彦博. 文彦博集校注·卷7·留守相公宠赐雅章召赴东楼真率之会次韵和呈［M］. 申利，校注. 北京：中华书局，2016：359.

④ 计成. 园冶注释·卷1·亭榭基［M］. 陈植，注释. 北京：中国建筑工业出版社，1981：76.

⑤ 梁克家. 淳熙三山志·卷7·公廨类一［M］//宋元方志丛刊（第8册）. 北京：中华书局，1990：7842.

⑥ 乐嘉藻. 中国建筑史［M］. 南昌：江西教育出版社，2018：32.

⑦ 计成. 园冶注释·卷1·轩［M］. 陈植，注释. 北京：中国建筑工业出版社，1981：89.

见，并常以周围景观或美好的寓意命名。如临安府衙的石林轩，原是宋仁宗至和年间（1054—1056年）知府孙沔初建，原号燕思阁，并在阁前立石七株，"苍然奇怪，号七贤石"[①]。宋哲宗元祐年间（1086—1094年），郡守蒲宗孟改为石林轩。台州衙署内建有双瑞轩。

7. 馆

馆可供游览眺望、起居、宴饮之用，构造与厅堂类同，但规模不及。《说文解字》载："馆，客舍也。"《园冶》言："散寄之居，曰'馆'，可以通别居者。今书房亦称'馆'，客舍为'假馆'。"[②]宋代州县衙署建筑中的馆主要是用于休闲赏景，如庆元府衙署内建有涵虚馆，台州衙署内建有熙春馆，华亭县衙内有梅馆等。

二、建筑宴息空间的景观设计和审美

宋代州县守令虽囿于繁杂的公务，但其思想意识和情感世界里又有对自然旖旎风光的憧憬和对风流雅趣生活的向往。州县衙署宴息建筑设计和审美既体现了古代"天人合一"的理念，又折射他们的真实性情。因而，宋代州县衙署宴息建筑空间多呈现集山水、花木、建筑于一体，集诗情、画意、曲韵于一身的园林式设计和视觉效果。

1. 景以境出、因借体宜

宋代州县衙署多依山或临水，这为后宅宴息之处的建筑及景观提供了因地制宜的便利，可通过巧妙适宜的借景和造景，形成精巧得体的佳境。明代计成在《园冶·兴造论》中总结了古代造园的"因""借"艺术：

> 园林巧于"因""借"，精在"体""宜"，愈非匠作可为，亦非主人所能自主者，须得求人，当要节用。"因"者：随基势之高下，体形之端正，碍木删桠，泉流石注，互相借资；宜亭斯亭，宜榭斯榭，不妨偏径，顿置婉转，斯谓"精而合宜"者也。"借"者：园虽别内外，得景

---

① 潜说友. 咸淳临安志·卷52·官寺一［M］//宋元方志丛刊（第4册）. 北京：中华书局，1990：3816.

② 计成. 园冶注释·卷1·馆［M］. 陈植，注释. 北京：中国建筑工业出版社，1981：85.

第四章　宋代州县衙署建筑的宴息空间与价值共鸣

135

则无拘远近，晴峦耸秀，绀宇凌空，极目所至，俗则屏之，嘉则收之，不分町畽，尽为烟景，斯所谓"巧而得体"者也。①

地方州县衙署周围天然的水流溪涧、逶迤的群峰叠嶂、曲折的地势坡坎都可"因""借"，成为宴息之处可赏玩的景观。德清县衙的纵云台依山而建，"县治枕山，山岿然特高……旧有台，下直令舍"②。江宁府衙署金山亭中可见自然山林美景："一境山形天际望，四时风物坐中来。"③盱眙军翠屏堂前视野开阔，山水景色尽收眼底，"前望龟山，下临长淮，高明平旷，一目千里"④。赵湘在《寄兰江鞠评事》中写道"公堂伴语山光入"⑤，司马光《合赵子舆龙州吏隐堂》中云"四望逶迤万叠山"⑥，范纯仁《签判李太博静胜轩二首·其二》中曰："叠嶂互阴晴"⑦，都是描绘在衙署中可感受的优美的山色风光。通过对自然地形或天然山水因地制宜、因景借景，不仅顺应自然、得地之胜、免于雕饰、自得天趣，还可以景以境出、就地取材，凭高筑台、挖低为池，进而"节用""惜费"，事半功倍。如台州知州尤袤在营缮衙署节爱堂及周边景观时，就提到应当结合山川地形，在遵循"昔人之规模"的基础上进行规划修建。

莫不相山川之宜，度面势之便。其所建立如纪纲法度，井井然悉有条理，一定而不可易。后人见其敝而不能复也。始出己意变更之，易其东则西废，撤其左而右病，遂使昔之胜概日就湮没。今予非能有所增创也，大抵无改前规，无废后观，便觉天宇开明，岩壑增秀，林木水鸟，皆有喜色，而后知昔人之规模可因而不可变也。⑧

尤袤对衙署后宅内方池周围的燕豫堂、池东草堂、小阁、清平台等损毁或颓圮的建筑进行了一系列的规划重建。将望月台迁于参棠亭，旧台夷平建乐山堂，

① 计成. 园冶注释·卷1·兴造论 [M]. 陈植, 注释. 北京: 中国建筑工业出版社, 1981: 48.
② 刘一止. 苕溪集·卷22·纵云台记 [M]. 影印文渊阁四库全书本.
③ 周应合. 景定建康志·卷22·城阙志三 [M] //宋元方志丛刊（第2册）. 北京: 中华书局, 1990: 1667.
④ 陆游. 渭南文集·卷20·盱眙军翠屏堂记 [M] //陆游集（第5册）. 北京: 中华书局, 1976: 2166.
⑤ 赵湘. 南阳集·卷3·寄兰江鞠评事 [M]. 影印文渊阁四库全书本.
⑥ 司马光. 司马温公集编年笺注·卷10·合赵子舆吏隐堂2 [M]. 成都: 巴蜀书社, 2009: 223.
⑦ 范纯仁. 范忠宣集·卷2·签判李太博静胜轩二首·其二 [M]. 影印文渊阁四库全书本.
⑧ 陈耆卿. 嘉定赤城志·卷5·公廨门二 [M] //宋元方志丛刊（第7册）. 北京: 中华书局, 1990: 7317.

以避免遮挡，更好地欣赏池光山色。池上的老梅还继续保留，徙池上小阁于池之南，在燕豫堂基址上建节爱堂，节爱堂旁设有挟廊，与乐山堂通。此后节爱堂与附近的清平阁、瑞莲亭、双岩堂、乐山堂等建筑围山池而建，遥相呼应，景色秀美怡人，可谓"仰山俯池，远树近石，环列先后，若相拱揖。烟消日出，层楼飞阁，浮虚跨空，如展图画，如望蓬莱之云气也"①。尤袤将因地制宜规划比作纪纲法度，衙署宴息空间景观的井井有条也映射了地方官所推崇的秩序和法度。

2. 叠山理水、开阔空间

宋代州县衙署宴息空间通过对人工山水进行设置、改造、构建，以堆石叠山、引流理水，使空间开阔又富有无尽的变化。叠山理水是对自然山水的概括、模仿、借鉴，通过传达自然山水的真意和神韵，实现"虽由人作，宛自天开"②，或达到"混假山于真山之中，使人不能辨者，其法莫妙于此"③的境界。人工山水只有移植了自然峰峦、壑谷、溪流、瀑布、湖泊的钟灵之气，才能与自然环境相得益彰，营造天然造化生成的意境。山石是衙署宴息景观的"骨"，不仅可营造咫尺山林的气氛，也可避免整体空间的单调。有些州县衙署，其人工山石模拟真实名山而建，颇具山林之气象。如韩琦在《长安府舍十咏·石林》中夸赞长安府舍假山气势雄伟，甚至不逊于名山钟南山，"楼高慵引望，坐看小终南"④。文同在《兴元府园亭杂咏·桂石堂》中赞园中假山不逊于阳朔山，"常闻阳朔山，万尺从地起。孤峰立庭下，此石无乃似"⑤。有些是在叠石上设计楼亭、水激、花木等，使其富有生机及奇趣之美。如建康府内"叠石成山，上为亭曰一丘一壑"⑥；韩琦在《阅古堂八咏·叠石》中形容定州衙署内假山上附有青苔，"叠叠云根渍古苔，烟峦随指在庭阶"⑦。文同在《寄题杭州通判胡学士官居诗四首·溅玉斋》中描绘了杭州通判官居中假山阻激水流、泠泠鸣响、奔溅飞花的奇趣景观，"山

① 陈耆卿. 嘉定赤城志·卷5·公廨门二 [M] //宋元方志丛刊（第7册）. 北京：中华书局，1990：7317.

② 计成. 园冶注释·卷1·园说 [M]. 陈植，注释. 北京：中国建筑工业出版社，1981：51.

③ 李渔. 闲情偶寄·居室部 [M]. 北京：中华书局，2014：445.

④ 韩琦. 安阳集编年笺注·卷11·长安府舍十咏·石林 [M]. 李之亮，徐正英，笺注. 成都：巴蜀书社，2000：436.

⑤ 文同. 文同全集编年校注·卷15·兴元府园亭杂咏·桂石堂 [M]. 胡问涛，罗琴，校注. 成都：巴蜀书社，1999：460.

⑥ 周应合. 景定建康志·卷24·官守志一 [M] //宋元方志丛刊（第2册）. 北京：中华书局，1990：1711.

⑦ 韩琦. 安阳集编年笺注·卷6·阅古堂八咏·叠石 [M]. 李之亮，徐正英，笺注. 成都：巴蜀书社，2000：249.

上草中多怪石，近取得百余枚。于东斋累一山，激水其间，谓之溅玉斋。石林古木森座隅，激水注射成飞渠。寒音琤然落环珮，爽气飒尔生庭除"①。

水是宋代州县衙署宴息景观的"脉"，通过取"自然"之意，塑造出湖、池、溪、泉、沼等多种形式的水体，并对其包围、分割或装点，营造出层次丰富和主题各异的水景空间。正如文震亨在《长物志·广池》中道："凿池自亩以及顷，愈广愈胜。最广者，中可置台榭之属，或长堤横隔，汀蒲、岸苇杂植其中，一望无际，乃称巨浸。若须华整，以文石为岸，朱栏回绕……最广处可置水阁，必如图画中者佳。"②提出通过人工理水，结合长堤、台榭、文石、芦苇等，开阔空间、丰富景观。宋代州县衙署宴息之处的水体与人工建筑的结合有多种形式，有的是将亭台、小岛直接建在水体之中，如福州衙署府园中有池，池上建有熙熙亭（在政和年间更名为得象亭）。有的是以虹桥、长堤横跨于水面之上，既起交通作用，又有观景功能。如平江府衙内的北池，又名后池，池中为坞，唐代白居易曾植桧于其上。韦应物、白居易还有歌咏。北宋仁宗皇祐年间（1049—1054年），知府蒋堂增葺后池，在池中建危桥。从蒋堂的《和梅挚北池十咏》中可看出北池上还建有虚阁，种有梅花、修竹、奇桧、丛菊，养有驯鹿，可乘画船赏景等。吴潜为庆元府知府时主持"增浚旧池，跨两虹其上，而辟虚堂于中，客请名之，公谓四明洞天为石窗，此堂作新，窗户玲珑四达，遂亲题斯匾"。在四明窗的西南有双桧泉，因营折廊五间。左右二桧，为憩息之所③。或者环水而建，可观水景。如鄂州军衙内"东有堂曰'明清'，前瞰方池，荷香柳影，气象幽胜，后有堂曰'清香'"④。又如嘉祐八年（1063年），福州知州元绛在营建衙署景观建筑时，其中的枕流亭就是瞰水际而建。再如文同在《守居园池杂题·书轩》中描绘了"清泉绕庭除"⑤。有些规模较大的州级衙署，其衙署宴息之处有多处水体，与游廊、堂亭、院落互相穿绕贯通、错落布局、互为景观。如严州衙署后宅围绕荷池、掬泉、酿泉、潇洒园池等水体建有榭、堂、亭、阁、馆等，整体空间和谐又富有层次。

水体可源远流长，可潆洄环抱，亦可曲折婉转，给人以隐约迷离和深邃藏幽之感。以水体为中心布局宴息建筑，既丰富了建筑观景的视野和景致，又借灵动

① 文同. 文同全集编年校注·卷2·溅玉斋［M］. 胡问涛，罗琴，校注. 成都：巴蜀书社，1999：82.
② 文震亨. 长物志［M］. 北京：中华书局，2012：82.
③ 梅应发，刘锡. 开庆四明续志·卷2·郡圃［M］//宋元方志丛刊（第6册）. 北京：中华书局，1990：5942.
④ 佚名.（宝祐）寿昌乘. 军衙［M］//宋元方志丛刊（第8册）. 北京：中华书局，1990：6394.
⑤ 文同. 文同全集编年校注·卷3［M］. 胡问涛，罗琴，校注. 成都：巴蜀书社，1999：125.

的水景抵消了建筑的人工感，令宴息空间更为融合通透，令游息者流连忘返。

3．园圃造景、四时烂漫

园圃也是宋代地方州县衙署之中极易构建自然之美的地方。其规模虽然有限，但可植以各种花草树木营造景观。益州衙署内"疏篁奇树，香草名花，所在有之，不可殚记"①。高邮军衙署郡圃面积数百亩。②衙署园圃花木的柔软，中和了楼阁、亭台等建筑的平直线条；其绚丽的色彩装点了山石、溪水的冷清气氛，使宴息空间生动而活跃。有些是以诸多品类的花木衬托建筑，营造绚烂效果。真德秀为南剑州（福建南平）判官时，军事判官厅有仰高亭，"环其四旁植梅与桂，间以修竹"③。汀州衙署园圃旧时"荒芜弗治，亭榭悉在草莽中"，南宋宝祐六年（1258年），郡守胡太初加以葺饰，"辟径为垣道数十级，跨垣为门三楹，摭旧守陈公晔东山堂'常留绿野春光在'之句，匾其门曰'常春圃'，于是景物悉呈露"。庆元间，郡守陈晔爱面东诸山紫翠插空，在东山堂前凿有方沼，"植水木芙蓉、海棠、梅、桂"④。有些则以单一花木围绕一处建筑，体现聚集之美。台州衙署郡圃内有桃源，"自参云亭后循双岩堂而上，植桃百余"⑤；常熟县衙园圃中"累石为山，竹木阴翳"⑥；台州衙署后山赤城奇观前有梅台，开禧元年（1205年）"钱守文子建，下临巨壑，有梅数十本，⑦西有轩，植双梅于前，为梅林"；庆元府衙署内园圃，旧名"桃源洞"，吴潜任知府时更名为"新桃源"，其中的每处堂、轩、亭等建筑前都有不同主题的花木。

　　　　老香堂，在府堂后。面北，前植百桂，取"山头老桂吹古香"之句

以名。

　　　　苍云堂，直郡圃之北。自老香堂，为步廊数十间，周回而至堂后，

---

① 张詠．张乖崖集·卷8·益州重修公署记［M］．张其凡，整理．北京：中华书局，2000：79.
② 孙应时，鲍廉．琴川志·卷1·叙县［M］//宋元方志丛刊（第2册）．北京：中华书局，1990：1158.
③ 真德秀．西山先生真文忠公集·卷25·西山伟观记［M］//四部丛刊影印明正德刊本．1929：23b.
④ 胡太初，赵与沐．临汀志［M］//解缙．永乐大典（第4册）·卷7892．北京：中华书局，1986：3641.
⑤ 陈耆卿．嘉定赤城志·卷5·公廨门二［M］//宋元方志丛刊（第7册）．北京：中华书局，1990：7319.
⑥ 孙应时，鲍廉．琴川志·卷1·叙县［M］//宋元方志丛刊（第2册）．北京：中华书局，1990：1157.
⑦ 陈耆卿．嘉定赤城志·卷5·公廨门二［M］//宋元方志丛刊（第7册）．北京：中华书局，1990：7319.

为牖，临小教场，前有古桧数本，奇甚。

占春亭，亭因其旧而加敞焉。亭前旧有数梅，大使、丞相（吴潜）增植至百本。

……

翕芳亭，在老香堂之左。亭前植杏，三面植月丹。

清莹亭，在东桥之南。前植以李。清莹，出韩诗。

春华亭，在桧山之东。环植以桃，立秋千其外。

秋思亭，在桧山之西。桄菊、芙蓉相为掩映，与四明窗隔池。[1]

更有甚者，修建亭台巧妙地掩映在花木、池榭中，形成了如同山水画般的景色。如建康府衙署园圃景致：

> 镇青堂，在府廨之东北。其上为钟山楼，其后为青溪道院。木犀亭曰"小山"，菊亭曰"晚香"，牡丹亭曰"锦堆"，芍药亭曰"驻春"，皆在堂之左。叠石成山，上为亭，曰"一丘一壑"。下为金鱼池，亭曰"真爱"。其南为曲水池，亭曰"觞咏"。又其西为杏花村、桃李蹊，亭曰"种春"，竹亭曰"深净"，梅亭曰"雪香"，海棠亭曰"嫁梅"，皆在堂之右。青溪一曲环其前，左有桥通水乡，名"小垂虹"，右有桥通"锦绣堂"，榜曰"藕花多处"，皆郡圃也。[2]

仙游县衙的宴息之所虽规模不大，但花圃（梅圃）内的花草与爱香亭、横琴亭、制美亭及制美亭南的清越台、玉醮台等相映成趣。

亭、台等宴息建筑在繁盛花木、山石池榭、曲折小径之中若隐若现，赋予宴息空间深邃隽永的美感，也增加了景观的可欣赏内容，使人在坐卧之间都能感受到园圃不同之美趣。

宋代园林中还常用植物的生长、开花、结实而致四季景致变化，增添空间的生机和变化。"系统地将植物不同的季相景观收纳于园林空间中，在园林空间融

---

① 梅应发，刘锡．开庆四明续志·卷2·郡圃［M］//宋元方志丛刊（第6册）．北京：中华书局，1990：5941.

② 周应合．景定建康志·卷24·官守志一［M］//宋元方志丛刊（第2册）．北京：中华书局，1990：1711.

入了时间因素。……并流行以植物的不同观赏特征作为庭院空间设计的主题。"①
宋代州县衙署园圃的景观构成中，也多将四时花木与建筑结合，通过植物的季相
变化打造四时之景，丰富园圃的空间和时间构图。如绍定五年（1232年），杭州
知府余天锡将原讲易堂旧址上的武库迁到衙署校场西庑，在其址上重建讲易堂，
并购置土地扩建，对周边山石、花木、池泉景色进行整体规划和设计：

> 多捐缗钱买旁地，地故有废池，水泉冽清，池之外峙小山，石脚插
> 水下，划如天成。乔木数十章，左右环映，扶疏交阴，天籁互答。公出
> 意匠，使浚池疏泉、辇石增山、杂植松桧篁竹、佳葩名花，以益其胜，
> 遂作堂焉。牖户绸缪，宏敞深靓，前为轩乡南，南风之薰，冬日可爱，
> 晨花夕月，春丽秋晖，时至景换，揽把无尽。出檐得支径，蛇行斗折，
> 一亭负山，居然有林壑意。少西为书室三间，亦爽垲明洁，皆堂之附庸
> 也。②

凭借天然山水景致，结合人工疏浚其中的废池，增种松竹、乔木、名花等，呼应
亭轩与书室等，打造出了四时皆宜、富有诗意的园林美景。又如梅尧臣称赞泗州
郡圃的四照亭，周围的长青之竹与季节性花木与之构建了可供欣赏的四时美景，
可谓"面面悬窗夹花药，春英秋蕊冬竹枝"③。

宋代诸多地方官之所以热衷打造衙署宴息居处和景观，与士大夫追求诗情
画意的雅致生活和治平之乐的理想境界相关。首先，他们将营建园池亭榭等休
闲景观与宣上恩德、安治天下，物岁丰成、官民共乐相联系。如邹浩的《东理
堂记》言："上承下抚，政克有闻，于是即其厅事之右，荒芜废圃之中，择地而
构堂焉，以为燕休之所。"④欧阳修的《丰乐亭记》言："又幸其民乐其岁物之丰
成，而喜与予游也。"⑤将营建衙署宴息景观视为地方治理有方、讼息民乐的产
物。朱之纯在《题县斋并序》中云："彭城刘侯元祐庚午来宰云间，下车一日，
先修库序，次立教诫，下至簿书期会各有条理，今未十旬，一境告治，讼庭清明
几致刑措。于是即县斋之东，新其一堂、一亭、一阁。堂曰弦歌，亭曰三山，阁

① 周膺，吴晶. 南宋美学思想研究［M］. 上海：上海古籍出版社，2012：197.
② 潜说友. 咸淳临安志·卷52·官寺一［M］//宋元方志丛刊（第4册）. 北京：中华书局. 1990：3822.
③ 梅尧臣. 梅尧臣集编年校注·卷26·泗洲郡圃四照亭［M］. 上海：上海古籍出版社，2006：852.
④ 邹浩. 道乡集·卷25·东理堂记［M］. 影印文渊阁四库全书本.
⑤ 欧阳修. 欧阳修全集·卷39·丰乐亭记［M］. 北京：中华书局，2001：575.

曰艮阁。"①由此可见，地方官甚至将对游观、宴饮等太平表征的展示视为职责和政绩。正如韩琦在《定州众春园记》中指出地方官员不能"彼专一人之私以自立"，"不有时序观游之所，俾是四民间有一日之适以乐太平之事，而知累圣仁育之深者，守臣之过也"②。州县衙署修建宴息建筑不是为了个人安乐，而是为了象征地方太平之治、与民共乐。其次，古代士大夫认为良好的居住环境可使人精神平稳、心胸宽大，然后事成。"君子必有游息之物，高明之具，使之情宁平夷，常若有余，然后理达而事成。其夫啸咏游憩之地，所以养其清明，而为政之助。"③州县衙署的宴息空间满足了地方官员休沐和休闲的需求，使其精神放松，保持良好的状态，更利于冷静地处理政务。正如黄阁在《清平阁记》中称，衙署宴息的阁亭、池景，使人放松愉悦，"有阁翚飞，上冠新亭，下临清池，可以观政，可以燕宾，可以赏心而娱情。"④最后，宋代州县官员在地方的任期都相对有限，其事迹会随着时间的推移被人遗忘。而建筑的兴建、命名及其中举小的文娱活动，却可随着建筑的留存而留下了印记。正如刘敞在《兖州美章园记》中云：

> 吾问于耆旧老人，其遗风余烈，盖罕传焉。独府舍园池亭榭，得
> 二三公之遗事：李丞相凿池为济川撷芳亭，孔中丞名岳云亭，傅侍郎新
> 柏悦堂，李右司作蒙观绿野三亭。凡此游观，皆爽垲而高明邃深，至今
> 以为美，用是观之，惟诸公曩昔之治，其亦若此，固多惬于人心者矣。
> 夫教令，因民而设施者也；宾僚，与时而聚集者也。⑤

苏舜钦也在《处州照水堂记》中写道："且将以风迹留遗乎后人，景与意并止。"⑥因此，宋代州县衙署宴息空间承载着留名后人并使其仰慕政绩的政治意涵，也是地方官员乐于兴建宴息建筑的原因之一。

① 杨潜.（绍熙）云间志·卷上·廨舍［M］//宋元方志丛刊（第1册）.北京：中华书局，1990：14.
② 韩琦.安阳集编年笺注·卷21·定州众春园记［M］.李之亮，徐正英，笺注.成都：巴蜀书社，2000：695.
③ 孙应时.琴川志·卷1·亭楼［M］//宋元方志丛刊（第2册）.北京：中华书局，1990：1159.
④ 黄阁.清平阁记［M］//林表民，辑.徐三见，点校.赤城集·卷11.北京：中国文史出版社，2007：157.
⑤ 刘敞.彭城集·卷32·兖州美章园记［M］.影印文渊阁四库全书本.上海：上海古籍出版社，1987.
⑥ 苏舜钦.苏舜钦集·卷13·处州照水堂记［M］.沈文倬，校点.上海：上海古籍出版社，1981：161.

休沐空间与地方官心志表达

地方衙署既是地方官表达和执行国家意志的场所，也是其公退休沐的居所。衙署宴息建筑在满足地方官员休闲需求的同时，也镌刻了他们的生活印记，折射了他们所处的时代意识、精神追求和文化思想。正如《云间志·亭馆》中所云："古者君子必有游息之所，舒广其视瞻，清宁其心志，非以为观美也。"①地方官将修身养性、陶冶情操的精神追求寄托在对衙署休沐空间氛围营造和情感传达上，以此述志抒怀、调节心志。

一、反映了宋代地方官推崇的理想人格

中国古代从中央到地方的金字塔形的行政范式，赋予了地方官政治职责和使命，他们的道德品行对地方治理和稳定有直接的影响。宋代士大夫群体多有"以天下为己任"的主体认知，推崇对理想人格的追求和塑造。如范仲淹的"先天下之忧而忧，后天下之乐而乐"②，及张载的"为天地立心，为生民立命，为往圣继绝学，为万世开太平"③，就是萦绕士子心中的道义准则。这使得他们在地方为官时，也时常强调规范道德品行，认为正心、修身是成为良官的前提和根本，常以存心斋、不欺斋、求诲堂、尽心堂等命名斋、堂，提醒自身，并引发其他官吏的共鸣，起到教化作用。

如常州衙署中的立斋是南宋咸淳二年（1266年）由知州家铉翁所建，命名取自《易经·恒卦》："雷风，恒；君子以立不易方"④。以恒卦上的雷和风相须相与恒久不易，来表达君子立于世间，坚守正道，持之以恒。福清县令杨汝南在衙署建不欺斋，取子产治郑时，民不能欺、民不忍欺、民不敢欺的"三不欺"典故而

---

① 杨潜撰.（绍熙）云间志·卷上·廨舍［M］//宋元方志丛刊（第1册）. 北京：中华书局，1990：14.

② 范仲淹. 范仲淹集［M］. 李勇先，等，点校. 北京：中华书局，2020：164.

③ 张载. 近思录拾遗［M］//张载集. 北京：中华书局，1978：376.

④ 史能之. 咸淳毗陵志·卷5·官寺一［M］//宋元方志丛刊（第3册）. 北京：中华书局，1990：2996.

名，以表达"不欺于心，求在我而已"①，将不欺本心的内在品格视为做良官的前提和根本。长乐县令萧竑建求诲堂，其寓意：

> 夫治人者，心虽无愧，而事有未察；行虽无失，而人或见欺，不能师古训以广其智，资诸人以裨其不逮，则毫厘之差，有莫大之谬，又况自贤以求胜人者乎！以予之愚，于修身未能有得，而又辱一邑之寄，恐惧修省，安敢怠遑？凡退息是堂，庶几阅图籍以探圣贤之意，接察友宾客之论以益见闻。至于匹夫匹妇辨讼之际，其言或中于理而可申，与夫悖于理而可戒，以退息之静，皆得以谨思而审求之，以为愚者之诲。②

华亭县的尽心堂，是"取吾夫子所谓'刑者，侀也。侀者，成也。一成而不可变，故君子尽心焉'之意"③。怀安县衙署建有正己亭，体现了地方长官对为官身正的警醒和要求，"凡欲治人先须正己"④，只有自身正才能更好地约束规范下属，清风正气。"吏之贪不可不惩，吏之玩不可不治。夫吏之贪顽，固可惩治矣，然必先反诸己，以率吏。"⑤

宋代地方官员以"尽心""正己"为意涵命名宴息建筑，既传达了为官要兢兢业业、奉公克己的政治理念，也时刻提醒自己乃至鞭策下属官吏恪尽职守。

二、折射了儒家的德政理念

儒家以"仁""勤""廉"为基点，所构建的治平之世的德政理念在宋代地方衙署建筑的宴息空间中也有所折射。

---

① 梁克家．淳熙三山志·卷9·公廨类三［M］//宋元方志丛刊（第8册）．北京：中华书局，1990：7869．

② 梁克家．淳熙三山志·卷9·公廨类三［M］//宋元方志丛刊（第8册）．北京：中华书局，1990：7868．

③ 杨潜撰．（绍熙）云间志·卷上·廨舍［M］//宋元方志丛刊（第1册）．北京：中华书局，1990：14．

④ 李元弼．作邑自箴·卷1·正己［M］//宋代官箴书五种．北京：中华书局，2019：7．

⑤ 陈襄．州县提纲·卷1·责吏须自反［M］．北京：中华书局，1985：5．

1. 仁政爱民

儒家的"仁政"主张是由孔孟的"仁学"思想引申和发展而来的，其核心是以民为本、宽厚待民，以争取民心的政治方略。《孟子·离娄上》："尧舜之道，不以仁政，不能平治天下。"①《左传·哀公元年》中也有"国之兴也，视民如伤，是其福也"②。宋代士大夫受儒家思想的洗礼，极为推崇仁政爱民的政治理念，强调"天下之务莫大于恤民"③。因此，宋代地方衙署建筑命名中常见爱民恤民之语。如景定二年（1261年），上元县知县杨应善修建存爱堂，并改为存心堂。此命名取自于程颢爱民之语，程颢为县令时常在坐处书"视民如伤"四字，"其言爱物济人，谓一命之士皆当以此存心"④，表示了对程颢为官以仁的认同和赞颂。周师道历任钦、万、宾三地太守，他退居之堂都以"爱民"命名，"且书而揭之坐右，朝夕省观焉以自警，故其所至称治"⑤。台州衙署的乐山堂是知州尤袤取"仁者乐山"之意为名，"所以名乐山，欲企仁者寿"⑥。

2. 勤政为要

中国古代以勤政为官德之本，勤政与否是衡量为官是否恪尽职守的价值标尺。孔子曰"居之无倦，行之以忠"⑦，就是指为政以勤，不能疲倦懈怠。宋代真德秀言"命吏，所受者朝廷之爵位，所享者下民之脂膏。一或不勤则职业堕弛，岂不上孤朝寄，而下负民望乎？"⑧指官吏上承君王所托，下由百姓供养，只有勤于政务，才对得起衣食俸禄。胡太初在《昼帘绪论》中提出："莅官之要，曰廉与勤。……故其要莫若清心，心清则鸡鸣听政，所谓一日之事在寅也。家务尽屏，所谓公而忘私也。勿以酒色自困，勿以荒乐自戕也。"指出勤政才能"今日有某事当决，某牒当报，财赋某色当办，禁系其人当释，时时察之，汲汲行

① 赵岐，孙奭. 孟子注疏·卷7·丽娄上［M］. 上海：上海古籍出版社，1990：124.
② 杜预，孔颖达. 春秋左传正义·卷57［M］//十三经注疏. 北京：北京大学出版社，1999：1613.
③ 脱脱. 宋史·卷429·朱熹传［M］. 北京：中华书局，1977：12753.
④ 周应合. 景定建康志·卷21·城阙志二［M］//宋元方志丛刊（第2册）. 北京：中华书局，1990：1654.
⑤ 吴徽. 爱民堂记［M］//曾枣庄，刘琳. 全宋文·卷4968（第224册）. 上海：上海辞书出版社，2006：124.
⑥ 陈耆卿. 嘉定赤城志·卷5·公廨门二［M］//宋元方志丛刊（第7册）. 北京：中华书局，1990：7318.
⑦ 孔子. 论语译注［M］. 杨伯峻，译注. 北京：中华书局，1980：129.
⑧ 真德秀. 西山先生真文忠公集·卷40·谕州县官僚文［M］//《四部丛刊》影印明正德刊本. 1929：24a.

之"①，这是政治清明的前提和保障。宋代地方衙署官员宴息之处，也时常可见对勤政的强调和自勉之词。如常州的如农斋，是乾道年间钱建所建，取政如农功之意。②将政事比作农活由来已久。《左传·襄公二十五年》有"政如农功，日夜思之。思其始而成其终，朝夕而行之。行无越思，如农之有畔，其过鲜矣"③，把为官处理政务视为农民种地，寓意朝夕勤劳。这种比喻也使得勤政更为形象，被为官者当作勤政的典范。汀州宁化县建有勤政堂，也是寓意为政以勤。张栻知静江府时，在静江府衙治厅事之西偏退息之处建无倦斋，其命名取自于孔子答弟子问为政无倦的典故，认为地方官员"分天子之民而治焉，受天子之土而守焉。一日之间所为酬酢事物者，亦不一端矣。机微之所形，纪纲之所寓，常隐于所忽而坏于所因循。纤毫之不谨而万绪之失其机，方寸之不存而千里之受其害，又况欲动而物乘，意佚而形随。其所差缪，复何可胜计，可不畏哉。于是知圣人无倦之意深矣"④。只有勤政无倦息，才能在纷纭杂沓的事务面前避免纤毫的偏差。他除了建无倦斋外，还将"无倦"书于坐右，以时刻自警。此外，饶州衙署恕堂之前建有无倦斋，黄州衙署郡厅竹楼之下有无倦斋，安福县主簿厅建有无倦斋等。可见，勤政是宋代地方长官较为重视的为政方略，用"勤"来命名宴息建筑或书写于其中，可起到自省和提醒僚属的作用。

3. 清廉公正

清廉是古代推崇的官员的品德修养，是为政之本。《汉书》载："吏不廉平则治道衰。"⑤宋代士大夫也将清廉视作为官之德，需时刻牢记。苏轼言："苟非吾之所有，虽一毫而莫取。"⑥范仲淹言："天下官吏不廉则曲法，曲法则害民。"⑦廉洁清正是官员公正执法的根本，也是下属敬畏、政治清明的前提。陈襄在《州县提纲》中也多次谈及为官清廉的必要性，"居官不言廉，廉盖居官者分内事。孰不知廉可以服人，然中无所主，则见利易动。……为官者当以廉为先，而能廉

---

① 胡太初. 昼帘绪论·尽己篇第一［M］. 上海：商务印书馆，1960：2.

② 史能之. 咸淳毗陵志·卷5·官寺一［M］//宋元方志丛刊（第3册）. 北京：中华书局，1990：2997.

③ 杜预，孔颖达. 春秋左传正义·卷36·左传·襄公二十五年［M］//十三经注疏. 北京：北京大学出版社，1999：1028.

④ 张栻. 张栻集下·南轩先生文集卷12·无倦斋记［M］. 邓洪波，点校. 长沙：岳麓书社，2017：594.

⑤ 班固. 汉书·卷8·汉宣帝纪［M］. 北京：中华书局，1998：263.

⑥ 苏轼. 苏轼文集·卷1·前赤壁赋［M］. 北京：中华书局，1986：6.

⑦ 范仲淹. 范仲淹全集［M］. 李勇先，等，点校. 北京：中华书局，2020：476.

宋代州县衙署建筑空间与社会秩序

146

者必深知分定之说"①；"守宰不廉，则已盗其一，吏盗其十，上下相蒙。恣为欺隐，其终未有不至匮乏者"②。张方平在《吏为奸赃》中言："臣闻周典小宰以六计弊群吏之治，曰：廉善，廉能，廉敬，廉正，廉法，廉辨。治行虽异，同主于廉。惟廉而后能平，平则公矣。不廉必有所私，私则法废，民无所措足矣。"③都强调只有长官清廉，才能给官场带来清风正气，使为官者公正无私。

宋代士大夫重视清誉，认为清廉与否直接关乎为官者的名誉及仕宦生涯，一旦贪污则会万劫不复。他们均在一些官箴著作中强调贪墨对政声的影响。真德秀言："凡名士大夫者，万分廉洁，止是小善；一点贪污，便为大恶。不廉之吏，如蒙不洁，虽有他美，莫能自赎。"④陈襄劝诫州县官吏切莫贪墨，污名难洗，"思人生贫富，固有定分，越分过取，此有所得，彼必有亏，况明有三尺，一陷贪墨，终身不可洗濯。故可饥可寒可杀可戮，独不可一毫妄取。苟有一毫妄取，虽有奇才异能，终不能以善其后"⑤。保持廉洁则"俯仰无愧，居之而安，履之而顺"且"必垂报于后"。⑥陆游在其子将任吉州司理参军时，告诫他要坚守清廉，避免伤及名誉："汝为吉州吏，但饮吉州水，一钱亦分明，谁能肆谗毁。"⑦包拯教育后世子孙若为官须坚守廉洁，"有犯赃滥者，不放归本家；亡殁之后，不得葬于大茔之中。不从吾志，非吾子孙"⑧。宋代州县官吏即使是在公退宴息之地，也时常考虑到清廉的政治意义和影响，以"清"字命名其宴休之处。如台州清平阁命名取自萧洽的清平之声。萧洽是南朝梁时临海郡（台州）太守，以清廉政声流传后世。通过讴歌清官风范，表达为政以清的志向——"惟贤士大夫咏之，邦人皆诵之"⑨。

范仲淹知越州（今浙江绍兴）时，将州衙旁的井清理疏浚后，命名为"清白泉"，并建"清白堂"和"清白亭"，并写《清白堂记》，言：

> 观夫大《易》之象，初则井道未通，泥而不食，弗治也；终则井道
> 大成，收而勿幕，有功也。其斯之谓乎! 又曰："《井》，德之地"，盖言

---

① 陈襄. 州县提纲·卷1·洁己［M］. 北京：中华书局，1985：1.

② 陈襄. 州县提纲·卷4·廉则财赋给［M］. 北京：中华书局，1985：35.

③ 张方平. 乐全集·卷12·吏为奸赃［M］. 影印文渊阁四库全书本. 上海：上海古籍出版社，1987.

④ 真德秀. 咨目呈两通判及职曹官［M］//名公书判清明集·卷1·官吏门. 北京：中华书局，1987：2.

⑤ 陈襄. 州县提纲·卷1·洁己［M］. 北京：中华书局，1985：1.

⑥ 陈襄. 州县提纲·卷1·洁己［M］. 北京：中华书局，1985：1.

⑦ 陆游. 剑南诗稿·卷50·送子龙赴吉州掾［M］//陆游集（第3册）. 北京：中华书局，1976：1232.

⑧ 脱脱. 宋史·卷316·包拯传［M］. 北京：中华书局，1977：10318.

⑨ 黄阁. 清平阁记［M］//林表民，辑. 徐三见，点校. 赤城集·卷11. 北京：中国文史出版社，2007：157.

所守不迁矣；"《井》以辨义"，盖言所施不私矣。圣人画《井》之象，以明君子之道焉。予爱其清白而有德义，为官师之规，因署其堂曰清白堂；又构亭于其侧，曰清白亭。庶几居斯堂，登斯亭，而无忝其名哉！宝元二年月日记。[①]

范仲淹以"不会迁移"的井和疏浚后"清白"的井泉，箴君子之道，认为为官应"清白而有德义"。以"清白"命名衙署内建筑，使衙署官员听到看到此建筑时，都能时时被提醒为官要清廉，起到了一定的教化作用。又如宋代严州建德县衙内公厅之右建有清白堂，江阴军衙（今江苏江阴）郡圃中亦建有清白堂[②]等，都表达了地方官对为政清廉的期许和自省。

三、体现了士大夫自适的精神追求

宋代士大夫的主体意识体现在生活态度上，表现出对人与自然、社会和谐的追求，重视对人生的静观和反思，善于在日常生活中寻求超脱的意义。当他们步履宦途时，又时常感叹受繁忙政务的束缚。如陆游言："岂知一官自桎梏，簿书期会无时休。"[③]士大夫在日常政治生活中难以随心所欲，只能主动寻求忙中偷闲的乐趣，可谓"期会文书日日忙，偷闲聊得卧方床"[④]。居所是士大夫生活的载体，而居所园林化则是其跨越自适浪漫和现实庶务鸿沟的桥梁。"中国的园林艺术，就是中国文化传统中的士人们给自己营造出来的最休闲的小天地。这里有自然天趣，也有人文蕴涵，有返朴归真的境界，也有孤芳自赏的幽情，在这个精神小天地里，士人们既可以遁世避俗，也可以休闲和思考——隐逸传统和高雅文化都在这儿得到了成全和延续。"[⑤]地方州县衙署建筑的宴息空间就是地方官公退休沐时的休闲佳园，在这里，既能享受仿佛置身于逍遥自得的山林、皋壤的自然之乐，又能实现"玩物适情"，体会观景赏花、吟风弄月、抚琴书画、读书赋诗带来的游心之乐。

---

① 范仲淹. 范仲淹集［M］. 李勇先，等，点校. 北京：中华书局，2020：163.

② 祝穆. 宋本方舆胜览·卷5·江阴军［M］. 上海：上海古籍出版社，2012：90.

③ 陆游. 剑南诗稿·卷11·客谈荆渚五昌慨然有作［M］//陆游集（第1册）. 北京：中华书局，1976：304.

④ 陆游. 剑南诗稿·卷2·林亭书事［M］//陆游集（第1册）. 北京：中华书局，1976：62.

⑤ 吴小龙. 试论中国隐逸传统对现代休闲文化的启示［J］. 浙江社会科学，2005（6）：167-172.

1. 游观赏景的闲趣

宋代地方官署既是州县长令的办公之处，也是其日常生活的居所。他们营建
衙署的宴息景观，并在闲暇时游观休憩，享受公务之外的闲趣生活。王禹偁知
黄州时"容与暇景，作竹楼、无愠斋、睡足轩，以玩意"^①。北宋景祐四年（1037
年），蒋堂知苏州时，增葺署内北池亭馆等。皇祐元年（1049年），他再次知苏
州时，日暇时观赏北池风光，赞叹池水、危桥、弯月、莲花、鸥鸟等景观：

> 环碧晓涨，浮光画停。斡琅津之余派，分银潢之一泓。危桥跨波，迅
> 若走鲸，虚阁延月……鱼在藻以性遂，龟游莲而体轻。禽巢枝而自适，蝉
> 得荫而独清，科斗成文书之象，鼍鼋有鼓吹之声，以至鸥鸟群嬉，不触不
> 惊，菡萏成列，若将若迎……姑徜徉于池上，亦何虑乎何营。^②

南宋绍兴十四年（1144年），平江府知府王映对衙署后宅楼、亭等进行修
缮，在齐云楼前建有文、武二亭及西斋，西斋前有花石小圃，是休憩"便坐"的
佳处。北宋皇祐五年（1053年），祖无择知袁州时在庆丰堂休憩观景，曾写下《袁
州庆丰堂十闲咏》，诗中"吏散铃斋掩，闲眠到日斜""青山日相对，闲看白云
生"^③等语，表现了他在公退无事后闲看青山白云的生活。

南宋理宗宝祐四年至六年（1256—1258年），吴潜知庆元府时，对衙署后宅
郡圃之中的老香堂、苍云堂、四明窗、生明轩、占春亭、逸老堂等建筑进行了营
建修缮，打造了游赏休憩的佳景。老香堂前种植百棵桂树，以"山头老桂吹古
香"之句以名，可"日坐其间，静观万物，俯仰夷犹"。生明轩"面西，下阚方
池，前目无际"，可"晚步多憩此，以观新月"。占春亭前原有数棵梅树，吴潜
在亭前增植至数百棵，还曾题《梅花小吟》诗于亭内屏间："难唤林逋伴客游，
占春亭畔独夷犹。一花两蕊意方远，三岛十洲香已浮。清晓园林霜似练，黄昏栏
槛月如钩。若还说著和羹事，只恐渠侬笑不休。"^④郡治后圃之北的佳趣亭、集春
亭、容与亭，可"悉缭以步廊，虽雨雪不妨行乐"^⑤。吴潜在庆元府衙所营造的宴

---

① 王禹偁. 小畜集·序 [M]. 影印文渊阁四库全书本. 上海：上海古籍出版社，1987.
② 范成大. 吴郡志·卷6·官宇 [M] //宋元方志丛刊（第1册）. 北京：中华书局，1990：725.
③ 祖无择. 龙学文集·卷6·袁州庆丰堂十闲咏 [M]. 影印文渊阁四库全书本. 上海：上海古籍出
版社，1987.
④ 梅应发，刘锡. 开庆四明续志·卷2·郡圃 [M] //宋元方志丛刊（第6册）. 北京：中华书局，
1990：5941-5942.
⑤ 罗濬. 宝庆四明志·卷3·叙郡下 [M] //宋元方志丛刊（第5册）. 北京：中华书局，1990：5025.

息空间，既能提供诗情画意的园林风景，又是其日常生活中审美意趣的体现，是其案牍劳神之外自适自乐的惬意空间。

除观景之外，地方官甚至自己动手植树种花、种菜浇灌、移石布景，亲自参与园圃的造设和装点，体验农家田园般的乐趣，并在其中寄托自己的志向。正如王琪在《绝句二首》中描写的："强夸力健因移石，不减公忙为种花。"①文同知兴元府期间，公务闲暇时体验种蔬的乐趣，"几日无公事，山堂兴颇清。和诗防积压，丸药趁晴明。斸石新棱出，浇蔬晚甲生。此皆忙外得，低首笑尘缨"②。地方官多偏爱并种植象征古代"君子"高洁品格的梅、兰、竹、菊等，来表达自己的道德追求和人生志向。如黄庶好竹，北宋庆历年间，他在长安为幕僚官时种植竹林，寄托自己的高远志向，有"移作亭园主，栽培霜雪姿"③，"小轩与竹事还往，庭下寂寂无客尘"④，"我养一轩竹，秋来成绿阴"⑤等诗句。会稽陈德应亦有言："司台之工曹，事厅之西为小堂，无他嗜好，唯植竹数百竿，青青然向成矣"，于是将厅堂命名为青青堂。南宋嘉定年间，常州知州史弥忞种梅数十本，中筑一亭。

2．以诗歌命名建筑的雅趣

宋代文化氛围浓厚，士大夫文学素养较高。地方官员也多是博学多才之士，崇尚高雅淡泊，这在其官署中的日常生活中也有所体现。他们对衙署燕居建筑的命名，多是援引名人诗句、典故等，增添了雅致的意境。台州衙署的驻目亭，是北宋庆历七年（1047年）知州元绛所建，取杜甫"旷望延驻目"之句为名⑥；舒啸亭旧名匿峰亭，是南宋淳熙四年（1177年）知州尤袤建，取孙绰赋"匿峰千岭"之句为名；和青堂，则是庆元四年（1198年）太守叶籈重建后，取杜甫"云水长和岛屿青"⑦之句命名的。福州衙署的秀野亭，是绍兴二十三年（1153年）张宗元

① 王琪. 绝句二首［M］//厉鹗. 宋诗纪事·卷11. 上海：上海古籍出版社，2013：282.
② 文同. 文同全集编年校注·卷15·山堂偶书［M］. 胡问涛，罗琴，校注. 成都：巴蜀书社，1999：480.
③ 黄庶. 伐檀集·卷上·署中新裁竹［M］. 影印文渊阁四库全书本. 上海：上海古籍出版社，1987.
④ 黄庶. 伐檀集·卷上·竹轩［M］. 影印文渊阁四库全书本. 上海：上海古籍出版社，1987.
⑤ 黄庶. 伐檀集·卷上·赋八月竹［M］. 影印文渊阁四库全书本. 上海：上海古籍出版社，1987.
⑥ 陈耆卿. 嘉定赤城志·卷5·公廨门二［M］//宋元方志丛刊（第7册）. 北京：中华书局，1990：7319.
⑦ 陈耆卿. 嘉定赤城志·卷5·公廨门二［M］//宋元方志丛刊（第7册）. 北京：中华书局，1990：7319.

取苏轼《独乐园》诗句"花木秀而野"①而名。汀州衙署山堂之西的熙春堂,其上第三层名曰"环翠",庆元间,太守陈晔因读前太守陈轩绝句云:"南涧吹云过北园,北林飞鸟入南山;区区云鸟缘何事,未似楼头太守闲",取末句将第三层"环翠"改为"似闲",取忙中取闲之意。常州衙署的问春亭,史能之侄子为知州后,扁以"问春",取卢襄"虽我故园无分看,问渠春色几时来?"②之句为名。

3. 咏物抒怀的志趣

宋代州县地方官日常公务少时,多是在郡斋之中赏园观景以休憩抒怀。他们在游观、闲居、登高、默坐间感物寄兴,创作了诸多诗作,以抒发个人情怀,表达自我心志。"燕室、闲馆、虚堂、华阁、巍楼、广榭、离亭、别圃,自公之暇,据胜临眺,乐丰余而壮吟观。"③登高远眺、咏物吟诗成了他们闲暇自适时的主要活动。如寇准的《九日群公出游郊外余方卧郡斋听水因寄一绝呈》中"不知今日登高兴,何似虚堂听水眠"④,就描绘了虽然因病未能出游郊外,但于郡斋也可听水声而休息。宋代一些地方官热衷于兴建衙署燕居之地,还被士大夫们视为对其风范、气度的体现。韩琦"喜营造,所临之郡必有改作,皆宏壮雄深,称其度量。在大名于正寝之后稍西为堂,五楹尤大,其间洞然,不为房室,号'善养堂',盖其平日宴息之地也"⑤。北宋皇祐三年(1051年),他知定州时,"乃摭前代良守将之事实可载诸图而为人法者,凡六十条,绘于堂之左右壁,而以'阅古'为堂名"⑥。并写下《阅古堂八咏》,吟诵阅古堂周围的牡丹、芍药、垂柳、叠石、药圃、沟泉、小桧等景致。他看到满目林壑之趣,在《题养真亭》中抒发了"一心忠义身。吏民还解否,吾岂苟安人?"⑦的志向和抱负。至和二年(1055年),韩琦知相州时,对衙署后宅的荒地进行兴修,建成了康乐园、狎鸥亭、休

---

① 梁克家.淳熙三山志·卷7·公廨类一[M]//宋元方志丛刊(第8册).北京:中华书局,1990:7844.

② 胡太初,赵与沐.临汀志[M]//解缙.永乐大典(第4册)·卷7892.北京:中华书局,1986:3641.

③ 梁克家.淳熙三山志·卷7·公廨类一[M]//宋元方志丛刊(第8册).北京:中华书局,1990:7840.

④ 寇准.忠愍集·卷下·九日群公出游郊外余方卧郡斋听水因寄一绝呈[M].影印文渊阁四库全书本.

⑤ 徐度.却埽编·卷1[M].影印文渊阁四库全书本.上海:上海古籍出版社,1987.

⑥ 韩琦.安阳集编年笺注·卷21·定州阅古堂记[M].李之亮,徐正英,笺注.成都:巴蜀书社,2000:697.

⑦ 韩琦.安阳集编年笺注·卷6·题养真亭[M].李之亮,徐正英,笺注.成都:巴蜀书社,2000:220.

逸台、观鱼轩、昼锦堂等一系列休闲处所。熙宁元年，韩琦复判相州时，留下诸多观池、赏鱼、咏竹、叹柏、听泉等关于玩赏游乐、寄景抒怀的诗作，如"雨后方池碧涨秋，观鱼亭槛俯临流"，"鱼泳藻间谙物性，月沈波底发禅机"，"翠柏枝繁郁未伸，我来删理务躬亲"，以表达其并未将进退升黜置于心间的豁达心境。可见地方长官在建造和赏玩衙署宴息之处的过程中感受到了旷达和自适，缓解了繁忙公务带来的压力。

熙宁十年（1077年）文同知洋州时，在《郡斋水阁闲书六言二十六首》中描绘了郡斋中湖上禽鸟、水阁竹村、池上亭馆、桥边细柳等景致，闲暇时可"日午亭中无事，使君来此吟诗"[①]，"独坐水边林下，宛如故里闲居"[②]，"尽日推琴默坐，有人池上亭中"[③]，"身坐榭庄小阁，心游沈约东田"[④]等。风景如画的郡斋，满足了地方官员弹琴、吟诗、静思等高雅而富有情趣的休闲需求，激发了他们的创作灵感。正如文同所言，乐趣即使不为他人所明了，也能自得其乐："为言我自尔，此乐非汝知"[⑤]。

南宋淳熙三年至四年（1176—1177年），台州太守尤袤不仅主持修建霞起堂、匪峰（舒啸亭）、清平阁、乐山堂、节爱堂等一系列宴息建筑，还留下了很多观景遣兴抒怀的诗作。在《台州郡圃杂咏十二首》中，既有他在匪峰亭观"群山供笑傲，万象皆奔走"时感悟"仁者乐山"的平和心境；又有在乐山堂体会"公庭了官事，时来坐幽斋"时静坐自思的理趣；还有在霞起堂上"一览尽寥廓"的青山，获得"昏花拭病目，望处增双明"[⑥]的放松缓解等。

宋代州县衙署宴息空间的"四时风物"，满足了地方官的精神文化需求。他们在这个"小天地"中追求自我的审美意趣，获得了自得其乐的闲逸。

4. 藏书读书的乐趣

宋代崇尚文化教育，读书成仕是社会的普遍追求，"万般皆下品，唯有读书

---

① 文同. 文同全集编年校注·卷16·郡斋水阁闲书六言二十六首·湖上[M]. 胡问涛，罗琴，校注. 成都：巴蜀书社，1999：508.
② 文同. 文同全集编年校注·卷16·郡斋水阁闲书六言二十六首·独坐[M]. 胡问涛，罗琴，校注. 成都：巴蜀书社，1999：508.
③ 文同. 文同全集编年校注·卷16·郡斋水阁闲书六言二十六首·推琴[M]. 胡问涛，罗琴，校注. 成都：巴蜀书社，1999：508.
④ 文同. 文同全集编年校注·卷16·郡斋水阁闲书六言二十六首·衰后[M]. 胡问涛，罗琴，校注. 成都：巴蜀书社，1999：510.
⑤ 文同. 文同全集编年校注·卷17·此乐[M]. 胡问涛，罗琴，校注. 成都：巴蜀书社，1999：541.
⑥ 尤袤. 台州郡圃杂咏十二首[M]//林表民. 天台续集别编·卷4·宋元浙江方志集成（第14册）. 杭州：杭州出版社，2009：6889.

高"可以说是当时社会的普遍认知。宋太宗曾表示"朕性喜读书，开卷有益"①，"朕万机之暇，不废观书"②。士人更是以藏书为习、读书为乐，读书是士大夫自趣的高雅休闲方式，也是其文人身份的标识。士大夫闲暇之时常以书为伴，以获得人格与精神境界的提升。宋痒云："谁谓留都剧，翻同小隐年。沐头休吏日，闭阁读书天。"③士人居所建有书房，藏书颇丰。张邦基就曾提到宋代仕宦之家的藏书情况，"贵人及贤宗室往往聚书，至多者万卷"④，书房所建之处，较为清幽，"无拘内外，择偏僻处，随便通园，令游人莫知有此。内构斋、馆、房、室，借外景，自然幽雅，深得山林之趣"⑤。宋代州县衙署长令的读书之处，多坐落在其燕居的园圃之中，藏于山石草木景色深处，环境清幽。如常熟县衙的读书堂原是南宋绍定四年（1231年）县令史弥厚整修东圃时所建，其后的县令戴衍将其作为读书堂。庆元府内的读书堂，是淳祐五年（1249年）知府赵孟传在北园旧址上改建而成的。建康府衙内的䌷书斋，本是绍兴初知州叶梦所建书斋之名，但书斋毁于大火，景定二年（1261年），知州马光祖重建书斋于钟山楼下，"聚书数万卷以备讨证，取叶公书阁之旧名以名此斋名"⑥。

5. 超脱俗世的隐趣

隐逸是中国古代早有的一种文化现象，一些拥有一定才学或者社会地位的人却选择了隐居山林、远离尘嚣的生活方式。商周之交，伯夷、叔奇不食周粟，隐于首阳之山；东汉末年，诸葛亮隐于隆中；东晋时期，陶渊明隐居山林"采菊东篱下"的生活，更为士大夫所憧憬。

但中唐以来，传统的隐逸思想开始转变，白居易提到的"中隐"，即"吏隐"，深受士大夫们认同，"大隐住朝市，小隐入丘樊。丘樊太冷落，朝市太嚣喧。不如作中隐，隐在留司官。似出复似处，非忙亦非闲。不劳心与力，又免饥与寒"⑦。此时，理想的"隐"已不再指身体力行地隐居山林，而是一种生活

---

① 宋史全文．卷3・太宗一［M］．李之亮，点校．哈尔滨：黑龙江人民出版社，2004：113.

② 宋史全文．卷3・太宗一［M］．李之亮，点校．哈尔滨：黑龙江人民出版社，2004：：110.

③ 宋痒．元宪集．卷9・西都官属咸备尹政得以仰成暇日池圃便同尘外因书所见以志一时之幸仍以东园吏隐命篇云．影印文渊阁四库全书本．上海：上海古籍出版社，1987.

④ 张邦基．墨庄漫录・卷5・藏书之富者［M］．北京：中华书局，2002：142.

⑤ 计成．园冶注释・卷1・书房基［M］．陈植，注释．北京：中国建筑工业出版社，1981：75.

⑥ 周应合．景定建康志・卷21・城阙志二［M］//宋元方志丛刊（第2册）．北京：中华书局，1990：1659.

⑦ 白居易．白居易集・卷22・中隐［M］．北京：中华书局，1979：111.

态度和处世哲学，即白居易所说："人间有闲地，何必隐林丘"①，只要有超然于世的心态，即便是在庙堂，也能享有山林田园的超然尘外、隐逸自乐。还有诸多朝廷官员在诗作中表达了自己在公退之时，追求"吏隐"生活带来的闲适和豁达，如"若人兼吏隐，率性夷荣辱"②，"闻说江山好，怜君吏隐兼"③等。宋代，士大夫身肩"以天下为己任"的责任和使命，治国平天下的"入世"是其理想和规范的角色认同，而山野之趣的"吏隐"生活则是其理想的精神追求。他们在打造和赏游宅院、公私园林的优美景致时折中了"仕"与"隐"，获得了身居庙堂之上却享山林之乐的趣味和满足。正如他们诗作中所感叹的，"病枕方行乐，公门似隐居"④，"官舍掩寒扉，聊同隐者楼"⑤，"迹贵虽轩冕，心闲似隐沦"⑥，"铃斋长寂得吏隐，便是道家虚百堂"⑦。他们甚至搭建草庵，直接表现对山林隐居生活的向往和憧憬。嘉祐年间，元绛知福州，建佚老庵，后改为隐几庵，并作《隐几庵》诗："分得藩符近海滨，溪山清处养天真。幅巾隐几春庵静，直是羲皇已上人。"⑧绍兴十四年（1144年），叶梦得知福州，因仰慕"沈括有《怀隐集》，载居山之式，后归休于梦溪"而建怀隐庵，并题诗"春风的的为谁来，绕舍闲花亦漫栽。庵内不知庵外事，夜来微雨小桃开"⑨。庆元府的隐德堂，为绍兴十三年（1143年），由知府莫将为贺知章所立，设像而祠，并取李太白之句，名以逸老。宝庆三年（1227年），知府胡榘将其修缮一新，并于第二年在其中合祠夏黄公之像。贺知章声称为道士，夏黄公也是著名的隐士，为此二人所建的隐德堂，正是对地方官员吏隐心境的写照。可见，地方官员虽然有时公务繁忙、劳心劳力，但公退后又追求不问世俗、清虚无欲的闲隐状态。他们通过衙署建筑"政"与"息"的空间划分调和现实中"隐"与"仕"的关系，可谓"公休时得岸轻纱，门外谁知吏隐家"⑩，实现吏隐双兼。

① 白居易. 白居易集·卷5·赠吴丹［M］. 北京：中华书局，1979：98.

② 李峤. 和同府李祭酒休沐田居［M］//全唐诗·卷57. 北京：中华书局，1960：687.

③ 杜甫. 东津送韦讽摄阆州录事［M］//全唐诗·卷234. 北京：中华书局，1960：2586.

④ 赵湘. 南阳集·卷76·官舍偶书［M］. 影印文渊阁四库全书本. 上海：上海古籍出版社，1987.

⑤ 欧阳修. 欧阳修全集·卷10·张主簿东斋［M］. 北京：中华书局，2001：156.

⑥ 文彦博. 文彦博集校注·卷7·和公仪隐厅书事［M］. 申利，校注. 北京：中华书局，2016：238.

⑦ 韩琦. 安阳集编年笺注·卷15·再和［M］. 李之亮，徐正英，笺注. 成都：巴蜀书社，2000：535.

⑧ 梁克家. 淳熙三山志·卷7·公廨类一［M］//宋元方志丛刊（第8册）. 北京：中华书局，1990：7843.

⑨ 梁克家. 淳熙三山志·卷7·公廨类一［M］//宋元方志丛刊（第8册）. 北京：中华书局，1990：7843.

⑩ 文同. 文同全集编年校注·卷9·邛州东园晚兴［M］. 胡问涛，罗琴，校注. 成都：巴蜀书社，1999：297.

宋代地方衙署内还常见吏隐堂、吏隐亭等建筑，它们也是地方官对吏隐双兼态度的表达。北宋皇祐五年（1053年），祖无择知袁州，在衙署建吏隐堂，并作《吏隐宜春郡诗十首》[1]，称吏隐在宜春郡，即使沉浸在溪山、茂草、鱼鸟、花坞、月波等野逸景致中，也仍惦念"功名在何许""君恩殊未报"的仕宦追求。"吏隐"不再是避世的"隐居以求志"，更像是宋代精致化生活中的一种为官哲学。地方官员不但乐于"隐"于衙署，还大加称赞宴息景观造设而来的野逸、雅致、清幽之境，可媲美真正的山林田园。如有"只怜郡池上，不异山林居"[2]；"逍遥成咏歌、吏隐欣得地"[3]；"吏散收簿书，公馆如山居"[4]等赞美"吏隐"之趣的诗句。而能够"隐"于仕途，在任时得心应手、自适自乐，则是儒者修养和境界的体现，也是对君子不为名利所惑的高洁作风的彰显。如宋代僧人希昼所作的《寄题武当郡守吏隐亭》"郡亭传吏隐，闲自使君心"[5]，就是赞颂当时武当郡守将郡城驿亭命名为吏隐亭，是淡泊名利的表现。地方官员有更多闲暇时间实现"吏隐"，还能彰显地方政风清明、无讼事少、太平安宁，这就使"吏隐"成了为官风尚，大受推崇。如元祐元年（1086年）龙州金判赵众建吏隐堂，表达在满目景致之中可以体会片刻远离案牍烦琐的安闲，其言"满耳江声满目山，此身疑不在人寰。民含古意村村静，吏束刑书日日闲"，还引起了远在京师的司马光和范镇的共鸣，他们作诗相和。司马光《和赵子舆龙州吏隐堂》诗云："四望逶迤万叠山，微通云栈落尘寰。谁知吏道自可隐，未必仙家有此闲。酒熟何人能共醉，诗成无事复相关。浮生适意即为乐，安用腰金鼎腼间。"范镇和诗云："花阴柳榻常欹枕，月色浸门不下关。因诵君诗想佳境，炎凉依约梦魂间。"[6]因有司马光和范镇和诗，赵众的吏隐堂声名远播、名动当时。赵众遂在龙州衙署建忠正堂，其中绘有司马光、范镇像，以纪念司马光、范镇为龙州吏隐堂和诗的盛事，表达对司马光、范镇的尊崇。可见，"吏隐"不仅是社会的流行风尚，也俨然成为士大夫之间的精神共鸣。

由上所述，宋代州县官员对郡斋宴息建筑的命名、景观的诗词歌咏等，都是其情感和精神世界在建筑空间中的投射，并以此输出其政治理念和价值，引导和规范在空间中活动的人。

———————

① 祖无择. 龙学文集·卷3·吏隐宜春郡诗十首［M］. 影印文渊阁四库全书本. 上海：上海古籍出版社，1987.

② 梅尧臣. 梅尧臣集编年校注·卷16·汝州［M］. 上海：上海古籍出版社，2006：329.

③ 杨杰撰；无为集校笺·卷4·至游堂［M］. 曹小云校笺. 合肥：黄山书社，2014：127.

④ 文同. 文同全集编年校注·卷17·此乐［M］. 胡问涛，罗琴，校注. 成都：巴蜀书社，1999：541.

⑤ 方回，选评. 纪昀，刊误. 瀛奎律髓［M］. 诸伟奇，胡益民，点校. 合肥：黄山书社，1994：849.

⑥ 曹学佺. 蜀中广记·卷10·名胜记第十［M］. 影印文渊阁四库全书本. 上海：上海古籍出版社，1987.

宴聚空间与阶层互动

宋代地方州县衙署宴息之地不仅是地方官员公退休闲的志趣空间，也是地方不同阶层参与宴聚的活动场所，虽不同的社会群体在交往互动中的目的和情感不同，但都在一定程度上体现了宋代地方的政治生活和价值追求。

一、纵民同乐与治平气象

宋代地方州县衙署往往依山傍水而建，自然风光怡人。一些州县长令也会开放一部分依山水所建的郡圃、亭、台等，供地方民众游观嬉乐。如北宋至和二年（1055年）韩琦知相州时，"郡署有后园，北逼牙城，东西几四十丈，而南北不及百尺，虽有亭榭花木，而扼束蔽密，隘陋殊甚"[①]。子城之北，还有官蔬之圃，其中有抱螺台，但也长期荒废，满目荆棘，人迹罕至。韩琦主持规划、兴修，焕然一新：

> 三分蔬圃之地，其一居新城之南，西为甲仗库，凡五十六间，由是兵械百万计，始区而别焉。以库东之余地，通于后园，由是园之南北，始与东西均焉。又于其东前直太守之居，建大堂曰"昼锦"；堂之东南，建射亭曰"求己"；堂之西北，建小亭曰"广春"。其二居新城之北，为园曰"康乐"；直废台凿门通之，治台起屋曰"休逸"，得魏冰井废台铁梁四为之柱。台北凿大池，引洹水而灌之，有莲有鱼。南北二园，皆植名花杂果、松柏、杨柳所宜之木，凡数千株。[②]

韩琦将衙署后园外长期荒废之地扩建为康乐园、休逸台等园林景观，并对百姓开放。园池竣工后，恰逢寒食节，"州之士女，无老幼皆摩肩蹑武来游吾园，

---

① 韩琦. 安阳集编年笺注·卷21·相州新修园池记［M］. 李之亮，徐正英，笺注. 成都：巴蜀书社，2000：707.
② 韩琦. 安阳集编年笺注·卷21·相州新修园池记［M］. 李之亮，徐正英，笺注. 成都：巴蜀书社，2000：709.

或遇乐而留，或择胜而饮，叹赏歌呼，至徘徊忘归"①。地方民众前来游观，热闹非凡。韩琦强调，修建园圃、亭台就是为了供地方百姓游乐，以呈现为人所津津乐道的升平景象。"欲识芳园立意新，康辰聊以乐吾民……朝来必要升平象，请绘轻绡献紫宸"②。"州人闻至极惊异，就台观者肩相摩。榜以休逸岂独尚？与众共乐乘春和。"③又如北宋江宁府衙署，依金山而建，苏颂为江宁府知府时，曾有《金陵府舍重建金山亭》诗云："府公经构民偕乐，鱼鸟犹知喜跃回。"④可见，金山也开放给民众游览观光，才有官民同乐之语。赣州府治百步有郁孤台，又名贺兰山，因"隆阜郁然孤峙"而名。此山群峰郁起，景致壮观，是官民赏景共乐的佳处。北宋赵抃有《郁孤台》诗描绘："熙攘与民共，所喜朋僚俱。中淡有琴咏，外喧有歌歈。樽垒有美酒。盘餐有嘉鱼。优游一台上，四序不斩辜。乃知为群乐，况复今唐虞。"⑤

孟子所言的独乐不如众乐、与民共乐正是儒家推崇德政爱民的基础。因而，在地方官员所兴建并开放的景观建筑中，常见以丰乐、众乐等命名，是以彰显地方政通人和的治平之象。如庆历六年（1046年），欧阳修贬滁州知州，在知晓州南百步之近的山下幽谷中有清泉时，就令人"疏泉凿石，辟地以为亭，而与滁人往游其间"⑥。百姓乐于游山玩水，是岁物之丰的表现。太守的职能就是"使民知所以安此丰年之乐"⑦，为百姓打造可以游宴共乐的场所。苏舜钦还《寄题丰乐亭》诗与好友欧阳修："名之丰乐者，此意贵在农。使君何所乐，所乐惟年丰，年丰讼诉息，可使风化浓。游此乃可乐，岂徒悦宾从，野老共歌呼，山禽相迎逢。"⑧赞叹其建丰乐亭与民游乐，是岁收丰盈、士民康乐的体现。州县官府将百姓耽于游乐，视作地方治政有方、安宁稳定的象征。如《宋史·司马池传》载，司马池任郫县（今成都郫都区）县尉时，"蜀人妄言戍兵叛，蛮将入寇，富人争瘗金银，逃山谷间。令间丘梦松假他事上府，主簿称疾不出"，⑨司马池在地方危

① 韩琦. 安阳集编年笺注·卷21·相州新修园池记［M］. 李之亮，徐正英，笺注. 成都：巴蜀书社，2000：709.
② 韩琦. 安阳集编年笺注·卷8·寒食会康乐园［M］. 李之亮，徐正英，笺注. 成都：巴蜀书社，2000：330.
③ 韩琦. 安阳集编年笺注·卷2·休逸台［M］. 李之亮，徐正英，笺注. 成都：巴蜀书社，2000：81.
④ 马光祖，周应合. 景定建康志·卷22·城阙志三［M］//宋元方志丛刊（第2册）. 北京：中华书局，1990：1667.
⑤ 谢旻.（雍正）江西通志·卷42·赣州府［M］. 影印文渊阁四库全书本. 上海：上海古籍出版社，1987.
⑥ 欧阳修. 欧阳修全集·卷39·丰乐亭记［M］. 北京：中华书局，2001：575.
⑦ 欧阳修. 欧阳修全集·卷39·丰乐亭记［M］. 北京：中华书局，2001：575.
⑧ 苏舜卿. 苏舜卿集·卷4·寄题丰乐亭记［M］. 上海：上海古籍出版社，1981：38.
⑨ 脱脱. 宋史·卷298·司马池传［M］. 北京：中华书局，1977：9903.

急时刻主持县事，在上元节张灯，纵民游观，营造官民共乐的喜悦气氛，起到了安抚民众、稳定民心的作用。地方衙署所营造的游观共乐空间，还有宣上恩泽、彰显德政的政治意涵。李修在《英州众乐亭记》中称，绍圣二年（1095年），方希觉知英州，创建众乐亭，不是为了游燕之私的独乐，而是在"勤恤民隐，上以宣布天子之德惠，下以询考风俗之利疾，不待报政而事无不举，刑清而法平，吏畏而民服。以故狱无冤囚，庭无留讼；水旱不作，年谷屡丰；士类云集，商旅辐凑"①的善治下打造的民众共庆共乐的空间。梅尧臣赞时任江淮发运使许元所营建真州东园不是为己乐，而是德政的体现，"不独利于己，愿书棠树篇"②。

在地方州县长令主持之下所营建并开放的地方衙署园圃及其附近的景观建筑，有重要的政治意义——对下可以示以德政、宣上恩泽，对上表现地方治平、气象祥和。

二、广聚贤士与激荡政声

宋代地方衙署宴息空间在力求实现与民同乐的同时，也被赋予了礼待贤士的功能。金君卿《寄题浮梁县丰乐亭》云："斯亭不独与民乐，乐得贤者同登临。"③梅尧臣《泗洲郡圃四照亭》云："侯之此意宁自乐，夷情劳士俱忘疲。"④刘敞《东平乐郊池亭记》云："士大夫无所于游，四方之宾客贤者无所于观，吏民无所于乐。"⑤因此建衙署宴息建筑，邀贤者共赏佳景、举杯欢宴，慰劳宾客。元祐五年（1090年），刘鹏新任华亭县，在"县斋之东，新其一堂、一亭、一阁。堂曰弦歌，亭曰三山，阁曰艮阁。与士之贤者讲论歌咏于其中，盖将有志于美风俗也……宜其游心三山，鸣琴一堂，登高而赋之，使人知仁义礼乐之意也"⑥。贾春卿，有好贤不倦之名，其任北京通判时，"始作新堂，治宴息之地。……轩楹高明，户牖通达，便斋曲房，雨宜寒暑，并阴高槐，风听修竹，宾僚尊酒，笑语

① 伍庆禄，陈鸿钧. 广东金石图志［M］. 北京：线装书局，2015：124.

② 梅尧臣. 梅尧臣集编年校注·卷25·真州东园［M］. 上海：上海古籍出版社，2006：819.

③ 金君卿. 金氏文集·卷上·寄题浮梁县丰乐亭［M］. 影印文渊阁四库全书本. 上海：上海古籍出版社，1987.

④ 梅尧臣. 梅尧臣集编年校注·卷26·泗洲郡圃四照亭［M］. 上海：上海古籍出版社，2006：852.

⑤ 刘敞. 公是集·卷36·东平乐郊池亭记［M］. 影印文渊阁四库全书本. 上海：上海古籍出版社，1987.

⑥ 杨潜.（绍熙）云间志·卷上·廨舍［M］//宋元方志丛刊（第1册）. 北京：中华书局，1990：14.

诗书，是宜为贤者有也"①。修缮后的通判厅宴息之地，是其招待贤士，把酒诗书的重要场所。

地方官与贤者士大夫之间是互相成就的。一方面，地方官推崇、招纳品格高尚和才华横溢的贤士，以助于其施政以仁和德教地方。另一方面，能够吸引贤士慕名会聚，说明地方官的声望、学识、品行等具有影响力和吸引力，所谓"亲乎仁人，以结至交"，贤士能如鱼得水、施展才能。如王安石名重天下，"士大夫恨不识其面"，纷纷以结识王安石为荣。方信儒为人豪爽、名满天下，投奔而来追随的食客众多。"尤好士，所至从者如云，闭户累年，家无担石，而食客常满门。"②地方贤者越多，对地方官德治声名亦是加成。

三、宴请宾僚与仕宦

宋代地方州县时常举办宴聚活动，主要招待往来的官员、幕僚、文士等。除了例行的迎来送往的公务宴、年节的节庆宴之外，还有不定时举办的私人宴会。衙署的宴息空间，是地方长令精心打造的宴游休闲场所，是招待和宴请宾僚的共乐空间。如韩琦知相州时，主持新修康乐园、休逸台后，也常在此招待宴请宾朋，"主人间复命宾酬，樽前随分弦且歌"③。平江府衙齐云楼前建有文、武二亭，又有芍药坛，每到芍药花开的时节，此地便成为宴请宾客赏花的佳处，号"芍药会"。平江府衙署后园中的木兰堂，因唐代张抟自湖州刺史任苏州知州时，于堂前大置木兰花而名。自唐代起，就是宴请郡中诗客观景赋诗的场所。至宋代，木兰堂依然是太守燕游和举办宴会之地，范仲淹任平江府太守时还曾作《木兰堂诗》感叹在此举办歌舞宴会的盛况："堂上列歌钟，多惭不如古。却羡木兰花，曾见霓裳舞。"④建康府衙园内宴请宾客的热闹场景，可在苏颂《金陵府舍重建金山亭》诗中窥知："故时台榭对池心，空有名传拟穴金。剪理茅茨修竹茂，经营轩槛绿杨深。桥横断岸虹流彩，花满芳园鸟啭音。盛府多

① 黄庭坚. 北京通判厅贤乐堂记 [M] // 曾枣庄，刘琳. 全宋文·卷2323（第107册）. 上海：上海辞书出版社，2006：171.
② 刘克庄. 宝谟寺丞诗境方公行状 [M] // 曾枣庄，刘琳. 全宋文·卷7607（第330册）. 上海：上海辞书出版社，2006：364.
③ 韩琦. 安阳集编年笺注·卷2·休逸台 [M]. 李之亮，徐正英，笺注. 成都：巴蜀书社，2000：81.
④ 龚明之. 中吴纪闻·卷1 [M]. 上海：上海古籍出版社，1986：21.

欢频命席，每容疏外楚窥临。"①王安石亦有赞美此府园内金山景致的诗作，云：
"常忆小金山下路，绿荷深处见游艓。"②吴潜知庆元府时，疏通清理衙署后宅旧
池，"跨梁虹其上，而辟虚堂于中"，邀请客人前来观景，并将其堂命名为"四
明窗"，吴潜在府内"四明窗"会客后，感慨写下词作《青玉案》。吴潜还在燕
居之处建有可容纳三十人的坛，名"月地"，可邀请宾僚"月天露席若将忘世"③，
以观景清谈。

宴聚虽然是一种社会生活现象，但对联络群体情感和推动人际交往有重要
意义。古代就有制燕飨之礼疏通君臣之间感情之说，"君臣之分，以严为主，朝
廷之礼，以敬为主。然一于严敬，则情或不通，无以尽忠告之益，故制为燕飨
之礼，以通上下之情"④。地方长官与僚属聚餐宴饮，必然是政治领域的延伸，对
舒缓上下级官员感情和促进信息沟通有积极作用。唐代柳宗元在《鳌屋县新食
堂记》中言："合群吏于兹新堂，升降坐起，以班先后，始正位秩之叙；礼仪笑
语，讲议往复，始会政事之要；筵席肃庄，樽俎静嘉，燔炮烹饪，益以酒醴，始
获僚友之乐。"⑤就指出僚友在县衙食堂聚餐，非正式场合的交流不仅利于相互沟
通，在筵席上品尝佳肴美酒、推杯换盏更易于营造相对轻松活跃的气氛，增进
僚友之间的情谊。南宋临安府的玉莲堂"规制高壮，把山瞰池，为寮属会聚之
胜"。陈师孟为福州知府时常与通判在甘棠院饮酒作诗，作有《甘棠院招通判小
饮》诗，通判和诗云："甘棠深院百花香。"⑥这些都体现了宋代一些地方长官注
重营造与僚属会聚游宴的空间，以增进彼此的互动与感情。

宋代地方衙署宴息空间的活动主体主要是士大夫官僚群体，他们多是文学之
士，审美又极具雅趣，在衙署宴会交流中，还把酒言欢、以文会友，其文化身份
象征的文化领域与政治身份象征的政治领域相互交融，推动了彼此的信息、思
想、情感互相交流和渗透。台州太守元绛在衙署内建双岩堂、参云亭，宴请宾
客，文酒娱乐。"天空地迥，万象在下，射有长圃，饮有曲水，宾友衍衍，悄壶
雅歌，日为文酒之乐。越今年春，州人纵游鼓舞于庭除之下，有宾击节而歌曰：

① 周应合. 景定建康志·卷22·城阙志三 [M] //宋元方志丛刊（第2册）. 北京：中华书局，1990.
② 马光祖，周应合. 景定建康志·卷22·城阙志三 [M] //宋元方志丛刊（第2册）. 北京：中华书局，1990：1667.
③ 梅应发，刘锡. 开庆四明续志·卷12·诗余下 [M] //宋元方志丛刊（第6册）. 北京：中华书局，1990：6052.
④ 王应麟. 玉海·卷73·礼仪 [M]. 扬州：广陵书社，2003：1357.
⑤ 柳宗元. 柳宗元集 [M]. 易新鼎，点校. 北京：中国书店，2000：371.
⑥ 梁克家. 淳熙三山志·卷7·公廨类一 [M] //宋元方志丛刊（第8册）. 北京：中华书局，1990：7843.

'昔民垫昏，今民庶蕃。昔民赍咨，今民熙熙。惟君忧乐兮与民同之，天惠其宁兮无以君归。'"①这种文学交流甚至促使地方官员在政治之外觅得志趣相投者，培养了互相欣赏的群体归属意识和情感。南宋孝宗淳熙二年（1175年），范成大为四川制置使，陆游是朝奉郎成都府路安抚司参议官，兼四川制置使参议官，二人虽是上下级关系，但"以文字交，不拘礼法"②。范成大经常举办风雅宴会，与陆游"以东南文墨之彦，至为蜀帅。在幕府日，宾主唱酬，每一篇出，人以先睹为快"③。二人是文学名士，在宴会上极受追捧，在你来我往的诗词唱酬中产生了深厚的友谊。即使是离开四川后，还继续往来书信。王明清《挥麈后录》卷七载："徐君猷，阳翟人，韩康公婿也。知黄州日，东坡先生遭谪于郡君猷周旋之不遗余力。其后君猷死于黄，东坡作祭文、挽词甚哀。"④

　　但有些地方富庶繁华，官员好客乐聚，宴会频繁、规模盛大，甚至影响了日常公务。如寇准，"虽有重名，所至之处，终日游宴"⑤，知邓州"尤好夜宴剧饮，虽寝室亦燃烛达旦"。宋代杭州富饶繁华，"部使者多在州置司，各有公廨。州倅二员，都厅公事分委诸曹，倅号无事，日陪使府外台宴饮"。苏东坡为杭州通判时，公事诸曹分担，政务轻松，"诸公钦其才望，朝夕聚首，疲于应接，乃号杭倅为'酒食地狱'"⑥。受奢侈宴饮风气的影响，地方滋生了攀比之风，如北宋庆历七年（1047年），判北京贾昌期言："河北诸州军及总管司等，争饰厨传以待使客，看馔果实，皆求多品，以相夸尚。"⑦地方官员以崇尚奢华宴会为荣，竞相攀比。如宴饮繁奢的寇准，在见到雄州太守李允则后，还感叹其蓄养妓乐杂技百数十人，宴会盛大奢华，更胜一筹，对其赞叹不已，认为这是驭人有方的表现，还将其推荐给朝廷。

① 梁克家. 淳熙三山志・卷7・公廨类一［M］//宋元方志丛刊（第8册）. 北京：中华书局，1990：7843.
② 脱脱. 宋史・卷395・陆游传［M］. 北京：中华书局，1977：12058.
③ 沈雄. 古今词话［M］//词话丛编. 北京：中华书局，2005：766.
④ 王明清. 挥麈录・后录・卷7［M］//历代笔记小说大观. 上海：上海古籍出版，2012：112.
⑤ 司马光. 涑水记闻［M］. 邓广铭，张希清，点校. 北京：中华书局1989：138.
⑥ 朱彧. 萍洲可谈・卷3［M］. 李伟国，点校. 北京：中华书局，2007：166.
⑦ 徐松. 宋会要辑稿・刑法2之28［M］. 北京：中华书局，1957：6509.

四、妓乐助兴与迎来送往

宋代，士大夫蓄妓、狎妓之风盛行①，国家对地方官员携妓赴任等多不加干涉，甚至是鼓励纵容。宋太宗时，"设官妓以给事州郡官幕不携眷者，官妓有身价五千，五年期满归原寮，本官携去者。再给二十千，盖亦取之勾栏也"②。地方官妓由地方乐营管理，主要为地方官员迎来送往、宴请活动提供歌舞、劝酒等助兴服务。"或官府公筵及三学斋会、缙绅同年会、乡会，皆官差诸库角妓祗直。"③地方节庆宴会则组织舞妓表演大型舞蹈，以庆贺太平景象。"州郡遇圣节锡宴，率命猥妓数十群舞于庭，作'天下太平'字。"④立春时，临安府也派妓乐迎春牛往府衙，"立春前一日，以旗鼓锣吹妓乐迎春牛往府衙前迎春馆内"⑤。地方新守就任离职，也有官妓的身影，"营妓皆出境而迎。既去，犹得以鳞鸿往返而不为异。……苏子瞻送杭妓往苏州迎新守《菩萨蛮》云云，又《西湖上代诸妓送陈占古》云云。此亦足占一时之风气矣"⑥。宴席上的官员作词，官妓演唱，在风流缱绻的氛围中，官员之间的情谊易于表达，关系也得以增进。宋代地方官聚会宴饮常令妓乐陪同。苏轼为地方官时，也时常招妓乐陪宴助兴、劝酒等。他在《贺新郎》中题作："余倅杭日，府僚湖中高会，群妓毕至。"⑦为满足地方官员文艺娱乐的需求，地方官府对官妓管理严格，很难让其脱离妓籍。《青琐高议》中载，陕州名妓温琬喜读书、善《孟子》，得到太守张靖青睐。此地"然郡邑关蜀秦晋之地，舟车商贾之辐辏，金玉锦绣之所积，肩摩车击，人物最盛于他州。而督师官属往来不断，府中无事，游宴之乐日多相继。太守熟琬名，会有名公贤士则召之。琬凡侍燕，从行止一仆，携书箧笔砚以随。遇士夫缙绅，则书《孟子》以寄其志，人人爱之"⑧。太守张靖数次想将温琬纳入官妓，都被温琬推脱。司马光从京师返陕祭祖，太守在府中设宴让温琬作陪，她对《孟子》的擅长得到司马光的赞叹，太守亦被赞云"君子识之，妇人其谦能如此"。太守大悦，将其纳入

---

① 方建新. 中国妇女通史（宋代卷）[M]. 杭州：杭州出版社，2011（7）：158. 该书指出宋代士大夫狎妓成风是宋代城市开放、繁荣，社会妓业发展及最高统治者鼓励甚至带头身体力行等导致的结果。

② 邓之诚. 骨董琐记 [M]. 邓珂，增订点校. 北京：中国书店，1991：125.

③ 吴自牧. 梦粱录·卷20·妓乐 [M]. 北京：中华书局，1985：139.

④ 周密. 齐东野语·卷10·字舞 [M]. 北京：中华书局，1983：189.

⑤ 吴自牧. 梦粱录·卷1·立春 [M]. 北京：中华书局，1985：2.

⑥ 田汝成. 西湖游览志余·卷16·香奁艳语 [M]. 上海：上海古籍出版社，1958：305.

⑦ 苏轼. 东坡乐府·卷3·贺新郎 [M]. 上海：上海古籍出版社，1988：127.

⑧ 刘斧. 青琐高议后集·卷7·温琬 [M]. 施林良，校点. 上海：上海古籍出版社，2012：107.

官妓，频繁传唤侍宴。温琬曾私逃，但又被太守下令抓回。其多次向太守表明心迹，想摆脱官妓之籍，都被拒绝。直到张靖调任之时，才得脱籍，从此搬去开封，闭门不出。名妓温琬善书文、精通《孟子》，却被成地方太守张靖纳入妓籍，难以脱身。温琬虽频繁参加地方官的宴聚，纵有才华，却身份低微，身份的不对等就决定了她只能是士大夫们享诗酒之乐时的谈资和附加的消遣"节目"。太守张靖以"惜才"为名，以官妓之籍困住温琬，令其学习赋诗等，也只将她作为联络士大夫及奉迎上级的社交"工具"。

有地方官甚至通过宴请妓乐逢迎款待、拉拢关系、贿赂官员，以化解政治危机。如罗大经《鹤林玉露》中载，绍兴中，朝廷派司谏韩璜为广州提邢去查"有狼藉声"的番禺县令王铁，其妾原是钱塘娼，帮其计谋，宴请韩璜，先是伎乐大作，后让娼妓假扮韩璜曾经的姬侍，将其迎入后堂剧饮：

> 酒半，妾于帘内歌韩昔日所赠之词，韩闻之心动，狂不自制，曰："汝乃在此耶!"即欲见之，妾隔帘故邀其满引，至再至三，终不肯出，韩心益急。妾曰："司谏曩在妾家，最善舞，今日能为妾舞一曲，即当出也。"韩醉甚，不知所以，即索舞衫，涂抹粉墨，蹒跚而起。忽跌于地，王亟命索轿，诸娼扶掖而登，归船昏然酣寝。五更酒醒，觉衣衫拘绊，索烛览镜，羞愧无以自容。即解舟还台，不敢复有所问。[1]

韩璜中了圈套，大出洋相，不仅不敢查问王铁的"违纪"之事，自身也因此次事件遭到弹劾。

庆历年间，文彦博知成都府，宴饮聚会频繁，流言四起。宋仁宗派遣何郯赴蜀调查。幕客张俞为文彦博献计，何郯到成都后，"作乐以燕圣从（何郯），迎其妓，杂府妓中，歌少愚（张俞）之诗以酬圣从，圣从每为之醉。圣从还朝，潞公（文彦博）之谤乃息"[2]。原本去监察文彦博以妓乐燕集频繁的何郯，却被文彦博派去的歌妓吟唱的旧诗所打动，沉浸在歌妓带来的愉悦和美好中，自己反而失职渎职，而文彦博则避免了被弹劾。

当然，宋代地方官员士大夫群体更多的是役使和享受歌妓倡优所带来的宴饮浪漫和欢愉氛围，并将妓乐视为联络、抚慰、打通关节的"工具"。这种阶

---

① 罗大经. 鹤林玉露·乙编·卷6［M］. 田松青，校点. 上海：上海古籍出版社，2012：139.
② 邵伯温. 邵氏闻见录·卷10［M］. 李剑雄，刘德权，点校. 北京：中华书局，1983：101.

层不对等的交往，使卑微阶层的妇女更加悲苦。如北宋时，宣州知州吕士隆，"好以事笞官妓，妓皆欲逃去而未得也。会杭州有一妓到宣，其色艺可取，士隆喜之，留之使不去。一日，郡妓复犯小过，士隆又欲笞之，妓泣诉曰：'某不敢辞罪，但恐杭妓不能安也。'"①吕士隆才作罢。宋代官妓只是唱歌跳舞、陪酒助兴，并不能留宿。地方官员若留宿应差官妓，被发现后，被严惩的还是官妓。《西湖游览志余》载："熙宁中，祖无择知杭州，坐与官妓薛希涛通，为王安石所执。"②薛希涛则被鞭笞而死。因此，宋代州县衙署宴息空间虽然提供了阶层互动和交流的平台，对推动达成文化共识及实现价值追求有一定促进作用，但是在封建等级社会的背景之下，社会底层并不能突破阶层，改变身份。

州县官员作为地方"父母官"，担负守卫地方、治理百姓的职责。而纵情宴饮交游、狎妓风月、玩忽职守、耗费财政等，则会受到弹劾和惩处。如北宋徽宗宣和元年（1119年）诏："郡县官公务之暇，饮食宴乐，未为深罪，若沉酗不节，因而废事，则失职生弊。可详臣僚所奏，措置立法，将上取旨施行。"③一些宴聚无度、不理郡政的地方官，也会受到弹劾及惩处。如北宋哲宗元符二年（1099年）九月戊寅，朝散大夫、新知同州李孝广，朝散大夫、新江东转运副使朱伯虎，承议郎、权福建转运判官张康国，通直郎、权两浙转运使判官曾孝友，朝散大夫、充睦亲广亲北宅讲书郭附，朝奉郎、发运司管勾文字叶宗古等九位官员，因"各用妓乐宴集，为察访司所纠"④，而特降一官。南宋光宗绍熙二年（1191年）四月二十六日，知临江军钱蒇"郡政不理，饮燕度日"⑤而罢。庆元三年（1197年）十月二十二日，知湖州赵善宣"天资凶狠，怪僻徇私。昨守常州，专事掊尅；今任湖州，惟务燕饮"⑥，而被罢免。南宋时知建宁府崇安县某人"日日宴饮，必至达旦，命妓淫狎，靡所不至"⑦，被降职为该县主簿。南宋孝宗淳熙八年（1181年），朱熹任浙东路常平茶盐公事时弹劾台州知州唐仲友利用地方公使钱，"频作宴会"，招待往来的亲戚流连数月，"临行馈送，各以数百千"，甚至还将地方公使钱用于其儿子结婚的供帐、从人衣服、乐伎服装等。唐仲友终被罢免。

① 魏泰. 临汉隐居诗话［M］//丛书集成初编本. 北京：中华书局，1985：332.
② 田汝成. 西湖游览志余·卷21·委巷丛谈［M］. 上海：上海古籍出版社，1958：390.
③ 徐松. 宋会要辑稿·刑法2之75［M］. 北京：中华书局，1957：6533.
④ 李焘. 续资治通鉴长编·卷516·元符二年闰九月戊寅条［M］. 北京：中华书局，1992：12273.
⑤ 徐松. 宋会要辑稿·职官73之5［M］. 北京：中华书局，1957：4019.
⑥ 徐松. 宋会要辑稿·职官74之1［M］. 北京：中华书局，1957：4051.
⑦ 名公书判清明集·卷2·官吏门·知县淫秽贪酷且与对移（陈漕增）［M］. 北京：中华书局，1987：42.

对于地方州县官员会聚宴乐，一些有识官员进行了反思和警示，指出地方官沉迷狎妓宴聚，不仅耗费民脂民膏，于政声政风也不利。陈襄云：

> 为县官者，同僚平时相聚，固有效郡例，厚为折俎，用妓乐倡优，费率不下二三十缗者。夫郡有公帑，于法当用。县家无合用钱，不过勒吏辈均备耳。夫吏之所出，皆民膏脂，以民之膏脂而奉吾之欢笑，于心宁亡愧？兼彼或匮乏，典衣质襦，以脱捶楚，吾虽欢笑于上，而彼乃蹙頞于下，况郡有郡将，如家有严君，子弟不敢狎，县家同僚，彼此如兄弟，用妓之数，必至于亵，终招谤议。故县官于公退休沐之暇，宜以清俸为文字饮，不妨因而商榷职事，物虽不足，而情有余矣。①

提出地方官公退休沐的闲暇应当多追求精神层面的放松，而不是纵情宴乐中的人情往来和人际交往。

小结

宋代州县衙署的宴息空间作为地方官员公退休沐的主要活动场所，在地方官的创建和维护下，往往呈现亭台楼宇相间、园池台榭掩映的园林景象，兴造和布局已经践行了"巧于因借、精在体宜"的设计理念，也开始体现中国古代文人对造园"虽有人作、宛自天开"的审美追求，通过叠山、理水、园圃配置等，力图实现"自成天然之趣，不烦人事之工"。宋代地方官对宴息空间的功能追求主要体现在三个层面。首先，通过宴息建筑的兴建、命名等彰显地方太平之治和百姓安乐，表达自己推崇的为政理念和道德风范，提振、清明政风，感染陶化地方官民。其次，宋代州县衙署宴息空间是对地方官精神世界的反射，地方官在如自然山林或悠然田园的宴息空间度过休沐时光，通过品茶饮酒、吟诗作赋、琴棋书画、游观赏景、读书静思等，追求精神的隐逸和心灵的悠游，缓解和调节日常繁忙公务带来的压力或不适，从而使其泰然自若且游刃有余地治理地方。最后，宋代州县衙署宴息空间是地方官员文娱活动和人际交往的场所，他们通过邀民共乐、招待贤士、宴请宾僚、邀妓应酬等，营造地方政成俗阜、民安喜乐的太平意象。

---

① 陈襄. 州县提纲·卷1·燕会宜节 [M]. 北京：中华书局，1985: 5-6.

第五章

宋代州县衙署建筑的
礼仪空间与地方认同

"礼"是中国古代社会的道德规范和伦理标准，是维持中国古代社会政治秩序、巩固等级制度、调整人与人之间各种社会关系和权利义务的规范和准则。"仪"是行为实践，是具体的仪式、典范、准则等。《说文解字》曰："仪，度也。"①《诗·小雅·楚茨》载："献酬交错，礼仪卒度。"②原始社会的建筑只是解决了人们的居住问题，"上栋下宇"仅是实现了"以待风雨"。但到了有典章制度和伦理道德的夏商周时代，中国古代建筑就开始遵从等级、秩序、尊卑等礼制文化的要求，建筑所创造的空间反映了人的礼仪特质，处处体现着对秩序和法度的追求。本章从讨论宋代州县衙署建筑礼仪空间的构建和功能入手，分析衙署的"礼"制符号、"纪念"场所、"仪式"等对官民活动的规约以及对维持地方社会秩序的影响。

第一节
宋代州县衙署建筑中的礼制"符号"与权力指意

　　在中国古代建筑中，"独特的建筑符号不仅具有丰富的礼仪意涵上的象征意义，同时，也已经成为中国建筑乃至中国文化的标志"③。宋代州县衙署建筑中的礼制"符号"，对彰显地方衙署权威、区分官民身份有重要的意义。

一、礼制元素在衙署建筑中的应用与表达

　　从西周开始，"礼"的元素就被广泛用于建筑之中。《周礼·考工记》中记载了西周王都、宫室、诸侯城的建制等级和标准：

　　　　夏后氏世室，堂修二七，广四修一，五室，三四步，四三尺，九阶，四旁两夹，窗，白盛，门堂，三之二，室，三之一。殷人重屋，堂

---

① 许慎. 说文解字 [M]. 上海：上海古籍出版社，2007：391.
② 毛亨，郑玄，孔颖达. 毛诗正义 [M] //十三经注疏. 北京：北京大学出版社，1999：815.
③ 蒋建国. 仪式崇拜与文化传播：古代书院祭祀的社会空间 [J]. 建筑学报. 2006（3），80.

修七寻，堂崇三尺，四阿，重屋。周人明堂，度九尺之筵，东西九筵，
南北七筵，堂崇一筵，五室，凡室二筵。室中度以几，堂上度以筵，宫
中度以寻，野度以步，涂度以轨。庙门容大扃七个，闱门容小扃三个，
路门不容乘车之五个，应门二彻三个。内有九室，九嫔居之。外有九
室，九卿朝焉。九分其国，以为九分，九卿治之。王宫门阿之制五雉，
宫隅之制七雉，城隅之制九雉，经涂九轨，环涂七轨，野涂五轨。门阿
之制，以为都城之制。宫隅之制，以为诸侯之城制。环涂以为诸侯经
涂，野涂以为都经涂。①

  由此可以看出，在西周时，宫室、厅堂的规模、建制，宫廷内墙、道、门、
堂的用料、材质、色彩都有严格的标准区间。王城、诸侯城也有不同的建造差
别。当时的建筑已经受到礼制的约束，成为厘定尊卑等级秩序的"符号"。其后
各朝代都延续了用"礼"制元素来规范建筑的形制，只是在建筑具体要求和标准
上有所不同。如汉代丞相掌管国家要事，统领广泛。丞相府，辟四门，府有四出
门，随时听事，其西门则是皇帝车辇进入之门。汉代对于官署大门的材质、颜
色、建制有一定的要求，"丞相门无塾，门署用梕板，方圆三尺，不垩色，不郭
邑"②。御史大夫官署"司马门内，门无塾。门用梓板，不起郭邑，题曰御史大夫
寺"③。"丞相听事之门曰'黄阁'，不敢洞开朱门，以别于人主，故以黄涂之，谓
之'黄阁'。"④"出门无阑，不设铃，不警鼓，深大宏远，无有限节。"⑤这些规定
是礼制在建筑上的体现，是权力等级的象征，也是建筑使用者身份和地位的象
征。唐代时，对不同品级的官员和平民的住宅规模、布局、装饰等有明确详细的
规定，礼制对建筑的辐射更加宽泛和细致。《唐会要·舆服志》载：

    王公巳下，舍屋不得施重栱藻井。三品以上堂舍,不得过五间九架；
厅厦两头门屋，不得过五间五架。五品以上堂舍，不得过五间七架；
厅厦两头门屋，不得过三间两架，仍通作乌头大门。勋官各依本品。
六品、七品以下堂舍,不得过三间五架，门屋不得过一间两架。非常参

---

① 郑玄，贾公彦. 周礼注疏·卷41·冬官·考工记［M］//十三经注疏. 北京：北京大学出版社，
  1999：1150-1156.
② 卫宏. 汉官旧仪·卷上［M］. 影印文渊阁四库全书本. 上海：上海古籍出版社，1987.
③ 徐坚. 初学记·卷12·职官部下［M］. 北京：中华书局，1962：289.
④ 顾炎武. 日知录·卷24·阁下［M］. 黄汝成集释. 上海：上海古籍出版社，2006：1362.
⑤ 李濂. 汴京遗迹志·卷15·新修东府记［M］. 影印文渊阁四库全书本. 上海：上海古籍出版社，1987.

官，不得造轴心舍，及施悬鱼、对凤、瓦兽、通栿、乳梁装饰。其祖父舍宅，门荫子孙，虽荫尽，听依仍旧居住。其士庶公私第宅，皆不得造楼阁，临视人家。近者或有不守敕文，因循制造。自今以后，伏请禁断。又庶人所造堂舍，不得过三间四架；门屋一间两架，仍不得辄施装饰。又准律。诸营造舍宅，于令有违者，杖一百。[①]

如果建筑营造不遵循国家规定的等级标准，则视为僭越。到了宋代，礼制已经深深地渗透到建筑的细枝末节，对建筑的称谓、位置、形制、数量、结构、构件尺寸、饰物、彩绘等都有相应的具体规定。如不同身份等级的人居住的建筑称谓不同，"亲王曰府，余官曰宅，庶民曰家"[②]，建筑的规制、彩绘、纹饰等也都体现了等级之差，如《宋史·舆服志》载：

> 凡公宇，栋施瓦兽，门设棨戟。诸州正牙门及城门，并施鸱尾，不得施拒鹊。六品以上宅舍，许作乌头门。父祖舍宅有者，子孙许仍之。凡民庶家，不得施重栱、藻井及五色文采为饰，仍不得四铺飞檐。庶人舍屋，许五架，门一间两厦而已。[③]

宋代地方衙署从城门到内部堂屋、楼阁、廊屋等建筑的规格，以及斗拱、藻井、门屋的彩绘装饰等，都有相应的区别和规范，以此彰显等级和象征身份。

二、门堂之制与权力符号

门堂之制原本是古代宫廷建筑的内容。《三礼图》规定了宫廷建筑的内容和布局，形成了"门堂之制"的标准和形式，所谓"门堂之制"，早期受有限的生产力和建筑技术限制，门和堂是一起的，但随着对建筑功能的需求越来越多，门和堂逐渐分立，"门"作为建筑的外表，即门脸，等级规制不同，"门"的高宽也有差别，一些"高门"建有高大的"门楼"。门既是建筑空间的"界限"，也意味着"通过"，一旦进入，物理的边界就被打破，也就意味着"权力"的运作具

---

① 王溥. 唐会要·卷31·舆服上［M］. 北京：中华书局，1955：573-575.

② 脱脱. 宋史·卷154·舆服志六［M］. 北京：中华书局，1977：3600.

③ 脱脱. 宋史·卷154·舆服志六［M］. 北京：中华书局，1977：3600.

有了实践性。门在承担守御这一实用功能的同时，也是整个建筑空间中最富礼仪象征性的代表。堂是建筑的主体，是居住者活动的主要场所。分立的门堂将其之间敞开的空间封闭围合成院落。门堂组合一方面体现了古代将自然和谐融入的态度，通过围合将自然空间引入人造空间；另一方面符合古代内外、上下、宾主有别的"礼"制要求，将层层空间的功能区划得更细腻和清晰。① "门堂之制"象征着等级与身份，但并不是所有的建筑都能采用门堂之制。随着历史的发展，一些王侯将相的宅子中开始采用门堂之制。

宋代衙署建筑也采用门堂之制，而彰显地方官署威严的"门"自子城门始。宋代地方子城由于多因袭前代，规模有限，仅够兴建地方官署建筑和一些祠庙。如常州"州治在内子城，唐末，郡属淮南杨氏，刺史唐彦随经始于景福元年。建谯楼、仪门，正厅、西厅，廊庑、堂宇，架仗、军资等库余六百楹至南唐郡归。宋代因旧增葺"②。益州子城原是秦惠王时建，王建、孟知祥时亦沿用隋时益州衙署，宋乾德初"命参知政事吕余庆知军府事，取伪册勋府为治所"③。镇江府"子城仅周府寺"。与外城相比，子城更为坚固，墙面"用砖甓砌"，以更好地防御外敌，保卫地方的权力核心即官署。子城门高耸巍然，与衙署谯门、仪门在一条中轴线上。既能起到重重防御作用，在气势上也彰显了衙署作为地方权力中心的庄重威严。子城门往往巍峨壮观，上建有楼。如平江府子城正门昌（阊）门，为"阛阓所作，名曰阊阖门，高楼阁道……承平时，门上亦有楼三间，甚宏敞"④。庆元府子城奉国军门上有楼，奉国门内又有东西二门，各建有门楼，"两楼对峙，巍巍翼翼"⑤。子城门后，往往有谯门立于仪门前，是进入官衙区的"标志"。"天下郡国，自谯门而入，必有通逵达于侯牧治所"⑥，谯门其视雄壮，庄严肃穆，如徽州衙署"仪门外直南数十百步为谯楼，面势雄正"⑦，鄂州衙署"去仪门九十步"⑧建有谯楼。周必大在《广德军重修谯门记》中载："天子五门、诸侯

---

① 李允鉌. 华夏意匠：中国古典建筑设计原理分析 [M]. 天津：天津大学出版社，2005：63-67. 该书对门堂之制有详细的论述说明，指出中国的建筑是在受古人的"礼制"（个人意志）和"玄学"（自然认识）的共同影响支配下产生的，建筑的计划和内容、形状和图案，都无法忽略这点的存在。

② 史能之. 咸淳毗陵志·卷5·官寺一 [M] // 宋元方志丛刊（第3册）. 北京：中华书局，1990：2995.

③ 张咏. 张乖崖集·卷8·益州重修公署记 [M]. 张其凡，整理. 北京：中华书局，2000：79.

④ 范成大. 吴郡志·卷3·城郭 [M] // 宋元方志丛刊（第1册）. 北京：中华书局，1990：709.

⑤ 梅应发，刘锡. 开庆四明续志·卷1·城郭 [M] // 宋元方志丛刊（第6册）. 北京：中华书局，1990：5939.

⑥ 陆游. 渭南文集·卷18·铜壶阁记 [M] // 陆游集（第5册）. 北京：中华书局，1976：2139.

⑦ 罗愿. 新安志·卷1·城社 [M] // 宋元方志丛刊（第8册）. 北京：中华书局，1990：7607.

⑧ 佚名. （宝祐）寿昌乘. 军衙 [M] // 宋元方志丛刊（第8册）. 北京：中华书局，1990：6394.

三之，礼也……本朝帅藩督府，参用周制，其门三重，余二而已。仪门之外，谯楼巍然，以高为贵。"①台州衙楼重修后，"栋宇壮坚，丹䕔辉焕，朝晡有时，吏士犇走不失其度，耳目所瞩，为一邦之巨丽，然后台之文物一新，而江山始改观矣"②。一些县衙也重视谯门的威严，如溧水县"楼之屋五，崇五十有二尺，广加二十有八，深减二十有二，缭以余屋，而风雨不侵；翼以两庑，而登降有地"③。

仪门是衙署正门，又称为桓门、戟门。桓门起于汉代，汉时"县所治夹两边各一桓"④，为桓表。后世称二桓之间加门为桓门，宋徽宗避讳，改为仪门，是"有仪可象"的礼仪之门。官员上任，在官衙的仪门前下马。仪门外列戟，因此又被称为戟门。《宋史·舆服志》载："诸道府公门得施戟，若私门则爵位穹显经恩赐者，许之。在内官不设，亦避君也。"⑤宋代的平江府戟门，是三楹单脊硬山式建筑。戟门是身份地位的象征，在唐代，"三品以上门皆立戟"⑥，宋代规定功臣可以不受品级限定，私立戟。北宋庆历元年（1041年）诏："自今功臣不限品数，赐私门立戟，文武臣僚许立家庙，已赐门戟者仍给官地修建。"⑦立戟门成为朝臣和功臣荣耀的象征。帅藩都府列戟十四、其他州、军列戟十二。如台州衙署仪门列戟十二，常州衙署仪门列戟十二，福州衙署仪门"列戟十有四，戟衣长一丈二尺，以朱、白、苍、黄、玄为次"⑧。戟衣颜色亦有区分。仪门只是在举行礼仪大典、祭祀活动以及皇帝临幸、宣读诏旨等时才可通过，平时则是以仪门两旁的东西便门行走。

宋代衙署的门作为衙署的"门面"，将原本建筑中最注重形式的部分纳入了礼制的范畴，门的规格、用材、装饰及色彩等方面都有不可逾越的严格规定，超出规定就是"僭奢逾制"。宋代益州衙署，主要在前蜀王建、后蜀孟知祥所建基础上改建，其建筑规制远超过一个地方官署的礼制标准。北宋平定益州后，张咏知益州，将其不合规制的建筑拆除，"改朝西门为衙西门，去三门为一门，平僭

① 周必大. 文忠集·卷58·广德军重修谯门记［M］. 影印文渊阁四库全书本.
② 张布. 台州重建衙楼记［M］//林表民，辑. 徐三见，点校. 赤城集·卷3. 北京：中国文史出版社，2007：37.
③ 刘宰. 漫塘集·卷23. 溧水县鼓楼记［M］. 影印文渊阁四库全书本. 上海：上海古籍出版社，1987.
④ 李诫. 营造法式注释［M］. 梁思成，注释. 北京：中国建筑工业出版社，1983：34.
⑤ 脱脱. 宋史·卷154·舆服志六［M］. 北京：中华书局，1977：3600.
⑥ 郑樵. 通志·卷163·柳彧传［M］. 杭州：浙江古籍出版社，1988：2641.
⑦ 王应麟. 玉海·卷151·兵志·唐门戟［M］. 扬州：广陵书社，2003：2770.
⑧ 梁克家. 淳熙三山志·卷7·公廨类一［M］//宋元方志丛刊（第8册）. 北京：中华书局，1990：7840.

伪之迹，合州郡之制，允谓得中矣"①。江宁府在南唐时，曾由李昇"大筑城府，僭用王制"②。宋代统一江南后，对南唐宫室"彻其伪庭，度留表署"，将僭越的建筑拆除，将其作为江宁府的衙署。

衙署建筑空间起始部分的重重大门，一方面，作为防卫的壁垒和限制出入的关卡，承担着出入管理、安全保卫、传收文书、车马停留等实际功能；另一方面，作为视觉语言符号，具有强烈的权力指意和象征意义。民间亦有俗语"衙门大门朝南开，有理无钱莫进来"。对于地方而言，凡是从地方衙署门前通过的人，必然会做视觉停留和反复观瞻，"邦人士女，易其听观，莫不悦喜，推美诵勤。夫礼有必隆，不得而杀；政有必举，不得而废"③。有些地方州县甚至将地方官的画像置于衙署高楼上，"令吏民瞻礼"④。衙署三重大门的标志作用与其实际功能同等重要，在礼制文化等级制度的洗礼之下，闪烁着不可逾越的权力信号。

古代"堂"的等级制度划分更为细化严格，堂基的高低、堂室的大小、台阶的多少，都有相应的礼仪规范。《礼记·礼器》云："天子之堂九尺，诸侯七尺，大夫五尺，士三尺。"⑤古代称"登堂入室"，堂和室在同一个房基之上，由同一个房顶覆盖。堂在前，室在后，中间有墙隔开，堂大于室。墙东边开门，升堂由此门入室。

在"门"与"堂"所构建的礼仪空间中，堂作为"主体"，有时仅得一座，有时却三五成群，并不是严格的一门一堂。门与堂共同组成的围合空间也有多种的形式。有一个或多个门与多个堂纵向并列，也有穿过重重门的尽头是堂，也有堂居于多个门环绕的中心。堂的位置不同，进入的人的心理感受也会不同。宋代州县衙署大"门"与主轴线上的"堂"往往呈纵向排列，层层递进，不仅在功能上有明确的内外区分，在视觉上也能增加秩序感。如宋代临安府衙署主轴线和次轴线上的"堂"都是纵向排列，形成了整齐有序的一进一进的院落。主轴线上的厅堂是衙署长官主要的办公和生活场所，其规模和形制远高于次轴线的属官所使用的厅堂。又如福州衙署除了主轴线上的设厅、日新堂外，次轴线上院落中也分

① 张咏. 张乖崖集·卷8·益州重修公署记 [M]. 张其凡，整理. 北京：中华书局，2000：79.

② 张方平. 江宁府重修府署记 [M] //曾枣庄，刘琳. 全宋文·卷817（第38册）. 上海：上海辞书出版社，2006：150.

③ 曾巩. 曾巩集·卷19·广德军重修鼓角楼记 [M]. 北京：中华书局，1984：304.

④ 范成大. 吴郡志·卷6·官宇 [M] //宋元方志丛刊（第1册）. 北京：中华书局，1990：729.

⑤ 郑玄. 孔颖达. 礼记正义·卷23·礼器第十 [M] //十三经注疏. 北京：北京大学出版社，1999：730.

列着不同功能的"堂"，有设厅东教场北依次向北坐落的议事场所忠义堂、逍遥堂和坐啸台，衙署后宅的休闲场所眉寿堂、雅歌堂、和乐堂等。宋代州县衙署中"堂"的使用空间在一定程度上彰显了官员日常互动和交流之礼。

三、敕书楼、鼓（角）楼与威仪象征

宋代州县衙署谯门之楼，多气势壮观。如鄂州衙署南面有谯楼六楹，是鄂州未升军时，为武昌县时即有。"谯楼去仪门九十步，仪门庑各有楼，以储军器。……视丽谯之楹，而壮不及之。"[①]溧水县（今江苏省南京市溧水区）谯楼于南宋绍定三年（1230年）修成，有屋五间，"崇五十有二尺，广加二十有八，深减二十有二"[②]。谯楼上挂有州（府、军、监）县的名匾。如常州衙署谯楼在子城内南，上有徐铉所篆的常州二字；歙县（今安徽省歙县）县令龚维蕃主持葺治鼓楼，判官李直节篆书"歙县"[③]二字。

谯楼因存放敕书，以及楼上置鼓角、刻漏，又被称为敕书楼、鼓角楼、鼓楼等。宋代谈钥云："自秦、汉间郡有谯门，今邑治亦皆有之，或呼为敕书楼，上置鼓以警夜漏。"[④]王栐亦云："今县邑门楼，皆曰敕书楼。"[⑤]如归安县衙的"敕书楼在大门上，手诏亭在敕书楼前"[⑥]。有些县不止一座门楼，如余干县治之南有二楼，"前曰鼓楼，后曰敕书楼"[⑦]。敕书楼之称起于宋太祖时期，诏令天下州县置楼以藏敕书，包括"厘革刑名，申明制度"之类的敕令律法文、申诫晓谕官民的敕文、任官封爵的诰敕文书等。虽然北宋后期至南宋时敕书楼存放敕书的这一功能则逐渐被架阁库所取代[⑧]，但其代表皇权尊崇的象征性意义还存在。敕书楼不但未废止，还在不断被维护和修缮。如北宋徽宗崇宁二年（1103年），唐庚在为阆中县令时，见敕书楼"库屋数楹，椽腐瓦踈。将过其下者则必却盖俛首鞭

① 佚名.（宝祐）寿昌乘.军衙［M］//宋元方志丛刊（第8册）.北京：中华书局，1990：6394.

② 刘宰.漫塘集·卷23·溧水县鼓楼记［M］.影印文渊阁四库全书本.上海：上海古籍出版社，1987.

③ 澎泽，江舜民.（弘治）徽州府志·卷12·词翰二·拾遗［M］//天一阁藏明代方志选刊本.上海：上海古籍书店影印，1964.

④ 谈钥.盐官县重修鼓楼记［M］//曾枣庄，刘琳.全宋文·卷6462（第284册）.上海：上海辞书出版社，2006：416.

⑤ 王栐.燕翼诒谋录·卷4·敕书楼［M］.北京：中华书局，1981：40.

⑥ 谈钥.嘉泰吴兴志·卷8·公廨［M］//宋元方志丛刊（第5册）.北京：中华书局，1990：4725.

⑦ 洪迈.夷坚志·支景卷1·馀干县楼牌［M］.北京：中华书局，1981：882.

⑧ 高雪华，王云庆.关于两宋时期地方档案保管机构敕书楼的研究［J］.档案管理，2020（4）：43-46.

马，疾驱凛然，惟恐其欲压"①。有损县署威严形象，修缮后"楼屋上下十间"。
莲城县衙中的敕书楼，于南宋光宗绍熙五年（1194年）受到风灾②重创，绍熙六
年（1195年），县令韩永德重建。全椒县衙的敕书楼，是北宋嘉祐年间县令徐做
主持始建，北宋元丰三年（1080年）县令李彦明重建，毁于兵火后，于南宋绍熙
四年（1193年）由县令陈察主持重建，修成后"广高过于其旧"③。敕书楼代表对
王言诏敕的尊重和对皇权尊崇的昭示，其象征功能远大于作为存放敕书档案之处
的实际功能。

宋代州县衙署谯楼上中楹处放置更鼓、刻漏。城楼置鼓，最早用于报警、警
戒盗贼等。孔平仲《孔氏谈苑·封置鼓楼》中载，北魏时，"李崇为兖州刺史，
州多盗，崇乃村置一楼，楼悬一鼓，盗发之处，挝鼓乱击，诸村如闻者，挝鼓一
通，次闻者，复挝以为节，俄顷之间，声布百里，伏其险要，无不擒获。诸村置
鼓楼，自此始也"④。以鼓声传递信号，便于擒贼捉盗。后世效仿，在城楼置鼓。
宋代谯楼上鼓角的数量及吹角人数、时间、方式等都有一定的标准，如《淳熙三
山志》中载福州谯楼：

> 鼓、角各十有二，旧有十二角。建炎二年，江待制常约束云："昏
> 时，吹角八人，各二十六声为三叠；挝鼓八人。角声止，乃各挝鼓千，
> 为三通。凡三角三鼓而毕。四更三点及申刻，各吹角三叠，为小引。"
> 俗云："更以鼓，点以钲。"钲间有款云："梁开平五年，岁次辛未，七
> 月壬午朔。十三日甲辰造。重百二十斤。"⑤

常州衙署有更鼓十四，其上铭曰："晨昏汝司，勤政汝儆。相与保之，期于
有永。"⑥

宋代州县谯楼上的刻漏用于计时。"天子宫禁暨官府皆建漏刻，有师兴则随

① 黄鹏．唐庚集编年校注［M］．北京：中央编译出版社，2013：308．
② 罗濬．宝庆四明志·卷18·定海县志［M］//宋元方志丛刊（第5册）．北京：中华书局，1990：
   5230．
③ 邵康．重建敕书楼记［M］//（泰昌）全椒县志·卷1·建置州·署廨．明泰昌元年（1620）刻本．
④ 孔平仲．孔氏谈苑［M］影印文渊阁四库全书本．上海：上海古籍出版社，1987．
⑤ 梁克家．淳熙三山志·卷7·公廨类一［M］//宋元方志丛刊（第8册）．北京：中华书局，1990：
   7840．
⑥ 史能之．咸淳毗陵志·卷5·官寺一［M］//宋元方志丛刊（第3册）．北京：中华书局，1990：
   2995．

次舍设之，示不可闻事也。"①宋代刻漏之法沿袭前代并有所创新，制作工艺更为精巧复杂，计时也更为准确。宋初刻漏仍沿袭唐五代之制，北宋天圣八年（1030年），燕肃上莲花漏法，"世服其精"②，被推广到很多州郡。宋哲宗元祐时苏颂上《仪象法要》，"又置刻漏四幅，一曰浮箭漏、二曰称漏，三曰沉箭漏，四曰不息漏。使挈壶专掌时刻，与仪象互相参考，以验天数与天运为不差，则寒暑之气候自正也"。宋代刻漏工艺精良，一经创建能长期使用，不易出现偏差，并不需频繁改易。如福州州衙威武军门上的刻漏，从宋神宗熙宁二年（1069年）始"风雨虽昏漏不移，百年应未失毫厘"③。台州子城南门上的刻漏，是皇祐四年（1052年）浮屠可荣所作，因年岁久远而偏差，南宋绍兴三十一年（1161年），太守黄章欲按可荣之法重建刻漏，在改造时，"掘其瓷桶，牢不可动，遂止不掘，因得复用之"④。直到乾道八年（1172年），才改易。苏轼曾感叹为官吏与刻漏异曲同工，有其固定标准才能精准测量，使民心顺服，不能以一时升降荣辱而改变态度。宋代地方衙署谯楼上的刻漏有相关值守规定，《淳熙三山志》卷七《公廨类一》中载福州军门上刻漏的值守安排：

> 建炎二年，江待制常申明约束：一守漏人四，分为两番直日，放漏水，候鱼珠落铜盘，乃移秤刻，即告户外报时者；一诸衙报牌人九，日通以鼓角匠轮差，于户外祗应告报；一直漏人五，夜分直五更，并以挝鼓人轮差，其食具等物，五十日一濯。⑤

宋代州县衙署"设漏鼓，警昏旦"⑥，竖立的鼓角、刻漏与高耸的门楼有同样的象征意涵，不仅起着预晓时辰、防范盗贼、预警战事等实际作用，还是地方观听所在，是地方政府彰显权威和警示教化百姓的"符号"。正如张布在《台州重

---

① 马仲甫. 台州新造刻漏记［M］//林表民，辑. 徐三见，点校. 赤城集·卷2. 北京：中国文史出版社，2007：31.

② 苏轼. 苏轼文集·卷19·徐州莲花漏铭［M］. 北京：中华书局，1986：562.

③ 梁克家. 淳熙三山志·卷7·公廨类一［M］//宋元方志丛刊（第8册）. 北京：中华书局，1990：7840.

④ 陈耆卿. 嘉定赤城志·卷5·公廨门二［M］//宋元方志丛刊（第7册）. 北京：中华书局，1990：7316.

⑤ 梁克家. 淳熙三山志·卷7·公廨类一［M］//宋元方志丛刊（第8册）. 北京：中华书局，1990：7840.

⑥ 梁克家. 淳熙三山志·卷3·地理类三［M］//宋元方志丛刊（第8册）. 北京：中华书局，1990：7868.

建衙楼记》中言："故建楼设鼓以报衙，是则观听所系之大者。"①宋祁在《山东德州重修鼓角楼记》中描绘重修的山东德州谯楼雄伟壮丽，令人望而敬畏，"限以重扃列牖，翼以飞阑曲楯。即之奂如，望之翚如。其板言言，其厦耽耽。层光书激，虚景夜熠。……东西八筵有奇，南北三丈而赢。雉堞高显，率皆称是"②。润州丹阳县"县门楼，建鼓之所也。号令之发，始乎钟鼓"③。刘宰称溧水县（今江苏省南京市溧水区）重修鼓楼后，"鼓以颁政令而观听聿新，鼓以戒昏旦而兴居有节，又栋宇之高明，丹垩之炳焕，使人望之而慢易之心消，敬畏之心起。盖不俟单词之陈，两造之备，而不言之教，不令之威已行"④。敕书、鼓角、刻漏作为州县衙署"纳天子之命""出令行化"的礼制"符号"，既是物质的表现又是观念的聚集，其在官民眼中虽然有不同的情感意义，但却可统一对地方政府权威的认知。

第二节
宋代地方衙署中的礼敬空间与政风民教

宋代州县衙署是地方官日常活动的主要场域，也是其文化精神的投射场所。箴诫官吏的戒石（碑、亭）、礼敬历任太守的瞻仪堂、纪念先贤名宦的先贤堂等，共同构筑了州县衙署的礼敬空间，在约束和箴诫地方官吏的同时，又能起到榜样地方和教化民众的引导作用。

一、戒石（碑、亭）与箴诫官吏

宋代州县衙署的仪门之北与设厅之南建有戒石（碑、亭），上刻有"尔俸尔

---

① 张布. 台州重建衙楼记 [M] //林表民，辑. 徐三见，点校. 赤城集·卷3. 北京：中国文史出版社，2007：37.
② 宋祁. 山东德州重修鼓角楼记 [M] //曾枣庄，刘琳. 全宋文·卷518（第24册）. 上海：上海辞书出版社，2006：372.
③ 夏竦. 重修润州丹阳县门楼记 [M] //曾枣庄，刘琳. 全宋文·卷352（第17册）. 上海：上海辞书出版社，2006：171.
④ 刘宰. 漫塘集. 卷23. 溧水县鼓楼记 [M]. 影印文渊阁四库全书. 上海：上海古籍出版社，1987.

禄，民膏民脂，下民易虐，上天难欺"十六字铭文，以箴诫官吏。这种以刻石箴诫百官的形式可追溯至唐代，开元二十四年（736年），唐玄宗作《令长新戒》以勉励训诫县令，令各地立《令长新戒》石碑。欧阳修的《集古录跋尾》卷六载："右《令长新戒》。唐开元之治盛矣，玄宗尝自择县令一百六十三人，赐以丁宁之戒。其后天下为县者，皆以《新戒》刻石，今犹有存者。"①《全唐文》卷41载有《令长新戒》：

> 我求令长，保乂下人，人之所为，必有所因。侵渔浸广，赋役不均，使夫离散，莫保其身。征诸善理，寄尔良臣，与之革故，政在惟新。调风变俗，背伪归真，教先为富，惠恤于贫。无大无小，必躬必亲，责躬劝农，其惟在勤。墨绶行令，孰不攸遵，曷云被之，我泽如春。②

刻石可以更醒目长久地保存，以起到持续不断警示的效果。广政四年五月，后蜀孟昶箴诫百官语："朕念赤子，旰食宵衣。言之令长，抚养惠绥。政存三异，道在七丝。驱鸡为理，留犊为规。宽猛得所，风俗可移。无令侵削，无使疮痍。下民易虐，上天难欺。赋舆是切，军国是资。朕之赏罚，固不逾时。尔俸尔禄，民膏民脂。为民父母，莫不仁慈。勉尔为戒，体朕深思。"③并"颁于郡国"④。北宋建国后，宋太宗"取孟昶戒百官文切于事情者，使刊之州县庭下"⑤，此后各州县衙署都立有戒石（碑、亭），以朝夕警醒地方官吏奉命唯谨、廉洁奉公、善待百姓，彰显爱民之意。

戒石（碑、亭）不仅是衙署建筑群的组成部分，也是衙署中重要的礼敬空间，戒石铭具有郑重性和长期性，能更好地宣示勤政爱民之德。但到南宋初，很多州县衙署内虽然立有戒石，但"多置栏槛，植以草花。为守为令者，鲜有知戒石之所谓也"⑥。南宋高宗绍兴二年（1132年）下令，不仅要将黄庭坚所书宋太宗《戒石铭》十六字铭文刻在设厅前所立的戒石上，也要州县长令书于座右，并"晨

① 欧阳修. 集古录跋尾 [M]. 北京：人民美术出版社，2010：137.
② 董诰. 全唐文·卷41·令长新戒 [M]. 上海：上海古籍出版社，1990：193.
③ 洪迈. 容斋随笔·续笔·卷1·戒石铭 [M]. 孔凡礼，点校. 北京：中华书局，2005：220.
④ 张唐英. 蜀祷杌·卷下 [M]. 影印文渊阁四库全书本. 上海：上海古籍出版社，1987.
⑤ 袁文. 瓮牖闲评 [M]. 上海：上海古籍出版社，1985：78.
⑥ 潜说友. 咸淳临安志·卷40·诏令一 [M] // 宋元方志丛刊（第4册）. 北京：中华书局，1990：3722.

夕之念"，"使守令僚佐触目警心，务求为良吏①。南宋理宗时，官吏"贪浊成风，椎剥滋甚。民穷而溪壑不厌，国匮而囊橐自丰"②。为了警示官吏，扭转严重的贪腐之风，淳祐四年（1244年），宋理宗仿宋太宗御制《戒石铭》的形式，亲撰《训廉铭》和《谨刑铭》两铭，令天下郡县将刻石置于地方公署之前，并书于长吏坐前正对之，以训诫官吏。《训廉铭》谓：

> 《周典》六计，吏治条陈。以廉为本，乃良而循。彼肆贪虐，与豺虎均。肥于其家，多瘠吾民。纵逭于法，愧其冠绅。货悖而入，灾及后人。我朝忠厚，黜贪为仁。资尔群辟，是训是遵。

《谨刑铭》谓：

> 民吾同胞，疾痛犹己。报虐以威，刑非得已。仰惟祖宗，若保赤子。明谨庶狱，恻怛温旨。金科玉条，豪析铢累。夫何大吏，蔑弃法理？逮于都邑，滥用笞箠。典听朕言，式克钦止。③

州县衙署的戒石已然成为朝廷规约和箴诫地方官员的"标志"，但主要是以训导为主，而非整饬，因此其警示象征意义远大于实际意义。而州县长令对戒石的礼敬和维护，实际上也体现了地方对皇权君令的尊崇。如王十朋，历任饶、夔、湖、泉诸州知州，每到一处，必嫌戒石太简陋矮小，屡屡重刻。

二、瞻礼空间与崇敬守令

在宋代，为表示礼敬守令，常将地方守令的画像置于衙署谯门高楼上，"令吏民瞻礼"，或建造瞻仪堂、祠庙供奉先守令之像以祀。如平江府原是历任知府就任后，绘其图像，置于齐云楼之两挟，令吏民瞻礼。南宋绍兴三十一年（1161年），平江府知府洪遵担心置于衙署高楼的画像被风日所侵蚀，因而"规东序之间屋为堂。取凡公私所藏故侯之像，颇补其阙遗，列画其上，又采韩退之《庙学

① 郑兴裔. 郑忠肃奏议遗集·卷下·戒石铭跋［M］. 影印文渊阁四库全书本.
② 宋史全文·卷33［M］. 李之亮，点校. 哈尔滨：黑龙江人民出版社，2004：2238.
③ 宋史全文·卷33［M］. 李之亮，点校. 哈尔滨：黑龙江人民出版社，2004：2253.

碑》语"①，建瞻仪堂。绍熙三年（1192年），知府沈揆迁诸像于衙署后圃的旧凝香堂中，仍称瞻仪堂。宋宁宗庆元二年（1196年），郑若容因善治受到表彰，从衢州知州调任平江府知府，郑若容就任后，就直指当时瞻仪堂已过三十六年，其中的"绘事故暗，装潢寖以陊脱，欲尽图于壁间"②，命良工名笔又重新绘制诸前任一百五十任太守的画像于堂之壁上，将画像的原作珍藏于阁上。楼钥因其祖父也曾就任平江府知府，认为前太守绘像中其祖父之像年久失真，还用家藏祖父画像，托郑若容予以更换。范成大在《瞻仪堂记》中将平江府（苏州）的富庶安宁，"稻田膏沃，民生其间实繁。井邑如云烟，物伙事穰"③归功于历任太守勤政爱民、夜以继日地处理地方政务，故认为需设纪念堂礼祀和铭记这些"设官为民事君"、有功于地方的太守。与此类似的，还有滑州衙署大厅左挟别室中供奉了曾镇守滑台的贾耽的"遗像之龛"④，休宁县衙署中的瞻仪堂则"供奉故侯之像"⑤。地方州县衙署中瞻礼、崇祀历任太守图像的场所，是地方长期而固定的信仰空间。一则，守令有承宣教化之责，"于身以瞻以仪"⑥，对历任地方守令礼敬和崇祀，就是对地方官员政绩和地方历史的记忆和书写，对守令绘像的重视，也是对其政治形象和政声流传的珍视。二则，瞻仪堂对于地方百姓而言，有导向和辐射作用。宋代民间已称州县长官为父母，王禹偁言："万家呼父母。"注云："民间多呼县令为父母官。"⑦"父母官"一词映射了地方百姓和州县官的关系。古代宗法社会下，家长对子女有绝对的权威，虽养育子女，但也有权教化、惩戒子女，子女则必须尊奉赡养父母。从家庭扩大到社会，州县官就是地方的"大家长"，既扮演了温情脉脉、抚民安民的伦理角色，又是地方权力的执行者，需要地方百姓尊崇和信服。礼敬守令可促使百姓在潜移默化中增强对国家王朝统治的认同感和向心力，有利于维持地方政治伦理和政治秩序。

① 范成大. 吴郡志·卷6·官宇［M］//宋元方志丛刊（第1册）. 北京：中华书局，1990：729.
② 楼钥. 攻媿集·卷55·平江府瞻仪堂画像记［M］. 影印文渊阁四库全书本. 上海：上海古籍出版社，1987.
③ 范成大. 吴郡志·卷6·官宇［M］//宋元方志丛刊（第1册）. 北京：中华书局，1990：728.
④ 赵世长. 重修滑州公府大厅记［M］//曾枣庄，刘琳. 全宋文·卷318（第15册）. 上海：上海辞书出版社，2006：363.
⑤ 董斯张. 吴兴艺文补·卷68·休宁县瞻仪堂记［M］. 影印文渊阁四库全书本. 上海：上海古籍出版社，1987.
⑥ 干文傅. 休宁县瞻仪堂记［M］//全元文·卷1019（第32册）. 南京：江苏古籍出版社，1999：85.
⑦ 王禹偁. 小畜集·卷8·谪居感事一百六十韵［M］. 影印文渊阁四库全书本. 上海：上海古籍出版社，1987.

三、纪念空间与政教地方

宋代州县衙署中常建有专门缅怀纪念先贤名宦的堂（祠）。先贤名宦既是地方政权推崇的精神榜样，也承载着一方百姓的道德期许，有重要的价值导向作用和政教意涵。如宋代平江府（苏州）原有思贤亭以纪念唐代的韦应物、白居易、刘禹锡，兵烬而毁。绍兴二十八年（1158年），知府蒋璨建重建，改名为三贤堂。仲弁《三贤堂记》中谓："三贤平时道义相先分相好，诚相与也，而文章政绩兼优并著，且俱为有意于民者。名藩巨屏，得一师帅吾民，幸矣。乃接踵来临，岁月未远，声名丰采，炳乎其辉，一时盛事，他郡所未有也。去之三四百岁，邦人怀慕之不衰，宜哉!"①以纪念韦应物、白居易、刘禹锡在苏州为郡守时，疏浚筑堤、蠲免赋税、勤于政事、文采风流、推尊文教、礼贤下士，造福一方百姓。绍兴三十二年（1162年），知府洪遵又增加王仲舒及范仲淹二像，更其名为思贤堂。范成大谓："韦、白、刘之余爱，邦人既已俎豆之。语在旧碑，尚矣。王、范风烈如此，且有德于吴，宜俱三贤不没，以为无穷之思，此堂之所为得名者。……亟从掌故吏访诸贤之旧图画，仿佛想见其平生。公既以道学文章命一世，顾有羡于五君子者。意将迹其惠术，讲千里之长利以膏雨此民。"②端平三年（1234年），张嗣古奉安韦应物、王仲舒、白居易、刘禹锡、范仲淹五贤像于内。

又如广州衙署的十贤堂、八贤堂等。元祐中，蒋之奇知广州时，在前太守张颉所建的八贤堂中增祀滕修、王林，是为十贤堂。仲弁《三贤堂记》载："并闻元祐中，魏公（蒋之奇）帅南海。郡人绘前刺史吴公隐之、宋公璟而下八人，筑室以祠之。魏公阅图籍所载，又得滕公修、王公林，合前八人者号十贤，各为之赞叙。"③方信孺《南海百咏》载："十贤祠，在郡治之城上，前太守常以吴隐之、宋璟、李尚隐、卢奂、李勉、孔戣、卢钧、萧仿为八贤。蒋颖叔（蒋之奇）复以滕修、王林益之为十贤祠，自作序、赞，列名刻石。"④王直撰《广州府学仰高祠记》载："按太守沈侯所述事略云：初，宋以蒋之奇守广州，拳拳于砥名节，慨郡之前贤未有祀，以晋吴隐之、唐宋璟、李朝隐、卢奂、李勉、孔戣、卢钧、萧仿八人，列而祠之子城上，又益以晋之滕修、唐之王林，作十贤赞，因名曰'十

---

① 仲弁. 三贤堂记 [M] // 郑虎臣. 吴都文粹. 影印文渊阁四库全书本. 上海：上海古籍出版社，1987.
② 范成大. 吴郡志·卷6·官宇 [M] // 宋元方志丛刊（第1册）. 北京：中华书局，1990：728.
③ 仲弁. 三贤堂记 [M] // 郑虎臣. 吴都文粹. 影印文渊阁四库全书本. 上海：上海古籍出版社，1987.
④ 方信孺. 南海百咏·十贤祠 [M]. 甘泉江氏所藏影钞元本. 上海：上海古籍出版社，1987.

贤堂'。"①南宋淳熙年间（1174—1189年），经略周自强在十贤堂东南建八贤堂②，以祀曾知任广州、有政声的潘美、向敏中、余靖、魏瓘、邵晔、陈世卿、陈从易、张颉八位太守。再如新繁县的三贤堂，是南宋初年县令沈居中为纪念李德裕、王益、梅挚而建，并绘三人像以祀。唐武宗时宰相李德裕、王安石之父王益都曾任过新繁县令，梅挚则是新繁人。

州县衙署中的先贤名宦堂（祠）除了祭祀对当地有政声美誉的文臣官宦外，一些为国家尽忠及守卫地方的贤勇之士，在地方衙署中也受到供奉和礼祀。如福州衙署的忠义堂，"堂东、西壁绘像凡四十七：圣人一人，周公；社稷忠臣十六人，张良以下；节义忠臣十九人，申包胥以下；谏净忠臣十一人，樊哙以下"③。福州衙署的止戈堂，是为纪念程迈、孟庚、韩世忠等英勇平乱而命名。建炎四年（1130年），建州私盐首领范汝聚众造反，福州知州兼福建路安抚使程迈"乞师于朝，乃出禁旅，命孟参政庚、韩少师世忠讨之。绍兴二年（1132年），贼平。遂更名堂曰止戈。有秦桧、李纲、孙近、汪藻、许份、张致远、李弥逊、辛炳、张嵲、洪炎、邓肃、李芘、朱松等诗，咏程公之功"④。

雄州衙署的忠义堂，是嘉祐七年（1062年）赵滋知雄州时所建。

撷近古端庄忠义之士，书其名氏与其行事焉。若汉之大贤人如董、贾、扬雄，名将相如萧、曹、吴、邓辈，功勋德业、焜耀竹帛，又岂徒一节行而已哉。今取其迹之尤著者列焉。有致位卿相者，有立功将帅者，任师傅者，将王命者，宗室戚里之贤者，定祸乱者，死国事者，达权救弊者，执经守道者，进罹其险者，不复备举。上自周秦，下迄五代，若此选者实繁其人。今所录者，惟汉唐可。其壁用四十有二人，聊以备闲燕之观。思其人，见其所履，虽愚者，勉之亦足以发其志，矧才者乎！余尝闻王安汉虽苦多务，而日寻记传；张校尉虽号雄猛，而爱尚君子。祭征虏之悦礼乐；张度辽之喜讲论，皆周旋车中，然犹好事如此。赵侯雅意，乐逢治平。公之暇，委蛇庭户，间日觇古人之名节，有足开益，

① 王直．抑庵文集・后集卷4・广州府学仰高祠记［M］．影印文渊阁四库全书本．上海：上海古籍出版社，1987.
② 祝穆．宋本方舆胜览・卷34・广东路［M］．上海：上海古籍出版社，2012：323.
③ 梁克家．淳熙三山志・卷7・公廨类一［M］//宋元方志丛刊（第8册）．北京：中华书局，1990：7844.
④ 梁克家．淳熙三山志・卷7・公廨类一［M］//宋元方志丛刊（第8册）．北京：中华书局，1990：7843.

宜无愧于前所谓诸将军也。①

赵滋选取汉唐时期四十二位忠义护国者的事迹列于堂内壁上，以闲燕之时观瞻礼敬，在时常缅怀历代忠贤之士之余，也以此明志，表达忠义之心。《宋史·赵滋传》载赵滋"果敢任气，有智略，……在雄州六年，契丹惮之。……缮治城壁、楼橹，至于簿书、米盐，皆有条法"②。因此，金君卿在《忠义堂记》一文中，借赞叹文武双全忠义之士王安汉、张骞、张则等，指明赵滋也兼备文韬武略，其建忠义堂就是为宣明其所行无愧于所列的忠义之人的德行。

宋代州县衙署纪念先圣名宦的纪念场所，其空间营造是在政权力量和文化认同的双重驱动下进行的。州县守令在州县衙署的先贤名宦堂（祠）中以图像祭祀等来表达对他们的缅怀和崇敬。与此同时，也强化了对其他进入者及听闻者的视觉、听觉等记忆，增进了对品行高洁、政事清明、忠勇卫国的先贤名宦的了解和认同。此外，纪念先贤堂（祠）的堂记、书信、诗词、碑刻的传播进一步丰富了先贤名宦的信仰空间，从而自上而下振扬英声、扶持风教。从维持地方政治秩序的角度，地方州县长令推动纪念先贤名宦的着眼点在于通过这种表彰忠义、讴歌贤良的举措，加强对地方官吏的官德教育，使其产生价值认同，激发继任官员的使命感和责任感，是一种整饬社会秩序、加强民心教化的手段。并以此为百姓树立忠君的典范和德行的标杆，引导百姓尊敬忠臣良将，规范和引导民间信仰，推动地方信仰向国家意识形态靠拢，在潜移默化中增加地方百姓对国家的认同感和向心力。

在地方守令的主导推动下，集道德品行和灵应神验于一体的先贤人神被不断塑造，在百姓心中也越加高大。地方民众纷纷"图像祀之"，以求庇护。如王禹偁知黄州时，"政化孚洽……邦人沐浴恩惠，为绘像立祠，东坡居士尝亲拜其下"③。王旦任岳州平江县知县时，"有善政，公既去，其民相与筑堂画像而祠之，其后栋宇敝阙，则奉公之像宝积佛舍中"④，佛舍被焚毁后，当地百姓又在王旦经常游息之地，即县西的元老亭祠祀他。黄度知建康府时，因平贼盗有功，"民画像祀公，家为香火"⑤。刘夙知衢州时，"在州期年，政平讼简，郡人画像祠

① 金君卿. 金氏文集·卷下·忠义堂记 [M]. 文渊阁四库全书本. 上海：上海古籍出版社，1987.
② 脱脱. 宋史·卷324·赵滋传 [M]. 北京：中华书局，1977：10496-10497.
③ 王禹偁. 小畜集·序 [M]. 影印文渊阁四库全书本. 上海：上海古籍出版社，1987.
④ 孔武仲. 宋岳州平江县王文正公祠堂记 [M] // 清江三孔集. 济南：齐鲁书社，2002：233.
⑤ 叶适. 叶适集·卷20·故礼部尚书龙图阁学士黄公墓志铭 [M]. 北京：中华书局，1961：396.

公"①。地方官府主导下的先贤名宦祠祀在民间兴盛，加强了对地方道德的垂训。

祀礼空间与官民共识

　　建筑不仅是人躲避风雨的地方，也是人精神栖息的场所。在建筑中开展的祭祀活动，可以说是对人精神世界的一种反馈。宋代地方祭祀立春、岳、镇、海、渎、社稷、风雨、城隍、土地等，并建有多处祭坛、庙宇、道观等，以供官吏百姓祭祀朝拜。在地方衙署举行的祀礼，则由地方守令主导，在特定的空间完成。其意义不是以设醮、供奉神祇来沟通神灵，而在于以"礼"为教，在展示官府权威形象的同时，以超越现实的神道精神去引导与控制地方统治下百姓的思想、信仰、情感和精神。

一、立春礼与集体劝农

　　立春是二十四节气之首，昭示一年之始，万物复苏。古代重视立春，从周代始，在立春前后，举行由天子亲耕的"籍田礼"并督促百姓耕作，表示对农时生产的高度重视。到春秋战国，立春时，不仅有"籍田礼"，还增加了迎春仪式，由"天子亲帅三公、九卿、诸侯、大夫，以迎春于东郊，还反，赏公卿诸侯大夫于朝。命相布德和令，行庆施惠，下及兆民"②，以迎接春天，准备春耕。至汉代以后，立春时，逐渐又形成了鞭春牛班春的习俗。"春牛"是指耕牛形状的泥塑土牛。早在先秦时，隆冬时节，命有司"出土牛，以送寒气"③，就是班春习俗中"鞭春牛"中土牛之缘起。制作土牛后鞭打的仪式就是"鞭春牛"，立春也被称为"打春"，以示驱赶寒气、迎接春耕。"鞭春牛"的仪式逐渐成为地方重要的

① 叶适.叶适集·卷16·著作正字二刘公墓志铭［M］.北京：中华书局，1961：302.

② 郑玄，孔颖达.礼记正义·卷14·月令［M］//十三经注疏.北京：北京大学出版社，1999：1355.

③ 郑玄，孔颖达.礼记正义·卷17·月令［M］//十三经注疏.北京：北京大学出版社，1999：1383.

立春劝耕活动。元稹的《生春》诗之七描绘了唐代立春时，县门外"鞭春牛"的场景，"鞭牛县门外，争土盖蚕丛"①。宋代，地方各州县在立春时，会举办由官民共同参加的大规模的"鞭春牛"礼，只是具体仪式上各地有一些差异。《尧山堂偶隽》卷五有注云："宋人有《祭勾芒神文》曰：'天子命我尽牧南海之民，农人告予将有西畴之事。念铜虎谨颁春之职，出土牛示嗣岁之期'"②，即提到了立春时，制作土牛示嗣岁。

《晁具茨诗集》卷八《立春》中详细记载了开封府"鞭春牛"的程序：

> 立春前五日，并造土牛、耕夫、犁具于大门之外，是日黎明，有司为坛以祭先农，官吏各具彩杖击牛者三，以示劝耕。又开封府进春牛入禁中鞭春，又府僚打春府前，百姓皆买小春牛。③

孟元老的《东京梦华录》中也记载了开封、祥符两地"打春"的仪式，"立春前一日，开封府进春牛入禁中鞭春。开封、祥符两县，置春牛于府前，至日绝早，府僚打春"④。

关于临安府衙署的立春"鞭春牛"礼，于吴自牧《梦粱录》卷一《立春》中可见：

> 临安府进春牛于禁庭。立春前一日，以镇鼓锣吹妓乐迎春牛，往府衙前迎春馆内。至日侵晨，郡守率僚佐以彩杖鞭春。……太史局例于禁中殿陛下，奏律管吹灰，应阳春之象。⑤

周密《武林旧事》中也有记录："立春前一日，临安府造进大春牛，设之福宁殿庭，及驾临幸，内官皆用五色丝彩杖鞭牛。"⑥以上文字都描述了临安府举行"鞭春牛"礼时的程序和热闹景象。

何耕在《录二叟语》中详细记载了成都府"打春牛"的情况：

① 元稹. 生春二十首之七［M］//全唐诗·卷410. 北京：中华书局，1960：4556.
② 苏轼. 苏轼文集·佚文汇编·卷5·梦中作祭春牛文［M］. 北京：中华书局，1986：2547.
③ 晁冲之. 晁具茨诗集·卷8·立春［M］//丛书集成初编本. 上海：商务印书馆，1960：32.
④ 孟元老. 东京梦华录·卷6·立春［M］. 北京：中华书局，1985：107.
⑤ 吴自牧. 梦粱录·卷1·立春［M］. 北京：中华书局，1985：2.
⑥ 周密. 武林旧事·卷2·立春［M］. 北京：中华书局，1985：39.

成都大都会，自尹而下，茗、漕二使者之治所在焉。将春前一日，有司具旗旌、金鼓、俳优、侏儒、百伎之戏，迎所谓芒儿土牛以献于二使者，最后诣尹府，遂安于班春之所。黎明，尹率掾属相与祠勾芒，环牛而鞭之三匝，退而纵民碟牛。民欢哗攫攘，尽土乃已。俗谓怀其土归置之耕、蚕之器之上，则茧孽而稼美，故争得之，虽一丸不忍弃。①

苏轼的《减字木兰花·立春》诗"春牛春杖，无限春风来海上"②，也描写了儋州立春"打春牛"的情况。

由上可见，宋代地方重视立春礼，"鞭春牛"仪式都有一定的规模和程序。有些在立春前多日就开始准备，主要是制作土塑成牛，有些还制作代表农耕的耕夫、犁具等泥塑。在立春前一日，地方州县衙署大门前开始"迎春牛"，以旗鼓、锣吹、妓乐，甚至是俳优、侏儒、百伎表演相迎，声势浩大、热闹非凡。是日凌晨，地方官吏与平民百姓齐聚在衙署门前，先祭农神，再由地方守令率属官主持"鞭春"，用彩杖鞭"春牛"，纵地方百姓"碟牛"，民众熙攘着将土牛碎块放置在农器、养蚕的器具上，寓意新的一年农耕纺织都令人满意。开封府和临安府因是都城所在，还需要迎"春牛"于禁中"鞭春"，再返回衙署完成打春牛仪式。

举行"打春牛"仪式时，州县衙署门前人群熙攘，百姓聚集在衙署门前买卖小春牛，装点花栏。如《东京梦华录》卷六《立春》载，开封府举行立春礼时，"府前左右，百姓卖小春牛，往往花装栏坐，上列百戏人物，春幡雪柳，各相献遗"③。《梦粱录》卷一《立春》载，临安府举行立春礼时，除街道以花装点外，家舍宅院也富有春之喜庆，朝廷官员因赐称贺，"街市以花装栏，坐乘小春牛，及春幡、春胜，各相献遗于贵家宅舍，示丰稔之兆。宰臣以下，皆赐金银幡胜，悬于幞头上，入朝称贺"④，俨然一派全民参与盛大节日活动的景象。这样的立春礼也不再只有严肃和神圣，还充满了群众性、观赏性、娱乐性、商业性。地方守令在此刻除去了严肃的神圣光环，披着与民同乐的温情外衣向民众传达重农劝农的信息。显然，通过"鞭春牛"感知农耕、安抚教化百姓，比发布"古语杂奇

① 曹学佺. 蜀中广记·卷55·风俗记第一［M］. 影印文渊阁四库全书本. 上海：上海古籍出版社，1987.
② 苏轼. 苏轼诗词选［M］. 孔凡礼，刘尚荣，选注. 北京：中华书局，2005：279.
③ 孟元老. 东京梦华录·卷6·立春［M］. 北京：中华书局，1985：107.
④ 吴自牧. 梦粱录·卷1·立春［M］. 北京：中华书局，1985：2.

字，田夫莫能读"①"徒为文具"②"父老听来似不闻"③等流于形式的劝农文要亲切和有效得多。

此外，"鞭春牛"的仪式在地方州县衙署门前举行，除了彰显国家仪式之正统外，也为官民的互动交流提供了时间和空间，兰德尔·柯林斯的互动式仪式理论提出，"互动仪式的核心机制是相互关注和情感连带，认为仪式是一种相互关注的情感和关注机制，它形成了一种瞬间共有的实在，因而会形成群体团结和群体成员身份的符号"④。官民在共同参与"迎春牛"—"打春牛"—"碟春牛"一系列互动仪式的过程中，产生了集体兴奋和情感共鸣，彼此也增进了认同感。

二、狱空仪式与德政表征

狱空，是指在一定的时期，所管辖的监狱之内皆无系囚。狱空代表德政的思想，起源很早，如《史记·天官书》云："赤帝行德，天牢为之空。"⑤宋代"诸州奏狱空，须是司理、州院、倚郭县俱无囚系，方为狱空"⑥。宋代曾多次诏敕奖谕狱空的诸州，并嘉奖地方长官。"凡诸州狱空，旧制皆除诏敕奖谕，若州司、司理院狱空及三日以上者，随处起建道场，所用斋供之物，并给官钱，节镇五贯，诸州三贯，不得辄扰民吏。"⑦实现狱空的地方长官可获转官、减磨勘、银绢等奖赏。如神宗元丰七年（1084年）二月十一日，以开封府狱空，赏赐知府王存奖谕书、银绢百匹两，推判官胡宗愈等银绢三十匹两。政和五年（1115年）三月，表彰开封府狱空，其中"开封府尹盛章、少尹陈彦修、李孝端、左司录事李传正、右司录事王行可并转一官，余有官人减三年磨勘，无官人等第支赐"。诸州"狱空"后可给官钱设醮。但狱空仪式往往比较盛大，原本只有在"狱无囚系"的前提下才能举行，而诸州甚至每年举行，远超规定。如福州左右司理院，"每

---

① 真德秀. 西山先生真文忠公集·卷40·泉州劝农文 [M] //《四部丛刊》影印明正德刊本. 1929: 27b.
② 李心传. 建炎以来系年要录·卷154·绍兴十五年闰十一月甲申条 [M]. 上海：上海古籍出版社, 1992: 157.
③ 刘爚. 云庄集·卷1·长沙劝耕 [M]. 影印文渊阁四库全书本. 上海：上海古籍出版社, 1987.
④ 柯林斯. 互动仪式链 [M]. 北京：商务印书馆, 2009: 3.
⑤ 司马迁. 史记·卷27·天官书第五 [M]. 北京：中华书局, 1959: 1351.
⑥ 徐松. 宋会要辑稿·职官15之3 [M]. 北京：中华书局, 1957: 2699.
⑦ 徐松. 宋会要辑稿·刑法4之85 [M]. 北京：中华书局, 1957: 6664.

岁上元，必空狱设醮，因大张灯，以华靡相角，为一郡最盛处”①。

由于地方州县"狱空"不仅能受到褒奖，还能彰显地方德政，所以地方长令多以"狱空"为追求。如闽清县衙"时民有诉告，令相追究，未尝遣一吏，摄一民，面自穷理，至则遣之，以是囹圄多空"②。范百禄知开封府，"囹圄空虚。僚属欲百禄言于朝，百禄曰：'千里之圻，而无一人之狱，此上德所格，岂尹功耶？'"③为了实现"狱空"，地方官往往要在上元节日之前将滞留的案犯审理完毕，将监狱空留出来，这就不难解释在宋代会出现"诸州申奏狱空，是将见禁罪人于县狱或厢界藏寄"④，造假或虚报狱空的情况。如宋太宗太平兴国七年（982年）八月十五日，两浙路转运使高冕言："部内诸州系囚甚多，盖知州、通判慢公，不即决遣，致成淹延。或虚奏狱空，隐落罪人数目，以避朝廷按问。"⑤"狱空"俨然成为一些地方官员博得美名、嘉奖和升迁的工具。

朝廷提出狱空，本是为了督促地方官员提高断狱时效、减少冤狱。但地方狱空的仪式盛大，反而耗费了大量人力物力，给地方带来财政负担。绍熙元年（1190年）十二月二十二日，大理寺丞周晔言，因狱空的犒赏等花费巨大，以至于赊债。"旧例奏狱空，犒赏胥吏，凡所经由，等第支给，至数千缗。寺库既不能办，狱虽无系囚，但申省部，不敢陈奏，遂至赊作狱空，常欠利债。"⑥在巨大的开支下，诸州司理院将费用转嫁到所属州县。《夷坚志·甲志》卷六十三载，绍兴二十年（1150年），福州司理院在预算不足的情况下，仍要坚持举行狱空仪式，而面对醮筵等所需要万钱，左司理陈燧假借使者托梦，收取闽清县令的"助钱"：

> 绍兴庚午，侍郎张公渊道作守，命毋扰僧徒。狱吏计无所出，耻不及曩岁，相率强为之。前一夕，左司理陈燧，梦朱衣吏着平上帻揖庭下曰："设醮钱已符右院关取。"明旦，有负万钱持书至，取而视，乃闽清令以助右院者，方送还次。群吏曰："今夕醮事，正苦乏使，留之何

---

① 洪迈. 夷坚志·甲志·卷6·福州两院灯 [M]. 北京：中华书局，1981：48.

② 梁克家. 淳熙三山志·卷9·公廨类三 [M] // 宋元方志丛刊（第8册）. 北京：中华书局，1990：7870.

③ 潜说友. 咸淳临安志·卷40·诏令一 [M] // 宋元方志丛刊（第4册）. 北京：中华书局，1990：3723.

④ 徐松. 宋会要辑稿·刑法4之89 [M]. 北京：中华书局，1957：6666.

⑤ 徐松. 宋会要辑稿·刑法4之85 [M]. 北京：中华书局，1957：6664.

⑥ 徐松. 宋会要辑稿·刑法4之90 [M]. 北京：中华书局，1957：6666.

害！"陈亦悟昨梦，乃自答令书而取其金，醮筵之外，其费无余，是虽出于一时之误，然冥冥之中，盖先定矣。[1]

可见，一次"狱空"甚至需要花费万钱，给地方带来了财政压力。且狱空被视为政绩，能受到表彰奖励，还能减少磨勘，故容易滋生贪腐。宋代也曾多次表示停止地方诸州上报狱空，惩处谎报狱空的官员。大中祥符二年（1009年）十一月，诏令狱空不得奖谕。明道二年（1033年）十月，对谎报狱空的龙图阁待制、权知开封府钱勰、朝散大夫、仓部郎中范子谅，及朝奉大夫、新差提点河北西路刑狱林邵，各罚铜二十斤。对钱勰增加三年磨勘，林邵增加二年磨勘。并谪迁钱勰知越州，范子谅知蕲州，林邵知光州。宋高宗绍兴十九年（1149年）三月十四日谕：诸州申奏狱空，是将见禁罪人于县狱或厢界藏寄，若再奏狱空，令监司验实，如有妄诞，令御史台弹劾。

但地方对狱空的上报并未停止，政和三年（1113年）九月十二日虽"诏大理寺、开封府自今不得奏狱空，其推恩支赐并罢"[2]，但政和五年（1115年）朝廷仍然表彰并嘉奖了开封府上报狱空的官员。这表明狱空在宋代有重要的政治意义，不仅能体现国家对司法刑案的重视，还能昭示地方政治是否清明。

三、城隍、土地祭礼与地方意识

除了狱空仪式外，城隍庙的祭典也非常隆重，对地方政治有重要的象征意义。城隍庙在衙署旁，与衙署有着相同的空间职责，其建筑布局也与衙署相似，是地方衙署建筑空间布局不可或缺的建筑。城隍本指护城河，《周易·泰封》云："城复于隍，勿用师"[3]，后由西周时期的水庸之神演变而来，《陔余丛考》卷三十五《城隍神》引《礼记》："天子大蜡八，水庸居其七，水则隍也，庸则城也。以为祭城隍之始固已。"[4]后经道教演衍，城隍成为地方城池守护神，剪除凶恶、保国护邦，并管领阴间亡魂。祭祀城隍神的例规形成于南北朝时，发展到宋

---

① 洪迈. 夷坚志·甲志·卷6·福州两院灯 [M]. 北京：中华书局，1981：48.
② 徐松. 宋会要辑稿·刑法4之87 [M]. 北京：中华书局，1957：6665.
③ 王弼. 周易注校释·卷2·上经泰传第二 [M]. 楼宇烈，校释. 北京：中华书局，2012：49.
④ 赵翼. 陔余丛考·卷35·城隍神 [M]. 北京：商务印书馆，1957：772.

代，城隍神的祭祀已入国家祀典，祭祀颇盛，甚至超过了对社稷的祭祀。^①虽然宋代的地方州县常立土地庙，但认为土地是城隍的下属，皆听命于城隍。既有城隍则土地祠可废，而原本"社稷为一州境土最尊之神"^②，也被很多地方"视社稷无为也"^③。正如陆游任福州宁德县主簿时，在《宁德县重修城隍庙记》中云：

> 城者，以保民禁奸、通节内外，其有功于人最大，顾以非古黜其祭，岂人心所安哉？自唐以来，郡县皆祭城隍，至今世尤谨，守令谒见，其仪在他神祠之上。社稷虽重，特以令式从事，至祈禳报赛，独城隍而已。则其礼顾不重欤？^④

宋代的城隍祀礼之重，是其他神祀比不上的，而且受到官方重视。宋代各州县虽都有城隍庙，但各地的守护神不同，城隍的姓名也不同，如宋人赵与时的《宾退录》记载，"今其祠几遍天下，朝家或锡庙额，或颁封爵，未命者，或袭邻郡之称，或承流俗所传，郡异而县不同，至于神之姓名，则又迁就附会，各指一人"^⑤。

宋代地方官吏重视城隍，将其作为衙署建筑中的一部分，并重视拜谒城隍，赴任时都要去拜谒城隍，拜谒需要以地方官为首，要率全城百姓沐浴焚香，三拜城隍，烧祝文。城隍既然是城市的守护神，在职掌方面就与地方官员有相同的"地理空间"，不同的是地方官员管阳间的地方，而城隍管阴间的地方。每一个有围墙的城池，都在城隍神的保护下。每个州县的衙署有各自对应的城隍庙，意味着现实世界的地方官员与幽冥之中的地方守护神共同负责守卫地方城池和民众，也就是《礼记》所说的"明则有礼乐，幽则有鬼神"^⑥，地方州县官僚祭祀城隍，认可城隍在地方的"幽"职权力，即是彰显治理地方的正统权。因此，构建城隍、土地的神权，也是在强化地方衙署的权威形象。

地方官员通过渲染城隍、土地的神秘力量，以"神道设教"的方式加强对地

---

① 程民生. 神权与宋代社会：略论宋代祠庙 [C] //邓广铭，漆侠. 宋史研究论文集. 石家庄：河北教育出版社，1989：401-413. 该文提出宋代城隍庙风行的原因有二：一是宋代地方武备虚弱，加以民变频繁，无力守护，于是大力求助于城隍神。二是宋代城市大发展。城隍的普遍出现，也是城市经济发展的表现。

② 罗濬. 宝庆四明志·卷2·叙郡中 [M] //宋元方志丛刊（第5册）. 北京：中华书局，1990：5011.

③ 叶适. 水心集·卷11·温州社稷记 [M]. 影印文渊阁四库全书本. 上海：上海古籍出版社，1987.

④ 陆游. 渭南文集·卷17·宁德县重修城隍庙记 [M] //陆游集（第5册）. 北京：中华书局，1976：2128.

⑤ 赵与时. 宾退录·卷8 [M]. 上海：上海古籍出版社，1983：103.

⑥ 郑玄，孔颖达. 礼记正义·卷46·祭法 [M] //十三经注疏. 北京：北京大学出版社，1999：1305.

方百姓的信仰引导和思想控制，从而使辖区百姓信任并依赖地方掌管一明一幽的掌权者，以构建统一的群体意识，进而安抚百姓并维持地方社会的稳定。

小结

仪式是"具有可重复模式，表达共同价值、意义和信念的活动"。宋代州县衙署建筑通过"礼"制符号、观瞻礼敬与仪式等构建的礼仪空间，在精神和观念上处处体现着对秩序和法度的追求。宋代州县衙署建筑的用料、式样，门堂、钟鼓楼等的规格，是其等级和权力的象征，也为其增添了更多的隆重感和威慑感。地方衙署的礼敬空间主要是通过纪念和尊崇地方历任守令、先圣先贤，以有形的典范和无形的情感，去箴诫地方官员的言行，榜样地方和教化民众。此外，仪式也是礼仪的一部分，仪式虽然是转瞬即逝的，但仪式空间的凝聚功能却可以长期延续。地方州县官僚在衙署主持的集体性仪式，不仅使参与的个体滋生共鸣的情感，增强对各自角色的认同感，与此同时还凝结了地方群体的共同认知和思想情感，这对控制群体意识和稳定社会秩序极具效果。

结　论

　　以往宋代建筑史和政治史的研究，都分别揭示了众多历史事实。本书的论述是基于前贤的研究，试图采取新的视角并加以补充。通过对宋代地方州县衙署建筑空间实用性和象征性功能的考察，揭示地方州县官吏活动的轨迹及权力运作的空间，以此深化对宋代地方治理和社会秩序的观察。

　　首先，通过长时段的考察，梳理宋代州县衙署建筑建制规律、营缮等方面，丰富了古代衙署建筑发展史的内容。宋初，地方州县衙署建筑多是沿袭唐代衙署，其规制也多有前代衙署的影子。但受行政建制、地方官制、文化习俗、自然地貌、灾袭战损等的影响，州县衙署建筑在或多或少的营建和修缮后，其规制又在不断变化。因此，探讨宋代地方衙署营缮理念与效果，是观察州县衙署建制变化及其特征的必要视角。宋代州县衙署的营缮力度与效果与当时的国家营缮政令、地方财政、地方官僚的态度等诸多因素有关。不同的时期，国家的营缮政令有所张弛。值得注意的是，宋代国家虽然时常表达对土木兴造的慎重，以避免劳民伤财，但并未完全禁止地方廨宇修缮，而是多鼓励随事修缮。加之社会奢靡之风兴起，尤其是北宋中期和南宋中期，各种土木兴修上行下效，难以责人。宋代地方官僚的态度也是影响州县衙署兴修的一个重要原因。州县衙署作为地方行政的中心，其"观瞻弘势"的象征意义与"正位行令"的实际功能同样重要。气势恢宏、井然有序的衙署，才能彰显地方权威，使各职能空间各尽其能，更好地号令地方，这也是州县长令对地方衙署营缮态度积极的原因。但宋代州县长令的任期较短，地方财政有限，又使得他们不得不慎重考量衙署营缮所带来的财力、人力的压力。因此，宋代地方衙署在长期营缮中，逐渐形成了审批监管、定图营造、遵循预算、用功尽料等营缮理念，对衙署的兴修有所要求和规范。主要采用随事修缮、仰仗雇佣、圆融物力、节约费用等营缮方式。地方衙署营缮规范和方式的出现，体现了宋代地方官僚在官署营建理念与实际需求之间所做的渐进式的调和。

　　总的来说，首先，宋代州县衙署在规制上延续了汉唐时期的一些基本特征并有所发展，形成了一定的规律，但在不同时期，不同层级的衙署又有一定的特异性。宋代州县衙署建筑的朝向、中轴线的布局、前堂后寝的排列模式、"重门"的谯楼、仪门的称谓、箴诫官吏的戒石铭等，为明清衙署建筑所继承和发展。但宋代州县衙署建筑与明清时期的衙署建筑形式还有一定的差别。如宋代州县衙署内部虽有中轴线，但其建筑并未非绝对对称排列，这点不同于遵循绝对对称原则的明清时期的建筑。①明清时期衙署大门有照壁，应是源于汉代的罘罳，而宋代衙署中却不曾出现。

其次，对宋代州县衙署治事空间布局和功能进行解读，有助于直观地描绘地方的权力运作方式和轨迹。建筑"空间"不仅是个物理概念，也是建构社会关系和秩序的场域。宋代地方城市延续前代以子城围绕衙署增强防御并凸显其核心地位和象征，以中轴线和前堂后寝划分和组织衙署的空间序列，体现了对实用功能的需求，也体现了对秩序和法度的追求。"治事空间"是宋代州县衙署最主要的权力运作场域。州县长令与僚属的职事厅的空间分布和区位划分是对地方衙署的机构设置、职官制度的具象表达，是对州县官府行政组织、司法刑狱、仓储管理等的直观写照，有助于遵循州县衙署政务空间运转的轨迹，考察宋代地方行政时效和社会治理水平。与具体的职事场所不同，处于衙署外围区域的衙署大门前的空间，看似是整个衙署中"权力"辐射最淡弱的地方，但是作为地方官民信息通达的"公共空间"，它既是颁布圣谕政令、接收进状、公示诉讼等的信息平台，也是规训、教谕百姓的宣教之所。地方官府以公开公示的方式，促进共享信息在公共空间流动的同时，也在时间中流动，进而延长和加强了地方政府权力的渗透，官府对地方的作用得到了强化。"在超越流动空间的功能性逻辑，进而组织地方的社会控制方面，地方政府必须发挥中心作用。唯有强化这种角色，地域性才能对经济和政治组织施加压力，从而在新功能逻辑中，恢复地方社会的意义。"②在官民通达信息的州县衙署"公共空间"下，地方官府通过发布、共享信息，以"父母官"的形象对百姓谆谆教诲，以增强对地方百姓的教化和社会的控制。

最后，对宋代州县衙署宴息、礼仪空间进行了解析，试图多角度、多层次地呈现宋代地方官府对社会秩序的维系和影响。以"秩序"为原则，以"实用"为根本的宋代州县衙署建筑，是其"场域"活动下对人的思想、文化、价值取向、伦理精神等的真实映射。一方面，宋代州县衙署宴息空间受政治文化表达和价值

---

① 梁思成. 中国建筑史［M］. 天津：百花文艺出版社，2005：316. 该书提出平江府的大门和门内建筑都非中国传统对称式样。

② 卡斯特. 流动空间中社会意义的重建［J］. 王志弘，译. 国外城市规划，2006，21（6）：101.

浸染。宴息空间的打造、建筑的命名等，是地方官僚传达治平安定、官民共乐的信号；是宣扬清明政风、陶化民风的标志；是表征政绩、留存政声的印记；是彰显吏隐双兼、游刃仕途的写照。宋代州县衙署宴息空间中的宴饮会聚、应酬交往，不仅满足了地方官僚活跃于地方、交游于宦海的需求，也推动了社会各阶层之间的互动交流，维系了社会秩序。另一方面，礼仪空间是宋代州县衙署代表中央统领地方的"门面"，被装点得极为光鲜。"礼仪"可以通过有形的象征"符号"和"无形"的精神在空间中表达和流动，"秩序"通过无处不在"礼仪"信号，潜移默化地行使着自己的效力。宋代州县衙署建筑的式样、门堂、钟鼓楼等，是其等级和威慑的象征。地方衙署的礼敬空间及仪式，通过有形的典范和无形的情感，凝聚感染地方民众，引发社会共鸣和认同。

不过，值得注意的是，随着宋代城市经济的发展、人口的繁荣，州县衙署的"礼仪"信号所标识的威严性受到了不断的冲击。例如有的衙署门前的公共空间逐渐演变为热闹的商业聚集地。如《梦粱录》载："府治前市井亦盈，铺席甚多。盖经讼之人，往来骈集，买卖要闹处也。"①衙署门外往来的诉讼人和需要打听传播消息的人，使衙署门外发展成了集市。在南宋时，湖州衙署谯门前及衙署东门、城隍庙外，"为民居浮檐所蔽"②。汀州衙署门前居民占地已经到"正街车不得方轨"③的地步。最终，都由官府主持整治拆迁，"尽复"原貌，以维护衙署庄重和威严。

总之，宋代州县官僚作为地方上位者和父母官，赋予了地方衙署实际功能和象征功能。高牙大纛虽是地方权力和权威的象征，但不是绝对的限隔。衙署通过公共空间的划分引导和规范官吏、官民的活动，对彼此产生身份认同和文化共识发挥了作用。因此，以宋代州县衙署建筑空间视角观察宋代地方官吏权力分配、职能履行、心态思想以及地方治理有一定的益处，可以丰富对地方政治和社会秩序的认识。

---

① 吴自牧. 梦粱录·卷10·府治［M］. 北京：中华书局，1985：82.

② 谈钥. 嘉泰吴兴志·卷8·公廨［M］//宋元方志丛刊（第5册）. 北京：中华书局，1990：4686.

③ 胡太初，赵与沐. 临汀志［M］//解缙. 永乐大典（第4册）·卷7892. 北京：中华书局，1986：3641.

主要参考文献

（一）古籍

[1] 班固．汉书［M］．北京：中华书局，1962.

[2] 荀子．荀子［M］．北京：中华书局，1985.

[3] 范晔．后汉书［M］．北京：中华书局，1965.

[4] 房玄龄．晋书［M］．北京：中华书局，1974.

[5] 李延寿．南史［M］．北京：中华书局，1975.

[6] 沈约．宋书［M］．北京：中华书局，1974.

[7] 刘熙．释名［M］．北京：中华书局，1985.

[8] 刘昫．旧唐书［M］．北京：中华书局，1975.

[9] 老子．道德经［M］．王弼，注．楼宇烈，校释．北京：中华书局，2008.

[10] 佚名．名公书判清明集［M］．北京：中华书局，1987.

[11] 曹寅，彭定求．全唐诗［M］．北京：中华书局，1960.

[12] 曾巩．曾巩集［M］．北京：中华书局，1984.

[13] 陈襄．州县提纲［M］．北京：中华书局，1985.

[14] 程珌．洺水集［M］．影印文渊阁四库全书本.

[15] 程俱．北山小集［M］．北京：人民文学出版社，2018.

[16] 邓牧．伯牙琴［M］．北京：中华书局，1959.

[17] 窦仪．宋刑统［M］．吴翊如，点校．北京：中华书局，1984.

[18] 董斯张辑．吴兴艺文补［M］．文渊阁四库全书本.

[19] 方逢辰．蛟峰集［M］．文渊阁四库全书本.

[20] 高承．事物纪原［M］．北京：中华书局，1989.

[21] 司马光．涑水记闻［M］．北京：中华书局，1989.

[22] 朱彧．萍洲可谈［M］．北京：中华书局，2007.

[23] 顾炎武著．黄汝成集释·日知录［M］．上海：上海古籍出版社，2006.

[24] 郭彖．睽车志［M］．北京：中华书局，1985.

［25］韩琦.安阳集编年笺注［M］.李之亮,徐正英,笺注.成都:巴蜀书社,2000.

［26］洪迈.夷坚志［M］.北京:中华书局,1981.

［27］洪迈.容斋随笔［M］孔凡礼,点校.北京:中华书局,2005.

［28］胡寅.斐然集［M］.北京:中华书局,1993.

［29］计成.园冶注释［M］.陈植,注.北京:中国建筑工业出版社,1988.

［30］解缙.永乐大典［M］.北京:中华书局,1986.

［31］孔平仲.孔氏谈苑［M］.文渊阁四库全书本.上海:上海古籍出版社,2012.

［32］孔安国,孔颖达.尚书正义［M］.北京:北京大学出版社,1999.

［33］胡太初.昼帘绪论［M］.上海:商务印书馆,1960.

［34］乐史.太平寰宇记［M］.王文楚,点校.北京:中华书局,2007.

［35］李焘.续资治通鉴长编［M］.北京:中华书局,1992.

［36］李心传.建炎以来系年要录［M］.北京:中华书局,1989.

［37］李心传.建炎以来朝野杂记［M］.徐规,点校.北京:中华书局,2000.

［38］李新.跨鳌集［M］.文渊阁四库全书本.上海:上海古籍出版社,1987.

［39］李修生.全元文［M］.南京:江苏古籍出版社,1999.

［40］林表民.赤城集［M］.徐三见,点校.北京:中国文史出版社,2007.

［41］刘宰.漫塘集［M］.文渊阁四库全书本.

［42］陆游.入蜀记［M］.北京:中华书局,1985.

［43］陆游.陆游集［M］.北京:中华书局,1976.

［44］罗大经.鹤林玉露［M］.王瑞来,点校.北京:中华书局,1983.

［45］马端临.文献通考［M］.北京:中华书局,2003.

［46］王象之.舆地纪胜［M］.北京:中华书局,1992.

［47］欧阳修,宋祁.新唐书［M］.北京:中华书局,1975.

［48］欧阳询.艺文类聚［M］.上海:上海古籍出版社,1965.

［49］钱穀.吴都文粹续集［M］.影印文渊阁四库全书本.上海:上海古籍出版社,1987.

［50］苏轼.苏轼文集［M］.北京:中华书局,1986.

［51］苏轼.东坡乐府［M］.上海:上海古籍出版社,1988.

［52］周辉.清波杂志校注［M］.刘永翔,校注.北京:中华书局,1994.

［53］刘斧.青琐高议［M］.上海:上海古籍出版社,2012.

［54］郑玄,贾公彦.周礼注疏［M］//十三经注疏.北京:北京大学出版社,1999.

［55］郑玄，孔颖达．礼记正义［M］//十三经注疏．北京：北京大学出版社，1999.

［56］孙诒让．周礼正义［M］．北京：中华书局，1987.

［57］宋大诏令集［M］．司义祖，点校．北京：中华书局1962.

［58］脱脱．宋史［M］．北京：中华书局，1977.

［59］万鹗．宋诗纪事［M］．上海：上海古籍出版社，1983.

［60］王弼，楼宇烈．周易注校释［M］．北京：中华书局，2012.

［61］王称．东都事略［M］．台北：台北文海出版社，1979.

［62］王存．元丰九域志［M］．北京：中华书局，1985.

［63］王夫之．张子正蒙注［M］．北京：中华书局，1975.

［64］王明清．挥麈录［M］．上海：上海书店出版社，2009.

［65］王溥．唐会要［M］．北京：中华书局，1955.

［66］王钦若．册府元龟［M］．北京：中华书局，1989.

［67］王庭珪．卢溪文集［M］．文渊阁四库全书本．上海：上海古籍出版社，1987.

［68］王象之．舆地纪胜［M］．北京：中华书局，1992.

［69］王应麟．玉海［M］．扬州·广陵书社，2003.

［70］王林．燕翼诒谋录［M］．北京：中华书局，1987.

［71］卫宏．汉官旧仪［M］．文渊阁四库全书本．上海：上海古籍出版社，1987.

［72］杜预，孔颖达．春秋左传正义［M］//李学勤．十三经注疏北京：北京大学出版社，1999.

［73］吴自牧．梦粱录［M］．北京：中华书局，1985.

［74］谢深甫．庆元条法事类［M］．哈尔滨：黑龙江人民出版社，2002.

［75］徐坚．初学记［M］．北京：中华书局，1962.

［76］徐梦莘．三朝北盟会编（影印本）［M］．上海：上海古籍出版社，1987.

［77］徐松．宋会要辑稿［M］．北京，中华书局影印本，1957.

［78］许慎．说文解字［M］．北京：中华书局，1963.

［79］范成大．吴郡志［M］//宋元方志丛刊（第1册）．北京：中华书局，1990.

［80］朱长文．吴郡图经续记［M］//宋元方志丛刊（第1册）．北京：中华书局，1990.

［81］杨潜．（绍熙）云间志［M］//宋元方志丛刊（第1册）．北京：中华书局，1990.

［82］黄岩孙．仙溪志［M］//宋元方志丛刊（第8册）．北京：中华书局，1990.

［83］孙应时，鲍廉．琴川志［M］//宋元方志丛刊（第2册）．北京：中华书局，1990.

［84］陈耆卿．嘉定赤城志［M］//宋元方志丛刊（第7册）．北京：中华书局，1990.

［85］周淙.乾道临安志［M］//宋元方志丛刊（第4册）.北京：中华书局，1990.

［86］陈公亮.淳熙严州图经［M］//宋元方志丛刊（第5册）.北京：中华书局，1990.

［87］郑瑶.景定严州续志［M］//宋元方志丛刊（第5册）.北京：中华书局，1990.

［88］潜说友.咸淳临安志［M］//宋元方志丛刊（第4册）.北京：中华书局，1990.

［89］周应合.景定建康志［M］//宋元方志丛刊（第2册）.北京：中华书局，1990.

［90］梁克家.淳熙三山志［M］//宋元方志丛刊（第8册）.北京：中华书局，1990.

［91］施谔.淳祐临安志［M］//宋元方志丛刊（第4册）.北京：中华书局，1990.

［92］陈大震，吕桂孙.大德南海志［M］//宋元方志丛刊（第8册）.北京：中华书局，1990.

［93］罗濬.宝庆四明志［M］//宋元方志丛刊（第5册）.北京：中华书局，1990.

［94］梅应发，刘锡.开庆四明续志［M］//宋元方志丛刊（第6册）.北京：中华书局，1990.

［95］施宿.嘉泰会稽志［M］//宋元方志丛刊（第7册）.北京：中华书局，1990.

［96］史能之.咸淳毗陵志［M］//宋元方志丛刊（第3册）.北京：中华书局，1990.

［97］佚名.（宝祐）寿昌乘［M］//宋元方志丛刊（第8册）.北京：中华书局，1990.

［98］宋敏求.长安志［M］//宋元方志丛刊（第1册）.北京：中华书局，1990.

［99］胡太初，赵与沐.临汀志［M］//解缙.永乐大典（第4册）.北京：中华书局，1986.

［100］范祖禹.太史范公文集［M］//宋集珍本丛刊（第24册）.北京：线装书局，2004.

［101］澎泽，江舜民.（弘治）徽州府志·卷12·词翰二·拾遗［M］//天一阁藏明代方志选刊本.上海：上海古籍书店，1964.

［102］萧良幹，张元忭，孙鑛.（万历）绍兴府志［M］.李能成，点校.宁波：宁波出版社，2012.

［103］徐硕.至元嘉禾志［M］//宋元方志丛刊（第5册）.北京：中华书局，1990.

［104］刘节.（嘉靖）南安府志［M］//天一阁藏明代方志选刊续编.上海：上海书店，1990.

［105］杨士奇，黄淮.历代名臣奏议（影印本）［M］.上海：上海古籍出版社，1989.

［106］杨仲良.宋通鉴长编纪事本末［M］.李之亮，点校.黑龙江：黑龙江人民出版社，2006.

［107］叶德辉.书林清话［M］.北京：中华书局，1957.

［108］叶梦珠，阅世编［M］.来新夏，点校.北京：中华书局，2007.

[109] 叶适. 叶适集 [M]. 北京：中华书局，1961.

[110] 范祖禹. 太史范公文集 [M]. 宋集珍本丛刊（第24册）. 北京：线装书局，2004.

[111] 李元弼. 作邑自箴 [M]//宋代官箴书五种. 北京：中华书局，2019.

[112] 张纲. 华阳集 [M]. 影印文渊阁四库全书本. 上海：上海古籍出版社，1987.

[113] 张詠. 张乖崖集 [M]. 张其凡，整理. 北京：中华书局，2000.

[114] 赵翼. 陔余丛考 [M]. 上海：商务印书馆，1957.

[115] 赵与时. 宾退录 [M]. 北京：中华书局，1983.

[116] 周必大. 文忠集 [M]. 影印文渊阁四库全书本. 上海：上海古籍出版社，1987.

[117] 周密. 齐东野语 [M]. 北京：中华书局，1983.

[118] 田汝成. 西湖游览志余 [M]. 上海：上海古籍出版社，1958.

[119] 朱熹. 朱子全书 [M]. 上海：上海古籍出版社，2010.

[120] 钱大昕. 十驾斋养新录 [M]. 上海：上海书店出版社，1983.

[121] 曾枣庄，刘琳. 全宋文 [M]. 上海：上海辞书出版社，2006.

（二）论著

[122] 邓之诚. 骨董琐记 [M]. 北京：中国书店，1991.

[123] 林正秋. 南宋都城临安 [M]. 浙江：西泠印社出版，1985.

[124] 舒尔兹. 存在·空间·建筑 [M]. 尹培桐，译. 北京：中国建筑工业出版社，1985.

[125] 曹婉如. 中国古代地图集（战国—元）[M]. 北京：文物出版社，1990.

[126] 白寿彝. 中国通史（五代辽宋夏金时期）[M]. 上海：上海人民出版社，1999.

[127] 王鲁民. 中国古典建筑文化探源 [M]. 上海：同济大学出版社，1997.

[128] 王立全. 走向有机空间：从传统岭南庭园到现代建筑空间 [M]. 北京：中国建筑工业出版社，2004.

[129] 吕思勉. 中国制度史 [M]. 上海：上海教育出版社，2002.

[130] 周宝珠. 宋代东京研究 [M]. 开封：河南大学出版社，1992.

[131] 杨宽. 中国古代都城制度史研究 [M]. 上海：上海古籍出版社，1993.

[132] 顾颉. 堪舆集成 [M]. 重庆：重庆出版社，1994.

[133] 张其凡. 宋初政治探研 [M]. 广州：暨南大学出版社，1995.

[134] 洋县地方志编纂委员会. 洋县志 [M]. 西安：三秦出版社，1996.

[135] 朱瑞熙. 中国政治制度通史·宋代 [M]. 北京：人民出版社，1996.

［136］程民生. 宋代地域文化［M］. 开封：河南大学出版社，1997.

［137］邓广铭. 邓广铭治史丛稿［M］. 北京：北京大学出版社，1997.

［138］龚延明. 宋代官制辞典［M］. 北京：中华书局，1997.

［139］伊东忠太. 中国建筑史［M］. 陈清泉，译. 北京：商务印书馆，1998.

［140］王云海. 宋代司法制度［M］. 开封，河南大学出版社，1992.

［141］何忠礼，徐吉军. 南宋史稿［M］. 杭州：杭州大学出版社，1999.

［142］夏征农. 辞海［M］. 上海：上海辞书出版社，1999.

［143］郭东旭. 宋代法制研究［M］. 保定：河北大学出版社，2000.

［144］王兴中. 中国城市社会空间结构研究［M］. 北京：科学出版社，2000.

［145］刘叙杰，傅熹年，郭黛，等. 中国古代建筑史（五卷）［M］. 北京：中国建筑工业出版社，2001—2003.

［146］郭黛姮. 中国古代建筑史（第三卷）［M］. 北京：中国建筑工业出版社，2001.

［147］刘敦桢. 中国古代建筑史［M］. 北京：中国建筑工业出版社，1984

［148］林士民. 三江变迁：宁波城市发展史话［M］. 宁波：宁波出版社，2002.

［149］张邦炜. 宋代婚姻家族史论［M］. 北京：人民出版社，2003.

［150］傅熹年. 中国古代建筑十论［M］. 上海：复旦大学出版社，2004.

［151］包伟民. 宋代制度史研究百年（1900—2000）［M］. 北京：商务印书馆，2004.

［152］包伟民. 宋代地方财政史研究［M］. 北京：中国人民大学出版社，2011.

［153］包伟民. 宋代城市研究［M］. 北京：中华书局：2014.

［154］方建新. 中国妇女通史（宋代卷）［M］. 杭州：杭州出版社，2011.

［155］张家骥. 中国建筑论［M］. 山西：山西人民出版社，2004.

［156］陈希芳，刘运新，徐家瑞，等. 中国地方志集成［M］. 南京：凤凰出版社，2005.

［157］梁思成. 中国建筑史［M］. 天津：百花文艺出版社，2005.

［158］王振复. 建筑美学笔记［M］. 天津：百花文艺出版社，2005.

［159］王笛. 街头文化：成都公共空间、下层民众与地方政治1870—1930［M］. 北京：中国人民大学出版社，2006.

［160］邓小南. 祖宗之法. 北宋前期政治述略［M］. 北京：三联书店，2006.

［161］沟口雄三，小岛毅. 中国的思维世界［M］. 南京：江苏人民出版社，2006.

［162］李国豪. 中国土木建筑百科辞典·建筑［M］. 北京：中国建筑工业出版社，2006.

［163］朱瑞熙. 宋史研究［M］. 福州：福建人民出版社，2006.

［164］戴扬本. 北宋转运使考述［M］. 上海：上海古籍出版社，2007.

［165］刘馨珺. 明镜高悬：南宋县衙的狱讼［M］. 北京：北京大学出版社，2007.

［166］卢绳. 卢绳与中国古建筑研究［M］. 北京：知识产权出版社，2007.

［167］李久昌. 国家、空间与社会：古代洛阳都城空间演变研究［M］. 西安：三秦出版社，2007.

［168］唐俊杰，杜正贤. 南宋临安城考古［M］. 杭州：杭州出版社，2008.

［169］徐吉军. 南宋都城临安［M］. 杭州：杭州出版社，2008.

［170］张劲. 两宋开封临安皇城宫苑研究［M］. 济南：齐鲁书社，2008.

［171］林士民. 三江变迁：宁波城市发展史话［M］. 宁波：宁波出版社，2002.

［172］萧默. 中国建筑艺术史［M］. 北京：文物出版社，1999.

［173］李泽厚. 美的历程［M］. 北京：生活·读书·新知　三联书店，2014.

［174］杭州市文物考古所. 临安城遗址考古发掘报告：南宋临安府治与府学遗址. 北京：文物出版社，2013.

［175］勒菲弗. 空间与政治［M］. 2版. 李春，译. 上海：上海人民出版社，2008.

［176］邓小南. 政绩考察与信息渠道：以宋代为重心［M］. 北京：北京大学出版社，2008.

［177］李允鉌. 华夏意匠：中国古典建筑设计原理分析［M］. 天津：天津大学出版社，2008.

［178］张正印. 宋代狱讼胥吏研究［M］. 北京：中国政法大学出版社，2012.

［179］成一农. 古代城市研究方法新探［M］. 北京：社会科学文献出版社，2009.

［180］赫兹伯格. 建筑学教程2：空间与建筑师［M］. 天津：天津大学出版社，2003.

［181］盖尔. 交往与空间［M］. 何人可，译. 北京：中国建筑工业出版社，2002.

［182］希利尔. 空间是机器：建筑组构理论［M］. 杨滔，张佶，王晓京，译. 北京：中国建筑工业出版社，2008.

［183］戈特迪纳. 城市空间的社会生产［M］. 任晖，译. 南京：江苏凤凰教育出版社，2014：10.

［184］克莱普顿，埃尔顿. 空间知识与权力：福柯与地理学［M］. 莫伟民，周轩宇，译. 北京：商务印书馆，2021.

［185］平田茂树，远藤隆俊，冈元司. 宋代社会的空间与交流［M］. 开封：河南大学出版社，2008.

［186］贾奇. 城市政治学理论［M］. 刘晔，译. 上海：上海人民出版社，2009.

［187］久保田和男. 宋代开封研究［M］. 郭万平，董科，校译. 上海：上海古籍出版社，2010.

[188] 诺伯舒兹. 场所精神 [M]. 施植明, 译. 武汉: 华中科技大学, 2010.

[189] 劳森. 空间的语言 [M]. 杨青娟, 等, 译. 北京: 中国建筑工业出版社, 2003.

[190] 哈贝马斯. 公共领域的结构转型 [M]. 曹卫东, 等, 译. 上海: 学林出版社, 1999: 2.

（三）学术论文

[191] 杜瑜. 从宋《平江图》看平江府城的规模和布局 [J]. 自然科学史研究, 1989 (1): 90-96.

[192] 苗书梅. 宋代军资库初探 [J]. 河南大学学报 (社会科学版), 1996 (6): 30-36.

[193] 苗书梅. 宋代知州及其职能 [J]. 史学月刊, 1998 (6): 43-47.

[194] 江天健. 宋代地方官廨的修建 [C] // 转变与定型: 宋代社会文化史学术研讨会论文集. 台北: 台湾大学历史系出版, 2000: 309-356.

[195] 张映莹. 宋代营造类工官制度 [J]. 华中建筑, 2001 (3): 89.

[196] 苗书梅. 宋代州级属官体制初探 [J]. 中国史研究, 2002 (3): 111-126.

[197] 苗书梅. 宋代州级公吏制度研究 [J]. 河南大学学报 (社会科学版), 2004 (6): 101-108.

[198] 乔迅翔. 宋代建筑营造技术基础研究 [D]. 南京: 东南大学, 2005.

[199] 黄宽重. 从中央与地方关系互动看宋代基层社会演变 [J]. 历史研究, 2005 (4): 105.

[200] 郑迎光, 贾文龙. 宋代州级司法属官体系探析 [J]. 中州学刊, 2007 (3): 185-187.

[201] 牛来颖. 唐宋州县公廨及营修诸问题 [C] // 唐研究. 北京: 北京大学出版社, 2008: 345-364.

[202] 邓小南. 走向"活"的制度史: 以宋代官僚政治制度史研究为例的点滴思考 [C] // 包伟民. 宋代制度史研究百年 (1900—2000). 北京: 商务印书馆, 2004: 13.

[203] 包伟民, 傅俊. 宋代"乡原体例"与地方官府运作 [J]. 浙江大学学报 (人文社会科学版), 2008 (3): 98-106.

[204] 林煌达. 北宋州衙散曹官之探析 [C] // 宋史论文集. 昆明: 云南大学出版社, 2008: 111-131.

[205] 鲁西奇, 马剑. 空间与权力: 中国古代城市形态与空间结构的政治文化内涵 [J]. 汉江论坛, 2009 (4): 81-88.

[206] 何玉红. "便宜行事"与中央集权: 以南宋川陕宣抚处置司的运行为中心

［J］．四川大学学报（哲学社会科学版），2007（4）：27-37.

［207］余蔚．宋代的财政督理型准政区及其行政组织［J］．中国历史地理论丛，2005，20（3）：39-49.

［208］张驭寰．南宋静江府城防建筑［M］//古建筑勘察与探究．南京：江苏古籍出版社，1988：14.

［209］王金平，张海英．地方衙署花园布局特征初探［C］//全球视野下的中国建筑遗产：第四届中国建筑史学国际研讨会论文集．上海：同济大学出版社，2007：262-265.

［210］耿曙生．从石刻《平江图》看宋代苏州城市的规划设计［J］．城市规划，1992（1）：51-53.

［211］刘未．南宋临安城复原研究［D］．北京：北京大学，2011.

［212］谷云黎．南宁古城园林与城池建设的关系［J］．中国园林，2012（4）：85-87.

［213］李志荣．元明清华北华中地方衙署建筑的个案研究［D］．北京：北京大学，2004.

［214］李德华．明代山东地区城市中衙署建筑的平面与规制探析［C］//中国建筑史论汇刊．北京：清华大学出版社，2009（1）：230-249.

［215］姚柯楠．衙门建筑源流及规制考略［J］．中原文物，2005（3）：84-86.

［216］姚柯楠．论中国古代衙署建筑的文化意蕴［J］．古建园林技术，2004（2）：40-45.

［217］袁琳，王贵祥．南宋建康府府廨建筑复原研究及基址规模探讨［C］//中国建筑史论汇刊．北京：清华大学出版社，2009：285-304.

［218］杨坤．宋代华亭县城的区域范围：兼谈南宋华亭县市［J］．上海文博论丛，2007（2）：64-67.

［219］王曾瑜，贾芳芳．宋代地方与中央之关系问题研究［J］．西北大学学报，2008，38（5）：96-101.

［220］傅熹年．《静江府修筑城池图》简析［C］//傅熹年建筑史论文集．北京：文物出版社，1998：314-325.

［221］苏洪齐，何英德．《静江府城图》与宋代桂林城［J］．自然科学史研究，1993（3）：277-286.